U0394667

基于陆海统筹的
蓝色海湾整治管理创新研究

王 琪 等 著

人民出版社

责任编辑:郭星儿

封面设计:源 源

图书在版编目(CIP)数据

基于陆海统筹的蓝色海湾整治管理创新研究/王琪 等著. —北京:
人民出版社,2019.12
ISBN 978-7-01-021628-7

Ⅰ.①基… Ⅱ.①王… Ⅲ.①海湾–生态环境–综合治理–研究–中国
Ⅳ.①X321.2

中国版本图书馆 CIP 数据核字(2019)第 291711 号

基于陆海统筹的蓝色海湾整治管理创新研究
JIYU LUHAI TONGCHOU DE LANSE HAIWAN ZHENGZHI GUANLI CHUANGXIN YANJIU

王琪　等著

人民出版社 出版发行
(100706　北京市东城区隆福寺街 99 号)

北京佳未印刷科技有限公司印刷　新华书店经销

2019 年 12 月第 1 版　2019 年 12 月北京第 1 次印刷
开本:710 毫米×1000 毫米 1/16　印张:20　字数:306 千字

ISBN 978-7-01-021628-7　定价:54.00 元

邮购地址 100706　北京市东城区隆福寺街 99 号
人民东方图书销售中心　电话 (010)65250042　65289539

《海洋公共管理》丛书序

进入 21 世纪，伴随陆地资源短缺、人口膨胀、环境恶化等问题的日益突出，各沿海国家纷纷把目光转向了海洋，一场以发展海洋经济为标志的"蓝色革命"正在世界范围内兴起。海洋的战略地位越来越凸显，海洋是国土、是资源、是通道、是战略要地，是新的经济领域、新的生产和生活空间。走向海洋，向海洋要资源，向海洋要效益，成为全球性的共识，世界范围的海洋开发利用进入了前所未有的时代。

海洋战略地位的重新确立和海洋资源价值的重新发现，在促使新一轮海洋开发热潮的同时，也把海洋管理提高到一个前所未有的重要位置。维护国家海洋权益、确保国家的海洋战略价值，需要海洋管理；保护海洋环境、保持海洋生态平衡，需要海洋管理；实现海洋经济的可持续发展，同样需要海洋管理。

尽管说，人类海洋管理的实践活动与人类开发利用海洋的实践活动一样久远，尽管基于现实需要而产生的海洋管理理论理应高于现实，对海洋管理实践活动起到引领、指导作用，但遗憾的是现实中的海洋管理理论发展却远滞后于海洋发展实践需要，并在一定程度上已影响到海洋实践活动的发展。

实践的发展，对海洋管理理论研究者提出了严峻的挑战，要求解答海洋发展所面临的种种问题，担负起引领海洋管理实践发展的重任。而要做到这一点，必须有先进、科学的管理思想理念来指导海洋管理活动。

公共管理的兴起，可以说为海洋管理提供了一种新的理论分析框架。

作为一种有别于传统行政管理学的新的管理范式，公共管理突出的特点是强调管理主体的多元化、管理客体的公共性、管理手段的多样化等。而现代海洋管理的发展也正与公共管理的特点相吻合，所以，从公共管理的视角，探讨海洋管理问题，把海洋管理置于公共管理的分析框架之中，有其合理性与必然性。正是基于此，本丛书定名为"海洋公共管理丛书"。

具体来说，理由如下：

第一，海洋管理主体日趋多元化、协同性。海洋管理的主体无疑是作为公共权力机关的政府，但在强调多元主体合作共治的改革实践冲击下，海洋管理的主体也在从政府单一主体到多元主体广泛参与的转变过程中，海洋管理的主体呈现出多元化、协同性态势。强调海洋管理主体的多层次性、协同性，并不是否定或消弱政府的主导作用。在海洋管理的多元主体中，政府是核心主体，是海洋管理的组织者、指挥者和协调者，在海洋管理中起主导作用。而同样作为公共组织的第三部门——社会组织，则是作为参与主体或协同主体帮助政府"排忧解难"。因仅靠市场这只"看不见的手"和政府这只"看得见的手"的作用仍然难以涵盖海洋管理的所有领域。因海洋管理不仅仅是制定政策、作出规划，更重要的还要将这些政策、规划转化为现实，这一过程的实现需要通过具体的实施行为才能完成，如大范围的海洋环境保护宣传工作、海洋环境保护工程项目的建设、海洋环境的整治等，这些活动的完成必须有社会组织、公众、甚至企业的参与。所以说，为了更好地维护海洋权益、保护海洋生态环境，妥善处理好各种海洋公共事务，政府在依靠自身力量的同时需要动员越来越多的社会力量参与到海洋公共事务的治理之中。政府、社会各方力量同心协力，才能更好地促进海洋公共利益的提高，同时也有助于政府自身行政效能的改善和海洋管理能力的提高。

第二，海洋管理手段更趋柔性化、弹性化。传统的海洋管理主要运用行政手段，即是指国家海洋行政部门运用法律赋予的权力，通过履行自身的职能来实现管理过程。它通常表现为命令—控制手段，其前提是行政组织拥有法定的强制性权力。行政手段因其具有强制性而在管理实践中表现出权威性和针对性，但单一的管理手段显然不能适用日益变化的海洋管理实践，因而，法律手段、经济手段、教育手段等管理方式也日益在海洋管理中发挥作用，特别是经济手段，由于它的激励作用而能够促使人们主动调整海洋行为。随着新的管理理论的运用和海洋实践活动的需要，海洋综合管理的手段也在不断拓展。传统意义的海洋管理手段尽管仍然在发挥作用，但无论其内容还是形式上都在发生着非常大的变化。现代海洋管理手段变化的一个新的趋势是管理方式向柔性、互动的方向发展。所谓"柔性"是指管理者以积极而柔和的方式来实现管理目标，它克服了以往命令—控制方式的强硬性，单一性，而是以服务为宗旨，综合运用各种灵活多变的手段，并在其中注入许多非权力行政因素，如指导、引导、提议、提倡、示范、激励、协调等行政指导方式。所谓"互动"强调的是现代行政管理是一个上下互动的管理过程，它主要通过合作、协商、伙伴关系，确立认同和共同的目标等方式实施对海洋公共事务的管理，其权力向度是多元的、相互的。总之，新的管理手段突出了管理过程的平等性、民主性和共同参与性，表明由传统的管制行政向服务行政的转变。

第三，海洋管理更具开放性、国际化特征。以《联合国海洋法公约》为代表的国际海洋管理制度已经建立，世界各国都将在此基础上进一步建立和完善国家的海洋管理制度。21 世纪海洋管理将得到全面发展和进一步加强。海洋管理的范围由近海扩展到大洋，由沿海国家的小区域分别管理扩展到全世界各国间的区域性及全球性合作；管理内容由各种开发利用活动扩展到自然生态系统。海洋的开放性、海洋问题的区域性、全球性决定了海洋管理具有国际性，海洋管理的边界已从一国陆域、海岸带扩展到可管辖海域、甚至公海领域，所管理的内容也由一国内部海洋事务延伸到国与国之间的区域海洋事务或全球海洋公共事务。例如，随着海上活动的愈加频繁，海洋危机发生的频率大大增加，危害程度加深，由海洋危机会引发一系列其他领域的危机，比如生态环境破坏、全球气候变化、海平面上升等，危机也逐渐走向"国际化"。海洋将全球连接在一起，海洋天然的公共性和国际性要求必须加强全球合作，治理海洋公共危机。与沿海国家合作共同治理海洋，成为海洋管理面临的一个新的课题，也给海洋管理者带来了新的挑战。

基于公共管理的研究视野，本套丛书无论在选题还是在内容写作中始终突出以下特点

其一，前瞻性与时代性相结合。海洋管理是一个极具挑战性的新的研究领域，其中既有诸多现实中存在的亟须解答的热点与难点问题，更有许多研究领域属于尚未开垦的处女地，对于研究者有很大的吸引力，同时又需要研究者有很强的学术敏感性。许多研究课题作为现实中的热点和难点，对它们的关注，需要很强的学术敏感性，所以本课题的选题和研究内容，一是体现出显明的时代性和新颖性，即回答海洋时代发展所提出的课题；二是具有前瞻性，即深刻把握海洋事业发展的未来趋向，探寻海洋社会、经济发展的规律和本质。从这些特点中可以感受到作者可贵的探索精神。

其二，实践性与科学性的统一。本丛书的具体选题都是基于我国海洋事业发展的现实需要，围绕我国海洋管理实践领域的重大课题而展开，如海洋国土资源管理、海洋环境治理、海洋渔业管理、海洋倾废管理、沿海滩涂管理等。确立这些与现实密切结合的研究课题，体现出作者对海洋管理的实践活动的密切关注以及对海洋管理实务的基本把握。当然，这些问题的研究并不可能一蹴就成，需要研究者的持续努力和不断深化、挖掘。

本套丛书作者主要由中国海洋大学国际事务与公共管理学院的一批志在从事海洋管理研究的学者承担。中国海洋大学国际事务与公共管理学院，突出"海洋"与"环境"两大研究特色，在海洋管理、海洋政治、海洋社会、全球海洋治理等领域进行了开拓性的研究，在国内海洋人文社会科学的主要研究领域起到了引领作用，为我国的海洋事业发展提供了有价值的法律、政策支持和人力支持。海大的公共管理学科则致力于创建和推动海洋公共管理的发展，近年来，在海洋行政管理、海洋软实力建设、海洋环境管理、海域使用管理、海洋渔业资源管理、海洋危机管理、海洋社会组织管理等方面取得了一系列具有重要影响力的学术成果。经过多年的积累和

历练，海大的海洋公共管理研究团队也正在显示其越来越有生命力和持续力的研究能力和研究水平。相信本套丛书的出版，对于推进我国海洋公共管理理论研究和实践发展，对于培养高素质的海洋管理人才，将起到积极作用。

娄成武

目　录

第一章　我国海湾的基本状况及管理实践

21世纪是海洋的世纪，海洋在世界各国发展战略中的地位变得越来越重要，世界范围内已经出现了一场"蓝色圈地运动"。我国是一个海洋大国，同样也有着众多海湾。海湾是深入陆地形成明显水曲的海域，处于陆地和海洋之交的纽带地位，被视为各种海洋资源的复合区，在人类社会的发展中占有非常突出的地位。因此，有必要对我国海湾的分布、生态环境及其管理体制等基本状况进行梳理，以增强人们对海湾的认知，理解蓝色海湾整治管理改革创新的重要性。

第一节　海湾的特征及其分布

我国大陆海岸线18400公里，海岛岸线长14000公里。在漫长的海岸线上分布着数量众多的海湾。据统计，面积在10平方公里以上的海湾有150多个，面积在5平方公里以上的海湾总数为200个左右。这些海湾形态各异，资源丰富，空间地理位置十分重要，具有巨大的优势地位和经济价值。

一、海湾内涵及其生态系统特征

海湾是世界海洋的重要组成部分，是连接陆地与海洋的特殊区域，蕴藏着丰富的资源，具有强大的生产、经济及生态服务功能，在人类生活中起着极大的作用。海湾是深入陆地形成明显水曲的海域，是"被陆地环绕且面积不小于以口门宽度为直径的半圆面积的海域"（GB/T58190-2000）。其生态特征主要表现在以下几个方面：

（一）海湾的形态

海湾的出口有多种情况，典型的海湾通常一侧与海或洋相连，其余几侧被陆地包围，如我国的渤海湾、辽东湾、莱州湾。海湾与海或洋相连的一侧，多数以湾口的两个岬角的连线作为海或洋的分界线。有的海湾向海一侧有两个出口，还有的海湾湾口有若干岛屿，常以陆地上的岬角以岛屿的连线为界，形成岛和陆或岛屿之间的多条水道通海或洋。海湾大小悬殊，大的海湾比有些海的面积都大，小的则不足 1 平方公里。其平面形态也千差万别，呈半圆形、方形、三角形、喇叭形、狭长型等多种形态，但多数海湾平面呈不规则状，有的海湾口宽而纵深不大，有的则口窄而腹大，甚至存在"湾中有湾"的状况。

（二）海湾生态系统特征

1.海湾地貌特征

海湾的海岸和海底地貌极具多样性，这与其成因关系密切。由于其成因不同，也形成了不同的海湾地貌形态，如构造湾、潟湖湾、连岛坝湾、三角洲湾、环礁湾、峡湾和河口湾等等。在构造湾中其地貌也不尽相同，分为以下几种情况：强度低而均一的基岩所形成的海湾，形态简单而浅；平行的断裂形成两岸平行的海湾，两岸陡峭，海底陡而深；在遭受不均一的变形和隆起的地区，海湾轮廓和海底地貌比较复杂；平缓丘陵地区通常岬湾相间，岬角处海岸交陡；低山丘陵地区的下沉海岸，多海湾，海岸曲折，海湾外形复杂。潟湖湾和连岛坝湾通常规模较小，多数海岸低平。三角洲湾的海岸一般为低平泥沙岸，海底多为泥沙质或淤泥质浅水水域。环礁湾一般被环状的珊瑚岛礁所环绕，有多个出口通外海。峡湾可向内陆延伸很远，低浅的峡湾称为伏崖湾，通常见于地势相对低洼的海岸地带。河口湾虽然成因很多种，但地貌形态上有一个共同的特点，就是都有一个河口湾盆地。

2. 海湾水文特征

由于海湾的平面形态、大小、深浅、海底地貌以及与外海的隔离程度和气候条件各不相同，不同海湾的水文特征差别很大，可以分为一般水文特征和河口湾水文特征。海湾水文一般特征表现在：（1）对湾口开阔、面积和深度大、纵深小的海湾而言，其水文特征常与湾外海湾一致，难以形成自身独立的水文特征；（2）对湾口小或湾口与外海隔离程度较大的海湾而言，特殊的地貌会阻碍湾内海水和海洋水的交换，因而可以形成较为独立的海水循环；（3）对深度向湾顶逐渐减小的喇叭形海湾而言，较容易形成涌潮，使湾顶的潮差比外海大数倍。与一般海湾相比，河口湾的水文特征有明显的特殊性，主要受河流注水、潮汐、风和冰等因素影响。河流带入湾中大量的淡水和泥沙，与海水产生相互作用，形成河口湾独特的水体运动和泥沙堆积过程，这种水体运动形式称为河口湾水体循环。另外，潮汐作用可以加速河口湾中淡水和咸水的混合，而风和冰等因素也会对河口湾的水文特征产生独特的影响。

3. 海湾生物特征

湾口较开阔，能与外海进行通畅的海水自由交换的海湾，其湾内生物特征大体上与相邻的海洋一致，生物的种类随海湾所在的位置而有区别，生物的数量比较大。但是，由于海湾地区一般人类活动比较频繁，海洋环境逐渐恶化，直接威胁海洋生物的生存。各类海湾中生物系统最具独特性的是河口湾，河流带入湾中的泥沙是大多数掘穴动物的栖息地。由于河流存在枯水期和洪水期的变化，这使得河口湾中的浮游生物种类不多，但分布广泛，数量很大。[①]

二、我国海湾的分布及其开发意义

（一）海湾分布

我国海湾众多，由于复杂的地形导致其有不同的平面形态和地貌特征。根

---

① 楼锡淳：《海湾》，测绘出版社 2008 年版，第 11—16 页。

据海湾的初始形式划分，可将我国海湾分为原生海湾和次生海湾两大类，而根据海湾的具体成因又可以细分为若干亚类海湾和次亚类海湾，如下图所示：

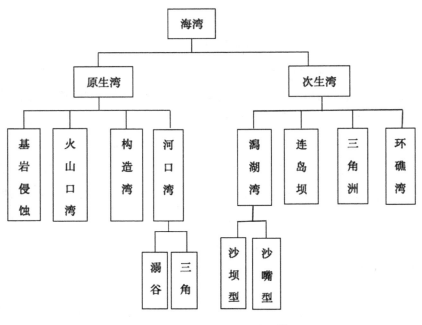

图 1–1　我国海湾成因类型①

1. 我国海湾成因类型分类及分布密度

在我国的海湾中，原生湾占三分之二，主要分布在长江以南、山东半岛和辽东半岛等山地海岸，是冰期后海水进入淹没沿岸低地与河谷等低洼区域而形成的。次生湾以潟湖湾居多，主要分布在山东、广东及海南三省潮差偏小的海岸地区。连岛坝湾分布在潮汐作用不明显的浪控海岸，例如烟台的芝罘湾就是典型的连岛坝湾。火山口湾分布在北部湾中的涠洲岛和斜阳岛。环礁湾分布在南海诸岛。三角洲湾由建设型三角洲围水而成，滦河三角洲与现代黄河三角洲之间的渤海湾就是一种三角洲湾类型。下表为我国海湾成因类型分类：

① 夏东兴、刘振夏：《中国海湾的成因类型》，《海洋与湖沼》1990 年第 2 期。

表 1–1 我国海湾成因类型分类①

海湾分类		海湾名称
原生海湾	构造湾（15 个）	常江澳、大连湾、金州湾、复州湾、锦州湾、胶州湾、象山湾、乐清湾、沙埕港、罗源湾、福清湾、湄洲湾、泉州湾、厦门港
原生海湾	基岩侵蚀湾—堆积湾（51 个）	青堆子湾、小窑湾、大窑湾、营城子湾、普兰店湾、太平湾、威海湾、养鱼池湾、俚岛湾、临洛湾、爱伦湾、险岛湾、北湾、小岛湾、唐岛湾、崔家潞、琅琊台湾、三门湾、涂茨湾、爵溪湾、门前涂湾、高湾湾、昌国湾、浦坝湾、隘顽湾、漩门湾、大渔湾、渔寮湾、沿浦湾、兴化湾、安海湾、同安湾、佛昙湾、诏安湾、宫口湾、海门湾、企望湾、碣石湾、红海湾、大亚湾、大鹏湾、雷洲湾、安浦湾、牙龙湾、后水湾、金牌湾、马袅湾、澄迈湾、龙湾、防城港、珍珠港
原生海湾	河口湾 溺谷湾（11 个）	靖海湾、乳山湾、丁字湾、镇海湾、海陵湾、湛江湾、铺前湾、洋浦湾、铁山湾、大风江口、钦州湾
原生海湾	河口湾 三角港（10 个）	鸭绿江口、双台子河口、长江口、杭州湾、椒江口（台州湾）、瓯江口（温州湾）、闽江口、九龙江口、珠江口、榕江口（汕头港）
原生海湾	火山口湾（1 个）	涠洲湾
次生海湾	潟湖湾（8 个）	双岛湾、朝阳港、月湖、水东港、博贺港、清澜湾、小海湾、新村湾
次生海湾	连岛坝湾（12 个）	董家口湾、葫芦山湾、龙口湾、套子湾、芝罘湾、桑沟湾、石岛湾、海州湾、旧镇湾、东山湾、榆林湾、三亚湾、
次生海湾	三角洲湾（2 个）	莱州湾、海口湾
次生海湾	环礁湾（3 个）	东沙岛、永兴岛、北礁

　　海湾的地理分布研究是建立在掌握海湾总体数量基础上的，而我国海湾众多，目前还未能确切掌握海湾的数量，因此海湾分布的研究只能在《中国海湾志》的基础上进行。《中国海湾志》一书对我国的海湾情况进行了基本介绍，可以借鉴研究。在《中国海湾引论》一书中，统计了 96 个海湾，而在《我国海湾开发活动及其环境效益》一书中增加了 3 个海湾，共计 99 个，从中可以看到这些海湾的情况，所以，本书以《中国海湾论》和《我国

---

① 陈则实等：《中国海湾引论》，海洋出版社 2007 年版，第 24 页。

海湾开发活动及其环境效益》搜集的资料为依据，对我国海湾分布密度进行分析，以显示我国海湾的地理分布，如下表所示：

表 1-2　我国海湾分布密度①

省市区	入志海湾数	海岸线长度／公里	海湾密度／（1000 公里）-1	备注
辽宁省	13	1971.5	6.59	辽东湾未入志
河北省	0	421.0	0.00	渤海湾未入志
天津市	0	153.3	0.00	渤海湾未入志
山东省	25	3122.0	8.00	海州湾主要属于江苏省
江苏省	1	953.0	1.04	
上海市	0	173.0	0.00	杭州湾属于浙江省
浙江省	12	1940.0	6.19	
福建省	15	3051.0	4.92	
广东省	14	3368.1	4.16	
海南省	13	1617.8	8.04	
广西壮族自治区	6	1083.0	5.54	
合计	99	17853.9	5.45	

由上表可看出，我国海湾的分布密度为 5.45 个／1000 公里，海南省和山东省的海湾分布密度最大，均在 8 个／1000 公里以上，河北省、天津市、上海市最少，密度均为 0。因此可知，我国海湾的分布密度是非常不均匀的。

2. 我国海湾分布区域及基本情况

海湾具体分布的区域及基本情况对我们研究海湾也是至关重要的，因此需要对海湾的具体分布情况进行归纳。表 1-3 为我国海湾分布区域状况，表 1-4 为我国部分重要海湾的地位、资源、港口等的介绍。通过对这些海湾状况的梳理，可以看出我国海湾众多，对沿海地区的发展有着重要的作用，

① 吴桑云等：《我国海湾开发活动及其环境效应》，海洋出版社 2011 年版，第 5 页。

开发利用海湾成为经济发展的重要举措。

表 1–3　我国海湾分布区域状况①

分布区域	具体海湾
辽东半岛东部海湾	青堆子湾、常江澳、小窑湾、大窑湾、大连湾、
辽东半岛西部和辽宁省西部海湾	营城子湾、金州湾、普兰店湾、董家口湾、葫芦山湾、复州湾、太平湾、锦州湾
山东半岛北部和东部海湾	莱州湾、龙口湾、套子湾、芝罘湾、双岛湾、威海湾、朝阳港、月湖、养鱼池湾、临洛湾、俚岛湾、爱伦湾、桑沟湾、石岛湾
山东半岛南部和江苏省海湾	靖海湾、乳山湾、丁字湾、北湾、小岛湾、胶州湾、唐岛湾、崔家潞湾、琅琊湾和海州湾
上海市和浙江省北部海湾	杭州湾、宁波—舟山深水港、象山港、三门湾、象山县东部沿海诸海湾、浦坝港
浙江南部海湾	台州湾、隘顽湾、漩门湾、乐清湾、温州湾、苍南县东部诸海湾
福建省北部海湾	沙埕港、三沙湾、罗源湾、福清湾、兴化湾
福建省南部海湾	湄洲湾、泉州湾、安海湾、同安湾、厦门港、佛昙湾、旧镇湾、东山湾、诏安湾、宫口湾
广东省东部海湾	汕头港、海门湾（含企望湾）、碣石湾、红海湾、大亚湾、大鹏湾
广东省西部海湾	广海湾、镇海湾、海陵湾、水东港、湛江港、雷州湾、安铺港
海南省海湾	海口湾、铺前港湾、清澜湾、小海湾、新村湾、牙龙湾、榆林湾、三亚湾、洋浦湾、后水湾、澄迈诸海湾、龙湾、石梅湾、棋子湾
广西海湾	铁山港、廉州湾、大风江口、钦州湾、防城港、珍珠港

表 1–4　我国部分重要海湾状况②

海湾	位置	地位	资源	港口
大连湾	中国辽东半岛南部	中国东北的门户	渔业基地	大连港
辽东湾	中国渤海辽东半岛以西	中国最北的海湾	四大产盐区之一，湾底储油盆地储量可观等	秦皇岛、营口港、锦州港、葫芦岛港

---

① 中国海湾志编纂委员会：《中国海湾志》，海洋出版社 1991—1999 年版，第一至十二分册。

② 楼锡淳：《海湾》，测绘出版社 2008 年版，第 29—63 页。

续表

海湾	位置	地位	资源	港口
渤海湾	渤海西部，天津市、河北省、山东省海岸	中国首都的门户	油气资源丰富、北方著名产盐地，渔业基地	天津港
莱州湾	渤海南侧	最年轻的海湾	黄金、石油和海盐	龙口港
胶州湾	山东半岛南岸	雄居亿吨大港的天然优良港湾	养殖业和盐业	青岛港
长江口	江苏和上海交界处	世界第三长河的河口湾	水、滩涂、矿产、旅游资源均很丰富	上海港
海州湾	南黄海西岸，江苏省连云港市旗台嘴和山东省日照市岚山头之间	亚欧大陆桥的东方桥头堡	中国八大渔场之一，中国四大海盐产区之一	连云港
杭州湾	长江口以南，浙江钱塘江河口湾	壮观的钱塘湖观潮处	湾口为舟山渔场的一部分	洋山港、舟山港
象山港	东海西北侧，浙江省东部	峡道形优良港湾	经济鱼类有40多种	
三门湾	东海西北侧，浙江省东部	浙东海防要地和渔业基地	经济鱼类丰富	石浦港
三都澳	台湾海峡北口外西岸	五指状的优良深水港湾		宁德港
湄州湾	中国福建省海岸中部	台湾海峡西岸最优良的港湾	鱼类350多种，贝类30多种，甲壳类20多种，藻类多种	
东山湾	中国福建省海岸南端，台湾海峡南口西侧	郑成功训练水师的场所		东山港
大亚湾	南海北部，中国广东省东部沿岸	粤东渔业和盐业基地	鱼类230多种，软体动物220多种，甲壳类80多种，是广东省的盐业基地；矿藏有玻璃砂、钨、锡等	惠州港、范和港、巽寮港

续表

海湾	位置	地位	资源	港口
珠江口	南海北岸，中国广东省海岸中部	"东方明珠"荟萃之地		香港、广州、深圳
龙亚湾	中国海南岛南端	"亚洲第一湾"		
北部湾	南海西北部，中国和越南之间	中越两国的海防前哨	重要的热带渔场，鱼类达200种以上，经济鱼类50多种，虾类36种；钦州四大名产：青蟹、石斑、大虾和大蚝；合浦珍珠	北海港、防城港、海防港

3.我国特殊海湾的分布及成因

我国海湾类型众多，分布广泛，前面主要介绍了由于历史构造而形成的众多海湾。然而，在现实中还存在其他不同的形态，这些特殊海湾在海湾管理中同样需要受到重视。

（1）天然原因形成的黄河三角洲

黄河三角洲是黄河携带大量泥沙在渤海凹陷处沉积形成的冲积平原，位处黄河入海口处。黄河三角洲自然保护区是以保护河口湿地生态系统和珍稀、濒危鸟类为主的湿地类型保护区。[①] 黄河三角洲湿地总面积约4500平方公里，其中泥质滩涂面积达1150平方公里，平均坡降1—2/10000，地势十分平坦，很容易受到海水潮涨潮落的滋润；另有沼泽地、河床漫滩地、河间洼地泛滥地及河流、沟渠、水库、坑塘等。黄河三角洲以它独特的生态环境和丰富的生物资源，形成了良好的野生动植物景观。因黄河不断携带泥沙使得该地区沼泽、湿地等面积不断增加，增加面积属于海湾的一部分。为保护该地区的自然生态环境，1992年经国务院批准建立了国家级自然保护区，之后又设立了功能区划与生态旅游区，进一步促进了该区域海湾生态环境的改善。

---

① 《黄河三角洲》，2017年10月3日，见 https://baike.so.com/doc/5352259-5587717.html。

（2）人为原因形成的滨海新区

海湾具有重要的生态功能，也具有重要的经济意义。海湾地区有着优良的地理位置，舒适的生态环境，是人们开发与保护的重点。在海湾合理开发与保护上，滨海新区的形成是一个成功的例子。例如，天津滨海新区位于海河流域下游、渤海湾顶端，有着大量的滩涂荒地和丰富的油气资源。当前天津滨海新区已成为我国北方对外开放的门户、高水平的现代制造业和研发转化基地、北方国际航运中心和国际物流中心、宜居生态型新城区，被誉为"中国经济的第三增长极"。①滨海新区的建立既满足了人们的经济发展需求，又是对海湾地区的一种特殊保护，从而为保护海湾提供了一个新的发展方向。

（二）海湾开发意义

海湾与海和海峡同为海洋的边缘部分，并且常常与半岛相伴而生，半岛是人类走向海洋的跳板，海湾则拉近了人类向海洋进军的距离。海湾、半岛使海洋和陆地犬牙交错，成为海洋和陆地的过渡地带，使海湾在人类的陆海生活中具有重要的开发意义，具体表现在以下几个方面：

1. 海湾具有丰富的海洋资源

海洋是一个巨大的资源宝库，拥有丰富的资源；海湾是海洋的重要组成部分，也蕴藏着巨大的海洋资源。资源种类有：第一，生物资源。海湾与海洋陆地接壤，又有各种河流流入，营养十分丰富，适合浮游生物、鱼类等的生长。加之海湾风浪小，海水浅，多泥沙滩，海水养殖业十分兴盛。②海湾中还有丰富的植物，药用价值巨大。第二，矿产资源。海湾地区分布着一定量的矿产资源，主要包括石油、天然气、煤炭、金属及各种滨海砂矿等，为人类生活提供了巨大能源。第三，盐化资源。海湾中的化学资源十分丰富，主要以盐类形式存在。同时海湾地区地势平坦，有利于盐田建设，随着海盐业的发展，盐化工业也随之产生。第四，动力资源。海湾地区潮汐落差大，

---

① 《天津滨海新区》，2014 年 6 月 14 日，见 https://baike.so.com/doc/5406594-5644457.html。
② 楼锡淳：《人类走向海洋的前沿基地——海湾》，《海洋测绘》1996 年第 3 期。

潮汐能是一种无污染又可再生的资源，目前已运用潮汐能进行发电。此外波浪能、温差能、海流能等也是重要的动力资源。第五，水资源。水是人类生命之源，无论是生活用水、工业用水还是农业用水都需要大量的水资源。海湾是靠近陆地的海域，具有大量的水资源，海湾中的水资源是未来人类用水的关键。

2. 海湾拥有优越的交通条件

海湾连接海洋和陆地，适合船舶的驻泊，古代人就把码头选在海湾地区，便于与外地通商，进行贸易往来，以促进当地城市和经济的发展。随着现代海港业的不断发展，海湾地区成了人们建港的首要选择。由此海湾成了与外界联系的枢纽，不仅促进了经济的迅速发展，还拉近了人们与外界的距离，开阔了眼界，加大了交流，增加了知识，带来先进技术。随着现代科学技术的发展，各个环湾大桥、环湾隧道工程建设也提上日程，迅速发展，使得交通更加便利，极大地方便了人们的生活。

3. 海湾是沿海地区城市发展的源头

海湾地区资源丰富，能够满足沿海城市对物资的需求。海湾地区交通便利，有利于与外界交流，利用海湾地区的优势地理位置，通过招商引资使得沿海城市工商业迅速发展。海湾地区有着众多的自然景观和人文景观，有利于旅游业的发展，既满足了当地人们对美好生活的向往，又增加沿海城市的财政收入。海湾靠近海域，海滩湿地面积颇多，对海湾进行开发利用是获得土地的有效选择，如对海湾进行围湾造地能够制造大量的土地，为沿海地区城市经济的发展提供了便利条件。

4. 海湾的战略地位十分重要

由于陆地资源短缺、环境恶化、人口增多等问题的日益突出，世界各国都把目光投向了海洋，一场以发展海洋经济为标志的"蓝色"革命正在兴起。海湾是连接陆地与海洋的特殊区域，其战略地位也越来越凸显。首先，海湾是国家军事战略的基地。由于海湾具有独特的地理位置因而成为国防的必选之地，例如建设军港等。其次，海湾是人们开发利用海洋的始端。沿海城市的发展离不开对海湾的开发利用，海湾在我国沿海地区及经济发展上具有举足轻重的地位。再次，海湾的发展也有利于维护本国的海洋权益。现如今各国海洋权益争夺愈演愈烈，海湾是海洋的重要组成部分，发挥好海湾的重要作用，对于海洋的发展与海洋权益维护也至关重要。总之，海湾是重要的战略要地和海洋经济的重要来源，我们要十分重视海湾的战略地位，当然重视海湾不仅仅是对它的开发和利用，还要实施保护措施，在开发利用海湾获得资源的同时维护好海湾的生态平衡。

第二节　海湾开发及生态环境现状

我国的海湾开发有着一定的历史并取得了巨大的成就，对当地经济的发展起到了一定的推动作用。但随着经济社会的发展需求，海湾开发项目也逐渐增多，使得海湾在开发过程中产生了许多问题，因此需要政府高度重视，合理开发利用海湾。

一、我国海湾开发状况

海湾的综合开发利用，在整个海岸带的开发利用中占有特别重要的地位。所谓海岸带开发主要是在海湾进行的。我国 24 个海港城市，其中大连、青岛、湛江等 17 个是依托海湾发展起来的。而 14 个沿海开发城市，13 个位于海湾、河口。海湾与河口自古以来就是我国联通海外的门户，随着改革开放政策的实施，海湾在全国的"门户"地位日益加强，更加促进了海湾的开发。我国海湾的开发主要集中在以下几个方面：

（一）海湾空间资源开发

由于海湾拥有广阔的空间资源，从古至今都不缺乏对海湾空间资源的开发，包括港口建设、海湾大桥、海底隧道等，其中最主要的就是港口的建设。港口的建设与发展多数与航海业的发展有关，从夏商时期直至明清，都伴随着航海而出现过众多的港口。但在 1840 年鸦片战争前，港口的发展还停留在利用自身海湾的天然优势，鸦片战争后外国列强纷纷侵占我国的海湾及沿海地区，开始了现代化的建港时代，逐渐建设了大连、秦皇岛、烟台、青岛、上海等港口。[①] 改革开放后，我国海湾利用率加大，港口得到了巨大发展。20 世纪 70 年代建成 50 个万吨泊位，80 年代建成深水泊位 140 多个，90 年代继续致力于两者的发展。20 世纪末到 21 世纪初，我国港口建设取得了迅猛发展，港口吞吐量也迅猛增加。仅从 2000—2008 年的码头变化情况（见表 1-5）就可以看出海湾开发的力度之强。[②] 此后随着科学技术的进步，海湾大桥、海底隧道等高难度的工程也逐步提上日程，方便了人们的生活。

表 1-5　2000—2008 年码头变化情况

年份	码头岸线长度	码头泊位数	
		总数	万吨级
2000	182856	1455	526
2005	340727	3110	769
2008	491890	4001	1076

（二）海湾土地资源的开发

海湾拥有大量滩涂和湿地等丰富的土地资源，主要用于围湾造地、水产养殖等。我国海湾内滩涂面积约 7906.4 平方公里，占全国滩涂总面积的 38.05%。我国海湾湿地面积在 12699.91 平方公里以上，占全国滨海湿地面积的 20% 以上。[③] 其中利用最多的就是围湾造地，即在海湾的滩涂或湿地周围进行围垦或造地，用于农业生产或工业建设。具体利用方式包括下述几个方面：首先，在滩涂或湿地地区围垦，易于储存淡水资源，淡化盐渍，有利于农耕及农作物的生长。其次，滩涂或湿地地区是水生动植物生长和栖息的良好场所，发展养殖业是我国沿海水产养殖户的最佳选择，基于此大量的水产养殖户在海湾地区进行圈地养殖。再次，沿海地区相比内陆来说经济发展

---

① 吴桑云等：《我国海湾开发活动及其环境效应》，海洋出版社 2011 年版，第 54—55 页。
② 陈则实等：《中国海湾引论》，海洋出版社 2007 年版，第 553—554 页。
③ 吴桑云等：《我国海湾开发活动及其环境效应》，海洋出版社 2011 年版，第 59—60 页。

较快，需要大量的土地作为后盾，通过围湾造地拓展土地资源，有利于沿海城市及工业的发展。因此，近年来海湾土地资源的开发越来越多，对沿海经济的发展起到了重要的推动作用。

（三）海湾矿产资源的开发

海湾中矿产资源十分丰富，主要包括能源开发及砂矿开采等。能源开发主要是对石油天然气等的开发，我国的渤海湾、莱州湾等有着丰富的石油天然气资源。20 世纪 60 年代初期，海湾中的油气资源就已经进行开发。70年代迎来了开发的高潮，油田不断发现，油气产量也逐步上升。80 年代众多油井投入生产，到 90 年代各大油田的产油量不断增加，足以满足人们对油气资源的需求。海湾中对砂矿的开采始于 20 世纪 50 年代后期，海南东部的海湾地区开始小规模钛铁矿的开采。60 年代对砂矿的开采较为缓慢，70年代广西壮族自治区大风江口钛铁矿开始开发，到 80 年代海湾砂矿资源开发利用进展迅速，90 年代则在此基础上继续开发利用。[①] 从海湾矿产资源的开发利用历程看，随着人们对海湾认知的加深、对资源需求的增加及生产技术的提高，对海湾的开发利用程度也越来越大。

（四）海湾其他资源的开发

除了以上资源得到了不同程度的开发外，还有许多海湾资源得到了开发利用。例如水产资源，海湾是最适合养殖与捕捞的，由于渔船的发展，使得海湾捕捞业迅速发展，而水产养殖业也随之发展。20 世纪 50 年代末，疯狂的捕捞使得渔业资源产量下降，60 年代捕捞量继续下降，70 年代加大捕捞但又使渔业资源遭到破坏，80 至 90 年代海湾养殖面积及水产量都逐年增加。海湾盐化资源也是不可或缺的，我国海湾如胶州湾、杭州湾等海湾都分布着大量的宜盐滩涂，因此海湾地区盐田众多，也随着生产技术的提高，盐田的面积及产量也逐渐增多，用于化工工业的也有所增加，产品质量有所提高。海湾中的资源众多，其自然资源优势也不可忽视，其海湾水资源可用于工业、农业、生活用水，也可建造电站，用于发电。海湾旅游资源亦可带来

---

① 陈则实等：《中国海湾引论》，海洋出版社 2007 年版，第 558—559 页。

财政收入，在海湾地区自然风景得到开发，逐步打造旅游度假区，吸引国内外的游客。

二、海湾开发面临的生态环境问题

我国海湾资源丰富，海湾开发历史悠久。随着海洋经济的持续发展，人们越来越重视海洋，其中海湾作为海洋的一部分且凭借巨大的区位优势、人文优势、资源优势及其他自然优势得到人们的青睐，成为沿海地区重点开发的对象。但海湾开发的同时给生态环境造成了一定的破坏，主要表现在以下几方面：

（一）海湾岸线及海湾面积的缩减

海湾的开发及沿海城市的发展都离不开围湾造地，我国沿海各地区都进行不同程度的围湾造地或围湾养殖。据不完全统计，围垦面积在 10 平方公里以上的海湾有 45 个，占全国海湾总数的 43% 左右，围垦面积在 50 平方公里以上的海湾有 16 个，占统计海湾数的 15.40%。[①] 海湾面积是有限的，围湾造地对海湾造成的直接损失就是海湾岸线的变化及海湾面积的缩小。20 世纪 80 年代海岸带及海涂资源综合调查时山东省主要海湾面积为880 平方公里，到 2000 年时则为 666 平方公里，海湾面积减少近 220 平方公里，海岸线总长缩短了 165 公里。[②] 海湾的围垦同样会使滩涂及湿地受到影响，该地区是珍稀动植物生存与栖息的地方，海湾的围垦会使得生物多样性减少，红树林等逐渐消失，也不利于海湾自身生态系统的调节与恢复。海湾面积的减少及海岸线的变化，又会使得海湾纳潮量的减小，影响海湾水流流速，导致海湾淤积，也严重影响海湾港口的利用，对航运的发展造成威胁。

（二）海湾水质的污染

新中国成立以来，对海湾开发的力度在逐渐加大，但对海湾生态环境

---

① 吴桑云等：《我国海湾开发活动及其环境效应》，海洋出版社 2011 年版，第 75 页。

② 陈则宾等：《中国海湾引论》，海洋出版社 2007 年版，第 562 页。

重要性认识不足，忽略了对生态环境的保护。盲目开发加上工业城市的发展需求，使得大量污水排入海湾中，导致海湾水质污染十分严重。首先，由于海湾养殖的发展，大量残饵及排泄物的分解使得海湾中的氮、磷等营养盐逐渐增多。其次，工业废水、生活污水等陆源污染物的排放，使得海湾中的重金属、汞、铜等物质增多，海湾水体污染加剧。再次，海湾中的油类污染也十分严重，海上航行及船舶溢油事件使得海湾中的油类污染时常发生。海湾中的污染物不断增多，还由于围湾造地等工程的破坏，海湾水体交换能力减弱，不利于海湾自身的净化，导致污染物排入海湾中不易稀释扩散，使水体富营养化增多，海湾水质逐步恶化。

（三）海湾自然灾害频发

经济的发展需要对海湾进行开发，盲目地围湾造地破坏了海湾的生态平衡，引来外来物种入侵，自然灾害频发。随着海湾的开发，一些外来物种会有意无意地被带入到海湾中来，影响海湾中其他生物的生存，甚至产生灾害。例如大米草是我国从英、美国引入，原本是为了保护海滩，然而大米草适应能力强，繁殖迅速，到了难以控制的地步，成为了有害的物种。在泉州湾，互花米草（大米草的一种）的疯狂生长占据了红树林及滩涂贝类的生长地，使得海湾中生物的多样性减少，给泉州湾造成了严重灾害。福建湾的大米草同样破坏了当地的生态环境，阻塞航道，影响海湾中的水体交换，导致水质下降，诱发赤潮等自然灾害。[①] 除了外来物种入侵，海湾自身的开发同样引发赤潮等自然灾害。海水养殖中将大量的肥水、饵料、排泄物等排入海湾中，增加了海湾中的营养盐及有机物，加上沿岸工厂的排污及人们的生活污水等的排放也使得海湾中的营养盐物质增多，造成海湾中水体的富营养化。这些使得海湾浮游植物快速增长，造成赤潮等自然灾害的发生，海湾生态环境日益恶化。

---

① 陈则实等：《中国海湾引论》，海洋出版社 2007 年版，第 578—579 页。

第三节　我国海湾管理实践

海湾作为海岸带的重要组成部分，有着海岸带所具有的特征。然而海湾也具有相对的独立性，因此在研究、开发和管理中，可将其作为独立的自然综合体来对待。同时也可以将海湾作为独立的海洋功能区进行开发利用规划，以保证其完整性和统一性。

一、海湾综合管理

海湾综合管理的实质就是海岸带的综合管理。1993 年世界海岸大会指出海岸带综合管理是一种政府行为，包括为保证海岸带的开发和管理与环境保护（包括社会）目标相结合，并吸引有关各方参与所必要的法律和机构框架。海岸带综合管理的目的是最大限度地获得海岸带所提供的利益，并尽可能减小各项活动之间的冲突和有害影响。在此基础上，对海湾综合管理的认识主要有以下七点：海湾综合管理是一个用综合观点、综合方法对海湾的资源、生态、环境的开发和保护进行管理的过程；是一种政府行为；是一个动态、连续的发展过程；是一个统筹兼顾的协调、协商过程；是用政策、规划（计划）、项目、资金等手段来进行优化管理；是一个最大限度地减小对环境的影响，减轻乃至恢复受影响的生态过程；是一个"自上而下""自下而上"的相结合的管理过程。① 通过对海岸带及海湾综合管理的认识，下面进一步阐释海湾综合管理的目标原则、内容和方式，具体表现在以下几个方面：

（一）海湾综合管理目标及基本原则

海湾综合管理是对海湾整体发展的规划和管理，是海湾综合管理主体

---

① 鹿守本、艾万铸：《海岸带综合管理——体制和运行机制研究》，海洋出版社 2001 年版，第 18—21 页。

通过一定法律、法规、政策等文件及规划、监督等管理手段，对海湾的资源、环境、生态等做详细的分析与规划，其目标是合理利用海湾的资源，实施开发与保护并重策略，以减少海湾环境污染、生态退化及自然灾害的发生，维护海湾生物多样性，促进海湾地区经济发展及生态环境优化，实现海湾的可持续发展。实现海湾综合管理的目标还需要以下三方面的原则：①

1. 整体性原则。要求着眼于海湾整体的发展，要用战略性的目光进行海湾综合管理。包括协调发展原则，在海湾开发的同时注重生态环境的保护，实现两者间的协调发展；优先发展原则，在海湾开发不充分，环境具有较大承载力，且当地居民需要海湾资源发展经济时，采取适当开发的方式促进海湾地区的发展；环境保护原则，在海湾过度开发、环境破坏的地方及海洋自然保护区和海洋特别保护区，采取限制开发，环保为主的措施，维护海湾的生态环境。总之，要合理规划海湾地区的发展，使海湾及海湾带生态环境处于优良状态。

2. 公平性原则。海湾是海洋的重要组成部分，它不仅是我们的财富，也是子孙后代的财富，而且海湾具有流动性，一旦灾害发生，就会波及到周边，因此海湾的开发一定要本着公平的原则，合理利用海湾资源，严格按照谁污染谁治理原则，维护海湾生态环境，实现代内与代际的公平，保护海湾及海岸带，为子孙后代造福。

3. 可持续原则。这是海湾综合管理的终极目标，任何管理的出发点都是以此为目的。具体包括整合与相互关系原则、基于生态系统的管理原则、适用性管理原则。② 当然要想实现可持续原则，就必须要加大民主参与力度，政府在进行决策的时候，要综合社会组织、专家、涉海群众的意见。这样一来可以避免因多头领导而造成的权利寻租和"踢皮球"现象，二来通过民主

---

① 鹿守本、艾万铸：《海岸带综合管理——体制和运行机制研究》，海洋出版社 2001 年版，第 30—31 页。

② ［马来西亚］蔡程瑛：《海岸带综合管理的原动力：东亚海域海岸带可持续发展的实践应用》，周秋麟等译，海洋出版社 2010 年版，第 30—31、89—91 页。

参与可以对海湾的开发进行合理规划，以确保海湾的可持续发展。

（二）海湾综合管理的内容

众所周知，海湾是海岸带不可分割的组成部分。但由于海岸带是海洋和陆地相互作用的过渡地带，同时受海洋和陆地的双重影响，因此对于海湾、海岸带乃至海洋的管理都有着其特殊性，需要结合各个方面的情况进行综合管理。

1. 海湾综合管理的主体

海湾蕴藏着丰富的资源，相对海洋来说较容易开发，从古至今都是开发的重中之重。而且海湾连接海洋与陆地，涉及的利益群体较多，海湾的生态环境破坏较为严重。因此海湾综合管理的主体较为复杂，主要分为两大部分，政府与涉海群众主体。其中政府为主导，群众及涉海组织也是参与海湾管理的重要组成部分。但需要注意的是海湾的界限划分通常与行政界限不一致，有时会跨越几个行政区域。即使在同一区域内，由于利益的驱使，在海湾的综合管理中也会产生各种各样的问题，这在具体的操作过程中必然会产生不同部门和行政区之间的相互协调问题。管理的成功与否在很大程度上取决于这些部门间的相互协调程度，这就要求各种资源管理者、决策制定者及政府工作人员等依据海岸带及海湾的自然特点，把它作为一个开放的区域系统来进行海岸带规划和管理。[①] 在此过程中，要想保证政府间的协调，必须把涉海组织及群众纳入到政府决策中，政府相关工作人员要虚心接受专家的建议，把群众的需求及经验考虑其中，建立统一的海湾综合管理机构，这样才能有利于海湾的管理。

2. 海湾综合管理的边界

我国海岸线漫长，有18000多公里的大陆岸线和14000多公里的岛屿岸线，海湾是海岸线的重要组成部分，其边界划分问题应借鉴海岸线的划分标准。纵观各国划分海岸带的情况可以发现，尽管各个国家甚至国家内各个地区划定的海岸线范围大不相同，但他们划界使用的标准主要有五种方式：

---

① 左平等：《海岸带综合管理框架体系研究》，《海洋通报》2000 年第 5 期。

自然标志、行政边界、政治边界、任意距离、选取一定的环境单元。① 而我国有 6500 多个沿海岛屿和 14 个沿海省级行政区，其中情况复杂多变，要一成不变地按照国外经验来划分我国的海岸线的管理边界是不现实的。对于海湾管理边界划分来说，沿海各省、自治区、直辖市更应该在借鉴各个国家和行政区域的基础上依据自然条件和管理工作的实际需要，明确具体管理边界。海湾的生态系统尤为重要，人为的开发和自然的灾害都会使得海湾的生态环境遭受破坏，在划分管理边界时应包括受海上风暴和自然灾害威胁的地区，所以其边界划分要适应于自然功能。② 在行政区域间的划分上，海湾综合管理应该界定好各省级之间甚至市级之间的界线，以便于资源的开发保护及海湾的有序管理。农村条件下的主要环境效应与城市不同，造成海湾管理的方式也不同，传统的和现代的管理方式也可能同时存在，而且土地规划可能会遭到土地拥有者的抗议，因此在海湾的综合管理边界划分上应该按实际情况，兼顾城乡差别因地制宜，才能使海湾的开发更加合理。

3. 海湾综合管理的机构

我国是世界上最早开展海洋管理的国家之一，可追溯到 3000 多年前的周代。新中国成立后，我国海洋产业得到恢复和发展，组建了以产业为主体的海洋行政管理部门。而海湾与海洋是不可分割的组成部分，海洋开发的管理机构即为海湾的管理机构，直至目前才有了单独的海湾管理方式——湾长制。从新中国成立到现在海洋综合管理机构变革主要分为五个阶段，如表 1-6 所示：

表 1-6　海洋综合管理机构变革

时间	改革内容及机构设置
成立期（20 世纪 60—70 年代）	1. 行业管理向海洋延伸； 2. 成立国家海洋局。

① 李百齐：《海岸带管理研究》，海洋出版社 2011 年版，第 28—29 页。
② ［美］约翰 R. 克拉克：《海岸带管理手册》，吴克勤等译，海洋出版社 2000 年版，第 64 页。

续表

时间	改革内容及机构设置
发展期（20 世纪 80—90 年代）	1. 逐渐为地方海洋行政管理机构的成立奠定了基础； 2. 进一步加强了涉海行业管理。
调整期（20 世纪 90 年代末—2012 年）	1. 国务院机构改革，国家海洋局整合为隶属国土资源部的独立局； 2. 国家海洋局调整海上执法机构成立中国海监，最终形成海监、渔政、海警与海关缉私队伍、海事所构成的"五龙闹海"的格局； 3. 地方海洋管理机构整合为三种模式：海洋与渔业管理相结合体制、隶属于国土资源管理体制、海洋局分局与地方海洋行政管理部门结合体制。
完善期（2013 年 3 月—2017 年）	重组国家海洋局：设立高层次议事协调机构国家海洋委员会，国家海洋委员会的具体工作由国家海洋局承担；整合海上执法队伍，成立新的国家海警局，接受国家海洋局的领导及公安部业务指导。
深化期（2018 年 3 月—今）	深化国务院机构改革：组建生态环境部和自然资源部（对外保留国家海洋局的牌子）。

资料来源：根据《海洋行政管理学》、国务院机构改革等资料整理。

从上表可以得出，我国的海洋管理体制由松散型变为集中管理型，管理机构也经历了从行业管理到陆海分管再到陆海统筹的变化。随着对海洋认识程度的日益加深，海洋的开发也愈演愈烈，海湾是连接海洋与陆地的枢纽，不合理的海湾开发必定会使得生态环境遭受破坏，海湾的管理也将成为重中之重，而陆海分离的管理，会造成多头领导，容易因部门利益驱使致海湾利益受损。现如今的国务院机构改革，整合了陆海两套领导班子，对外保留国家海洋局的牌子，对于海洋及海湾的管理既有机遇也有挑战，应顺利时代潮流在陆海统筹的大背景下做好海洋管理，加强蓝色海湾整治。

（三）海湾综合管理的方式

我国海湾管理历史悠久，在借鉴国外海湾管理的基础上，根据我国独有的特点形成了符合我国海湾特色的综合管理方式。

1. 设立海湾功能区划

2002 年国务院批准《全国海洋功能区划》，并根据《中华人民共和国海域使用管理法》和《中华人民共和国海洋环境保护法》的规定，要求海洋使用必须符合海洋功能区划。全国海洋功能区划或省级海洋功能区划，是从全国范围或全省范围来进行的，不可能将每个海湾都较详细地划分功能区，而海湾是海洋的重要组成部分，海湾资源开发及环境保护策略同样影响着海洋的发展。因此需要将海湾，特别是大型的资源丰富、功能较多的、跨行政区管理的海湾制定海湾功能区划，以明确各个海湾资源的类型、分布、数量、质量及海湾生态环境现状，分析海湾未来开发方式、潜力及价值，为统筹安排海湾资源的开发利用布局，促进海湾资源合理利用与生态环境保护，提供科学依据和应对策略。设立海湾功能区划，以海湾自然属性为主，兼顾社会属性，在经济、生态相统一的原则下，重点开发与统筹管理相结合，既满足海洋经济发展的需求又注重生态环境的效益，实现海湾的健康发展。

2. 建立海湾综合管理信息系统

"海湾信息系统"是海洋信息系统的一个分支，是将有关海湾的数据、图像、表格、文字等多种媒体形式通过科学地处理，排列成新的、可以满足各方需求的数据、图像、表格和文字等。我国海湾有着丰富的物质资源和功能资源，能满足人们的不同需求。自新中国成立尤其是改革开发以来，对海湾进行了大量深度的开发与利用，在取得巨大成就的同时也出现了各种各样的问题，如围湾造地，在增加土地的同时使海湾生境遭受破坏；海水养殖，增进财产收入的同时使海湾环境遭受破坏等等。海湾的发展不能以牺牲海湾生态环境为代价。因此，建立海湾综合管理信息系统，将海湾的信息进行整合分析，对海湾的合理利用有着重要的指导作用。如将海湾功能区划的设定、海湾项目的开发与使用、海湾突发事件应对、海湾污染监测及防灾减灾等信息进行整合，有利于对海湾科学管理，实现海湾经济与环境的协同发展。①

3. 健全海湾环境执法监察体系

海洋经济发展及当地居民生活需求的多样化加大了对海湾的开发，同时海湾的环境日益恶化，生态系统遭受破坏。而且海湾是连接陆地与海洋的

---

① 吴桑云等：《我国海湾开发活动及其环境效应》，海洋出版社 2011 年版，第 574—585 页。

纽带，海湾环境污染会间接把陆地污染物引向海洋，对海洋生物、植物、资源造成有害影响，甚至危害人体健康。海洋污染会影响生态系统的平衡，对于正常的海洋养殖等活动也造成不利影响。随着我国信息技术的发展，建立海湾综合管理信息系统，把握海湾的整体状况，对于违法行为及时纠正制止显得十分必要，在此过程中，还要加大对海湾环境的执法监察力度，明确执法人员和执法权限，对于围湾造地、海湾工程、海湾倾废等开展动态监督工作。利用海湾综合管理系统，及时发布海湾环境信息，同时加强执法队伍建设，形成覆盖全部海湾的执法监察、监视网络，依法加大对违法事件的处罚力度，提高执法效率。[1] 因此，健全海湾环境执法监察体系，需要培养具有专业素质、敬业精神的执法队伍，充分利用信息技术，对海湾环境状况进行动态监督，合理开发保护海湾环境，打造蓝色海湾。

4. 设立湾长制共建蓝色海湾

所谓"湾长制"，就是在属地管理、条块结合、分片包干原则的指导下，实行一条湾区一个总长，分段分区管理，层层落实责任，确定各级重点岸线、滩涂湾长，在上级协调小组的领导下，负责本辖区湾（滩）海洋生态环境的调查摸底、巡查清缴、建档报送等工作，并建立周督查、旬通报、月总结制度，落实分片包干责任，进而建立起覆盖沿海湾（滩）的基层监管网络体系。[2] 湾长制来源于河长制，河长制始于 2007 年，由江苏无锡首创，推出后一定程度上破解了困扰我国已久的"九龙治水"问题，实现了对水环境的综合管理，得到中央和地方政府的高度重视，成为我国水环境管理的一项重要制度。由于海湾管理与河湖管理类似，是一项涉及众多的复杂工程，2017 年 9 月，国家海洋局印发了《关于开展"湾长制"试点工作的指导意见》（以下简称《指导意见》），提出在河北省秦皇岛市、山东省胶州湾、江苏省连云港市、海南省海口市和浙江全省开展湾长制的试点工作。各省市纷纷响应号召，根据自身区域情况，制定相应的政策法规，设立湾长制共同建

---

[1]　鹿守本、艾万铸：《海岸带综合管理——体制和运行机制研究》，海洋出版社 2001 年版，第 132—133 页。

[2]　王建友：《"湾长制"是国家海洋生态环境治理新模式》，《中国海洋报》2017 年 11 月 15 日。

设蓝色海湾。以青岛市为例，2017 年 9 月 14 日，青岛市政府印发了全国首个湾长制实施方案——《关于推行湾长制加强海湾管理保护的方案》（以下简称《方案》），明确提出构建市、区（市）、镇（街道）三级湾长责任体系，并由主要党政领导担任湾长，压紧压实地方党政领导干部的环境保护责任，落实中央新发展理念和生态文明建设要求。①"湾长制"实施以来，青岛大力开展蓝色海湾整治，修复海湾生态环境，先后完成了白沙河下游、红岛东岸线、小港湾岸线整治等项目，海湾的整治取得了较好的成果，生态效益和经济效益凸显。②"湾长制"实施以来各个地区都取得了显著的成果，在今后的海湾整治中将继续推广"湾长制"，进一步实施"一湾一策"制度，建立行政运行机制，细化职责任务清单。在蓝色海湾整治的大背景下政府相关部门要加大海湾管理力度，以"湾长制"为主导，加大蓝色海湾整治，保护海湾生态环境，促进其可持续发展。

二、海湾管理的经验教训与改进措施

政府在海湾的开发过程中要加大管理力度，使海湾生态环境得到有效保护。但是在现实生活中，政府往往对海湾开发失于有效管理和监督，甚至为了经济利益进行不正当干预，使海湾的正常开发进程和环境保护遭到严重干扰。随着党和国家领导人对海湾开发的重视及公众对海湾认识程度的加深，需要在以往海湾管理经验的基础上制定有效的海湾管理方式，因此我们必须总结经验教训，采取良好措施，合理开发环湾，保护海湾生态环境。

（一）海湾整治与生态环境修复实例

海湾的开发和利用虽有利于当地经济的发展，但对海湾的生态环境总会产生一定的影响，也会对海湾的水质造成不同程度的污染，导致海湾面临海水富营养化、重金属污染等严重的问题，使得生态系统失去平衡，对胶州

---

① 陶以军等：《关于"效仿河长制，推出湾长制的若干思考"》，《海洋开发与管理》2017 年第 11 期。

② 兰圣伟：《海湾管理精细化的有益实践——首推"湾长制"的青岛样本》，《中国海洋报》2018 年 4 月 10 日。

湾、三亚湾、泉州湾、锦州湾等海湾造成不良影响，因此必须对海湾进行整治。在海湾整治中，要加大水污染及生活垃圾的处理，合理开发利用海湾，监督海湾施工工程，科学养殖，建立海湾生态环境保护区，开展海湾生态修复，促进海湾可持续发展。生态修复强调对生态系统过程、生产力和服务功能的修复，对于人类的生存和发展也具有重要作用。而海湾生态恢复，是指修复海湾生态已受到干扰、破坏的部分，并阻止破坏行为，美化环境，使其尽可能恢复到原来的状态。下面是具体海湾生态修复和整治的案例分析。

1. 青岛胶州湾的生态修复

胶州湾经历了高强度的开发之后，的确带动了周边地区经济与社会的发展，但也产生了一系列的生态环境问题。从胶州湾的开发历史看，20 世纪 30 年代以前，几乎没有人为因素的影响，五六十年代以后，人为因素逐步增多，主要以围填海为主。从 1966 年至 2010 年的 40 多年间，胶州湾围填海总面积达到 102 平方公里，其中围海面积 39.5 平方公里，填海面积 62.5 平方公里。[1] 到 2015 年，胶州湾海域面积为 341 平方公里，已确权开发利用海域面积为 98.15 平方公里，占胶州湾海域总面积的 29%。以大规模围填海为标志的开发方式不仅对胶州湾的海岸线造成了破坏，还使海湾面积逐步减少，与此同时海湾内的水域环境也发生了巨大的变化，引起浒苔等自然灾害的发生，不得不引起青岛市政府及其居民的高度重视。青岛市先后制定出台《青岛市海岸带规划管理规定》《青岛市海洋环境保护规定》《青岛市海域使用管理条例》《青岛市海洋渔业管理条例》《青岛市无居民海岛管理条例》等海洋类地方性法规，设定胶州湾保护专款、专章。2007 年青岛市委、市政府确立了"环湾保护、拥湾发展"的战略，以统筹青岛市胶州湾地区的可持续发展。2010 年启动胶州湾海洋生态综合整治，市级对胶州湾海洋生态综合治理工程累计投入超过 67.5 亿元，完善胶州湾生态治理与保护制度，建立生态补偿机制，加大执法力度。2012 年则出台了《胶州湾保护控制线》，

---

[1] 雷宁、胡小颖、周兴华：《胶州湾围填海的演进过程及其生态环境影响分析》，《海洋环境科学》2013 年第 4 期。

2014 年又实施《青岛市胶州湾保护条例》，严禁任何围填海行为，以保护胶州湾的生态环境，恢复湿地及水域面积，对胶州湾实施最严格的终极性、永久性保护。[①]2015 年 6 月，市政府成立了以市长为主任、分管市长为副主任，市政府分管副秘书长、有关单位、环胶州湾各区（市）政府、功能区管理机构和入胶州湾河流流经区域的区（市）政府负责同志任成员的胶州湾保护委员会，负责统筹协调有关规划编制、项目建设、执法检查等工作。在胶州湾的整治与生态修复中，政府出台了各种政策文件，胶州湾的围湾造地现象得到了一定的控制，水域环境也得到了改善，胶州湾内功能区水质达标率由 2008 年的 50% 到了 2010 的 71.4%。2016 年青岛市率先进行"蓝色海湾整治"行动，进行海湾环境整治。2017 年青岛市响应政府号召，在全国率先推行保护海湾的湾长制，全市 49 个海湾均纳入湾长制管理保护。当年，全市近岸海域 98.5% 的海水达到优良标准，胶州湾优良水质面积上升到 71.8%。同时，通过"蓝色海湾""南红北柳"等一系列海洋生态修复工程，完成岸线整治 14 公里，修复滨海湿地面积 84 万平方米，恢复生态廊道植被 63 万平方米。[②]虽取得如此成效，但海湾水域环境需继续改善，生态环境还需进一步保护。因此，在海湾的整治与修复上任重道远，要加强政府对海湾的综合管理，根据当地实际情况，制定相应的政策措施，而且在实施过程中必须长期坚持，才能取得良好的效果。

2. 浙江洞头蓝色海湾整治

浙江洞头的蓝色海湾整治使得其海湾生态环境逐渐改善，值得学习借鉴其成功的整治经验。20 世纪 80 年代末，浙江洞头的沙滩在填海造地、取沙建房、建造码头的影响下，面积达 1.84 万平方米的东岙沙滩逐渐消失，只剩下裸露碎石。人们的无度索取，使得洞头海洋生态环境也越来越差，海水污染、赤潮频发、岛礁破坏、养殖亏损、贝类消失等问题严重。为挽救该地区的海洋生态环境，2015 年，洞头就坚持不围垦，对新增的涉海工程，

---

① 李青：《青岛全力呵护"母亲湾"》，《青岛日报》2015 年 6 月 8 日。

② 任晓萌：《"一湾一策"列出清单　统筹推进海陆污染治理》，《青岛日报》2018 年 4 月 16 日。

不再进行围填海审批；对早已确权可填的 3710 亩海域，则通过围而不填的创新之举，尽最大可能保护海洋生态。国家也十分注重海湾生态环境，推出"蓝色海湾整治行动"，为洞头恢复海湾生态环境提供了动力。2016 年，总投入 4.76 亿元的蓝色海湾整治项目落户洞头。2017 年 1 月，投资总概算达 850 万元的东岙沙滩修复工程启动，进行沙滩修复和海洋生态廊道等建设。通过"蓝色海湾整治"项目，洞头实施岸线资源整治修复，投放人工鱼礁 9 万余立方空体，建成 152 公顷海洋牧场示范区和 1053 公顷省级水生生物增殖放流区，在南、北爿山（鹿西鸟岛）实施筑巢引鸟工程，有效保护 51 种海洋鸟类繁衍生息。[①] 经过多方努力，浙江洞头的海湾生态环境逐步改善，为海湾生态环境保护提供了成功的经验。

　　3. 海南三亚湾及其附近珊瑚礁生态保护与恢复

　　三亚湾的珊瑚礁生态系在 20 世纪 50 年代相当完好，1984 年该地区珊瑚礁已明显衰退，1990—1992 年考察时，礁平一片荒凉。三亚潟湖口门东侧 1962 年可以看到活珊瑚、海藻、海马，到 1969 年因填海活动就消失了。据调查，该区 1975 年有珊瑚 81 种，1995 年 58 种，到 1999 年仅剩 35 种，说明有 56.8% 的珊瑚种已灭绝，珊瑚礁生态系统受到了极大破坏。三亚地区生态系统破坏的主要原因是过度捕捞，对珊瑚礁的采集等人为因素使得珊瑚礁生态系统遭到巨大破坏。为了保护和恢复三亚湾及其附近的珊瑚礁生态系，各级政府采取多种措施，其中包括：发布一系列法律、法规、公告等，对珊瑚礁的保护进行硬性规定；建立珊瑚礁自然保护区，其保护方针为养护为主，适度开发、持续发展；加强科研与规划，对珊瑚礁及其生物多样性进行研究，合理规划，以达到恢复其生态系统的目的。通过上述活动，三亚及其周边的珊瑚礁生态系得到了一定的保护，但要恢复到 20 世纪 60 年代水平尚需付出更大的努力。[②] 为全面整治三亚湾，保护该地区的生态环境，2018 年三亚湾管理全面实施"湾长制"，按照属地管理、条块结合、分片包干的

① 汪江军：《洞头实施蓝色海湾整治　还大海以宁静和谐美丽》，2017 年 11 月 22 日，见 http://zjnews.zjol.com.cn/zjnews/zjxw/201711/t20171122_5784400.shtml。

② 黄良民等：《三亚湾生态环境与生物资源》，科学出版社 2007 年版，第 225—239 页。

工作要求，湾长作为辖区海湾治理和保护的直接责任人，将履行"管、治、保"三位一体的职责，负责开展环境应急事件处置，协调处理海域保护管理、环境综合整治等重大问题。① 进行海湾整治及生态环境修复的目的就是优化海湾资源科学配置和管理、强化海湾污染防治及海湾执法监管、加强海湾生态整治修复及珊瑚礁生态系统的维护等等，以实现人湾和谐，把海湾真正打造成"蓝色海湾"。

（二）海湾管理的经验教训

海湾开发的同时就伴随着海湾管理的诞生，政府十分关注海湾的开发与管理，海湾管理初见成效却也出现了各种问题。2018 年 3 月国务院机构进行深层次的改革，整合各部门职责，成立自然资源部和生态环境部，促进了海湾管理的改革发展。尽管如此，还是要对海湾管理出现的问题进行总结分析，才能更好地适应改革的发展，使海湾综合管理更有成效。

1. 海湾开发中政府不当干预随意开发的问题

第一，在海湾开发中，相关部门为了部门利益，不顾原有的海湾规划，随意开展新项目，有时也不通过相应机构的审查与批准。在此过程中，又需重新制定海湾开发规划，耗费人力物力，不仅使得实施部门无所适从，也不利于海湾整体的开发与保护。

第二，海湾的开发还存在着"形象工程""首长工程"等现象，主要表现在在海洋资源的利用与开发中，受领导主观意识的影响，往往对工程的开发与设计思虑不周，也没有征求群众、学者等的意见，甚至只做表面工程，既破坏资源与生态环境，又难以得到应有的回报。②

2. 海湾保护中缺乏整体规划遇事扯皮的问题

其一，海湾虽是海洋的重要组成部分，但海湾的保护却没有海洋的详细。各省、市、区都制定了海洋功能区划，以完善对海洋的保护，但对海湾的保护缺乏整体规划，还停留在单个海湾的保护上，不利于全国海湾资源利

---

① 黄世烽：《三亚湾管理全面实施"湾长制"》，2018 年 4 月 9 日，见 http://www.sanya.gov. cn/sanyasite/jrtt/201804/1237da51b1574dd994b647643ca7c83b.shtml。

② 吴桑云等：《我国海湾开发活动及其环境效应》，海洋出版社 2011 年版，第 552—553 页。

用与保护规划的制定。

其二，海湾资源的开发与生态环境的保护处在矛盾之中，会面临多种困境。政府相关人员为了部门利益，会相互博弈，达成目标一致、利益共享，一旦出现问题，因权力交叉，往往会相互扯皮，不利于海湾整体的发展。

3. 海湾管理中经济利益与生态效益处理不当的问题

首先，在政府的政绩观上，片面追求政绩及经济增长速度，拼命吸引外资，甚至出现包庇或轻罚违法企业的行为，破坏了海湾资源与当地的生态环境。

其次，在民众的思想观念上，经济效益大于生态效益，他们片面追求物质利益，盲目开发利用海湾，忽略生态环境保护。

最后，在生态环境保护的宣传上，政府工作人员没有及时对当地民众进行思想宣传，在海湾的整治上出现"搭便车"的现象，不利于海湾的保护。

（三）海湾管理的改进措施

海湾管理历史悠久，同样也面临着诸多问题。为顺应时代潮流、适应现实需要，更需要我们改进海湾管理措施，加快海湾综合管理的进程与变革，促进海湾健康发展。

1. 加强法制建设

要实现海湾的有效管理，确保其有序良性开发，维护海湾生态环境，就必须加强法制建设。海湾是海洋的一部分，又与海岸带有着重要联系，必须有一部涵盖海域、海岸带的法律来调节和协调各方的利益，明确资源开发与环境保护间的界线，确立执法人员与执法权限，通过立法确定各海域的法律地位和海上活动的行为规范，并以此为基础确立管理原则和制度，实施有效管理，做到严格依法管理。① 我国目前尚没有专门的海湾法或海岸带法，因此必须加强法制建设，加大对海湾立法的重视程度，更好地规范政府行

---

① 管华诗、王曙光：《海洋管理概论》，中国海洋大学出版社 2003 年版，第 1—4 页。

为，合理开发利用海湾。

2. 科学规划与论证

海湾是具有一定独立特征的水体，与海洋有着一定的区别，其资源的丰富性、条件的优越性、功能的多样性，使得海湾的开发强度、深度和广度都与开阔的海洋不同，单独进行海湾功能区划显得格外重要。海洋功能区划对海洋的发展有一定的指导作用，且具有一定的法律效力，而要制定海湾功能区划或保护规划时必须进行科学规划与论证，使其经得起时间的检验，维持其稳定性。海湾与陆地相连，海湾地区极易有工程建筑，在海湾工程的选址、施工等方面也要充分论证和检验，征求专家学者的意见，加大监督力度，避免海湾盲目开发及资源浪费，维持海湾地区生态系统的平衡。

3. 强化监测与监督

海湾的开发与管理都离不开对海湾基本状况和基本规律的把握，而对海湾现象和规律的认识，就要对海湾进行调查与研究。现如今，国家海域使用动态监测管理系统已开展实施，将重点海湾的海域使用及环境状况等纳入监测范围，以对海湾的整体状况有所了解。但由于我国海岸线漫长，海湾众多，加上用海项目之多，用海面积不同，在海湾管理水平上也不同，因此在海湾的海域使用上仍存在各种各样的问题，必须加强对海湾使用及管理的监督，利用海域使用动态监测管理系统，及时掌握海湾现有状况。当然在监测监督的同时也要加大执法力度，在国家有关法律和法规的基础上，对违法现象严惩不贷，做到有法可依，违法必究，以保证海湾的有序开发及生态环境保护。①

4. 与时俱进因地制宜

在海湾管理中，我国制定了许多法律法规，但仍存在许多法律和制度的漏洞，使得海湾开发的既得利益者向政府相关部门进行权力寻租有机可乘。2018年3月的机构改革，成立自然资源部和生态环境部，几个部委的规划职能整合到一起，对各类规划进行统筹，真正实现"多规合一"，实现

---

① 陈则实等：《中国海湾引论》，海洋出版社2007年版，第579—582页。

"一张蓝图干到底"。但学者周秉建指出："由于自然资源部和生态环境部两者之间有一定的交叉，所以，要明确梳理好自然资源部和生态环境部恰当的边界，既要防止出现'权力'真空区域，又要防止出现过多的'权力'交叉和重叠区域。"① 然而我国海湾众多，分布范围也十分广泛，需要因地制宜地制定政策措施，国家提出湾长制，"一湾一策"制度更有利于海湾的综合管理，进行蓝色海湾整治。

海湾是我国沿海地区重要城市的坐落地，同时海湾众多且资源丰富，海湾也就成为人口趋海性移动的一个重要目标点。但是由于近岸港湾资源的稀缺性、综合性和海洋开发强度不断加大的发展趋势，海湾生态环境保护问题日益突出，必须加强海湾管理，蓝色海湾整治行动为海湾管理的发展提供了重要助力。现如今，机构改革如火如荼，政府职能不断转变，海洋与陆地协同发展已成趋势。在这样的大环境下，应该健全现有的海湾整治政策及法律法规，形成合理有效的海湾管理方式即寻求人口、资源、环境及生态的和谐发展，同时设立湾长制，进一步了解海湾环境、功能状况及发展趋势，掌握海湾的水动力条件和环境容量，在海湾开发的同时保护好海湾的生态环境，促进海湾的可持续发展。

---

① 高志民：《自然资源部带着新使命来了》，《人民政协报》2018 年 3 月 22 日。

第二章　从陆海分治到陆海统筹：
蓝色海湾整治的思路转换

2015 年 10 月 29 日中共十八届五中全会通过的《中共中央关于制定国民经济和社会发展第十三个五年规划的建议》中明确提出了"开展蓝色海湾整治行动"的规划要求。由此，"蓝色海湾整治"将成为未来时期我国海洋生态环境治理中的一项重要任务。由于海湾所具有的"三面环陆"的自然地理特征，该区域的海洋生态环境在很大程度上受到毗邻陆地区域自然环境与人类活动的影响。因此，海湾生态环境的整治不能忽视陆域污染问题。甚至可以说，海湾生态环境能否得到切实的改善，在很大程度上要取决于陆域污染是否能够得到根本性治理。有鉴于此，在海湾生态环境的整治中必须统筹兼顾陆地与海洋两个区域的自然与社会系统，"陆海统筹"应当成为我国蓝色海湾整治管理创新过程中的基本思路或原则。基于这种认识，本章将对我国陆海统筹理念的产生发展过程与基本内涵进行梳理，然后着重分析陆海统筹在我国海湾环境整治中的重要价值与基本思路，从而为全面研究陆海统筹理念原则下我国蓝色海湾整治的管理创新问题奠定基础。

第一节　陆海分治：我国海湾环境整治传统思路及问题

海湾区域由于特殊的自然地理环境以及过多的开发利用状况，因而成为生态环境系统最容易遭受破坏的海洋区域之一。随着我国经济社会特别是海洋事业的发展，我国众多的海湾也面临着严重的环境污染与生态破坏问题。海湾区域环境的恶化已经成为我国海洋环境领域中的突出性问题，但一直到今天，海湾环境的修复仍然没有取得真正实质性的突破。2016 年 12 月17 日，在中国生态文明论坛上，原国家海洋局副局长孙书贤在发言中指出，海湾是原国家海洋局加强治理修复的重点区域之一①，由此可见海湾环境问题的严峻性以及进行环境整治的紧迫性。针对海湾生态环境的严峻状况，国家与地方相关政府部门多次展开针对特定海湾区域（最为典型的是渤海湾）的环境整治行动，然而总体效果并不理想。本书认为，在制约海湾环境整治效果的各种因素中，政府管理部门长期以来所沿袭的"陆海分治"思路是最重要的影响因素之一。因此，只有真正认识到陆海分治的弊端并从各项制度体制机制的建设上走出陆海分治的误区，才能最终找到海湾环境整治困境的根本破解之策。

一、我国海湾环境恶化的影响因素

我国海湾环境的不断恶化，是自然因素与人为因素综合作用下的结果。在我国国民经济建设过程中，特别是改革开放以来，随着对于海湾资源开发利用强度的不断提升，人为因素的影响逐渐超过自然因素，成为海湾环境恶化的主要因素。总体而言，我国海湾环境不断恶化的影响因素包括下述几个方面。

（一）海湾自然属性导致的环境脆弱性

之所以将"海湾开发或整治"作为独立的议题进行研究讨论，主要原因在于海湾相较于其他海洋或海岸带区域的特殊性，这种特殊性又主要源自海湾的自然属性特征。其中，就其地理地貌而言，海湾具有如下基本特征：第一，海湾属于海洋的一部分，它与海洋自由联通，进行海水交换；第二，海湾被陆地环绕（三面环陆），因此它具有一定的封闭性；第三，海湾并不

---

① 庞修河：《"十三五"将修复受损海湾等重点区域》，《中国海洋报》2016 年 12 月 20 日。

是完全封闭的，它具有一定的开敞度，但是其开敞度是有限制的。① 正因如此，海湾具有一定独立的水动力体系以及比较独立的生态系统。这些自然属性特征导致了海湾的生态环境相较于一般海岸带而言更为脆弱。其中，海湾最为突出的自然属性是"环境条件相对封闭，风浪较小，水交换周期长"②。通俗来讲，海湾具有"口小肚大"的特征，当湾内存在污染物时，只能依靠与外界海水的交换进行自净，但是较少的海水交换量以及较长的交换周期导致污染物的自净需要更长的时间。

另外，海湾的生态系统较为独立，而且一般都为规模较小的生态系统，这种规模特征导致它在受到外界干扰时更容易遭到系统性破坏。例如，围填海对海湾滩涂湿地内特定动植物的破坏，如果放到一个较大的生态系统中，可能只是一个"微小"的干扰，但是对于特定海湾的生态系统来说，则可能具有"致命"的破坏性。

上述自然属性特征导致海湾的生态环境相较于一般海岸带区域而言，本身就具有脆弱性。同时，正如后文将要指出的，海湾区域相较于一般海岸带而言，遭受到的人为"干预"程度更高，这在很大程度上进一步加剧了其环境脆弱性。例如，围填海造成海湾水面缩小，湾内泥沙淤积，这进一步弱化了海湾的水动力强度，导致湾内的污染物需要更长时间才能得到净化。因此，当前我国许多海湾生态环境的恶化，很大程度上是由于资源的开发者没有意识到海湾自然属性的特殊性，没有因此约束开发强度与开发方式，也没有自始至终将海湾的环境保护与资源开发协同考虑。

（二）过度且不规范的海湾资源开发利用

如前所述，海湾具有多种类型的丰富资源，这些资源在我国经济社会发展过程中先后得以充分利用，有力地支撑了国民经济的快速发展。然而，长期以来过分强调海湾的"资源"属性而忽视了其"环境"特征，导致对海湾资源的开发利用强度过大，远远超出了其环境承载容量。更为严重的是，

① 吴桑云等：《我国海湾开发活动及其环境效应》，海洋出版社 2011 年版，第 36 页。
② 黄小平等：《我国海湾开发利用存在的问题与保护策略》，《中国科学院院刊》2016 年第 10 期。

海湾资源开发利用行为缺乏有效的规范，开发利用过程中没有协调好各种关系，最终导致混乱的竞争性开发行为，产生"公地悲剧"的恶果。例如，我国许多海湾资源已经被开发利用，但是绝大多数海湾没有明确的开发保护规划。虽然许多省市地方政府都先后制定了海洋功能区划，但是并没有对海湾的资源与环境特征进行明确考量，也没有对海湾的功能区划进行合理界定。特别是不同海湾的环境属性不同，其相应的功能定位也应不同，但是由于缺乏明确规划，原本应侧重生态环境保护的海湾也被过度开发利用。

正是由于缺乏明确的海湾开发保护规划，因此在海湾的开发过程中没有处理好部分与整体、近期与远期的关系。[①] 对于政府管理者而言，在错误的政绩观基础上，大搞政绩工程，追求短期效益，导致许多海湾开发利用项目未经有效环评就能够立即上马；或者在海湾开发项目的审批中，只注意具体项目的可行性，缺乏宏观管理与总量控制思维，最终导致对海湾环境破坏的累积超出其环境可承载量。

就具体开发利用行为对于海湾环境的破坏而言，可以说，任何人为活动都会对海湾的自然环境属性造成干扰，只不过干扰的程度有所不同。在我国，无论是港口或跨海大桥建设，还是海水养殖、海盐炼制，当存在开发过度且不规范行为时，其对海湾环境的破坏程度是显而易见的。但是总体而言，对我国主要海湾环境破坏程度最为严重的行为是大幅度且不规范的围填海行为。有研究表明，"近70年我国海湾的各方面变化是自然因素和人类活动因素共同影响的结果，但海湾岸线结构和开发利用程度的变化特征表明，以围填海为主的人类活动无疑是主导的影响因素，而且其影响作用逐渐增强，尤其是近几十年，其作用已经远远超过了自然因素"[②]。

改革开放以来，人口密集的海湾地区面临"土地赤字"问题，围填海成为拓展发展空间的首要选择。新中国成立后，我国经历了三次大规模的围填海高潮：第一次是中华人民共和国成立初期，以围海晒盐为主；第二次是

---

① 吴桑云等：《我国海湾开发活动及其环境效应》，海洋出版社2011年版，第553页。

② 侯西勇等：《20世纪40年代初以来中国大陆沿海主要海湾形态变化》，《地理学报》2016年第1期。

20世纪六七十年代，以围垦海涂扩展为农业用地；第三次是20世纪八九十年代，以滩涂围垦养殖为主。① 在整个围填海开发过程中，存在政策不完善、不统一、政策实施偏差、监管处罚不明确等各种问题②，从而出现了严重的海湾生态环境破坏问题。由于海湾本身是稀缺的不可再生资源，围填海是对该资源的最直接的破坏。而且，海湾具有一定的封闭性，由于海湾的围填，海湾的纳潮量锐减，使海湾的海水交换能力大为降低，导致海湾污染物不能及时排出，从而会使海湾污染日益严重，这被认为胶州湾污染严重的重要原因。③

（三）大量陆源污染物的排入

海湾地处陆海结合部，更是具有"三面环陆"的特征，因此可以说，海湾是海洋中最容易受到人类活动影响的区域。就海湾内海水污染或水质下降而言，其污染源很大程度上来自于周边陆地。相关污染物的排入渠道除了城市入海排污管道外，更多的是随地面河流注入湾内。我国主要海湾周边都有许多河流注入，这为陆源污染物排入的控制带来了困难。例如渤海湾沿岸主要入海河流众多，包括海河、黄河与辽河3个流域，7个水系。④ 再如胶州湾，直接注入的河流多达12条，径流量较大，污染物排入必然难以控制。

陆源污染一般分为点源污染和面源污染两类。前者以工业废水和城市生活污水为代表，是早期陆源污染管控的主要对象。面源污染包括农业面源和城市径流面源，例如农用地径流、禽畜养殖等污染物，经由雨水冲刷带入径流入海，相较于点源污染而言排放的随意性更大，更难进行管控。20世纪70年代以来，发达国家的环境治理经验表明，随着对工业废水等点源污染的有效控制，面源污染已经取代点源污染成为环境污染的最重要来源，对

---

① 王琪、田莹莹：《蓝色海湾整治背景下的我国围填海政策评析及优化》，《中国海洋大学学报》（社会科学版）2016年第4期。

② 王琪、田莹莹：《蓝色海湾整治背景下的我国围填海政策评析及优化》，《中国海洋大学学报》（社会科学版）2016年第4期。

③ 吴桑云等：《我国海湾开发活动及其环境效应》，海洋出版社2011年版，第548页。

④ 陈涛、杨悦：《渤海环境变迁及其治理——兼论渤海开发与海洋生态文明建设》，《中国海洋大学学报》（社会科学版）2014年第6期。

于海湾污染而言更是如此。来自陆地的各种有机物和营养盐随着入海径流大量排入海湾内，是造成海湾区域内富营养化的主要原因。长期以来，我国面源污染的比重在不断上升，已经成为我国海湾水污染控制的难点和重点。例如，胶州湾流域面积达 8000 平方公里，入湾河流众多，河流输入已经成为胶州湾污染物的最主要来源。①

更具典型意义的是渤海湾，研究表明，渤海入海污染物主要来源于入海河流、排污口排放的污染物，如工业废水、生活污水和农业污水等。渤海陆源污染物来源以区域划分主要有两方面：一是来自环渤海沿海 13 市的污染排放；二是来自环渤海地区上游城市污染排放。② 特别是随着渤海湾周边省市大量化工企业向沿湾区域的聚集，渤海湾已经出现了化工厂"围湾"之势、镉、汞等重金属污染物严重超标，导致渤海湾生态系统严重破坏，几乎成为"海底沙漠""死海"。③ 现在，一个普遍的共识是渤海湾污染物将近七八成来自于陆源污染，特定时期国家相关政府部门针对渤海或渤海湾的污染整治行动，也多明确将陆源污染作为管控的重点。④ 不过，由于陆源污染涉及面过于复杂，短期内很难取得明显的治理成效。

以上分别从自然与人为等方面考察了我国海湾环境不断恶化的主要影响因素。从生态环境损害风险生成的角度来看，海湾的自然属性特征影响的是其生态环境的脆弱性或易损性，而各种开发利用活动以及陆源污染物的排放，则可以视为海湾生态环境风险生成的"致灾因子"。上述因素又是相互关联、彼此作用的，不当的人为干扰会进一步破坏海湾的自然属性，最终出现恶性循环。除了上述因素之外，影响我国海湾环境质量的另一个重要因素是政府部门的海湾环境治理成效。事实上，我国主要海湾（特别是渤海湾）

① 黄小平等：《我国海湾开发利用存在的问题与保护策略》，《中国科学院院刊》2016 年第 10 期。
② 王书明等：《渤海污染及其治理研究回顾》，《中国海洋大学学报》（社会科学版）2009 年第 4 期。
③ 白世林：《渤海环境恶化几成"死海"出现海底沙漠》，《经济参考报》2015 年 8 月 10 日。
④ 朱贤姬等：《关于"渤海碧海行动计划"的几个思考》，《海洋开发与管理》2010 年第 11 期。

环境的恶化在较早时期就已经引起了相关政府部门的高度关注，在特定时期也先后开展了多种形式的治理整治行动，但是由于各种因素的制约，治理成效并不显著，很多海湾环境整治行动甚至归于失败。下文将对相关整治行动失败的原因进行考察。

二、陆海分治思路下我国海湾环境整治实践及效果

随着经济社会建设事业的开展，特别是改革开放以来，各个行业对于资源的需求日益提升，"向海洋要资源"成为当时沿海居民与政府管理者的主导性观念认知，环境保护让位于资源攫取。在这一过程中，以渤海湾等为代表的许多海湾的环境状况急剧恶化，并最终引起了社会与政府管理者的关注。随着越来越多人意识到海湾环境保护的重要性，政府相关部门相继开展了一系列海湾环境整治行动，其中尤以渤海湾环境整治行动最具代表性。有鉴于此，下文主要以渤海湾为例，考察我国主要海湾环境整治的实践及其效果。

渤海是我国四大海区中海洋资源最密集的区域，也是开发利用程度最高的海区。1972 年，我国出口检验部门在渤海的海产品中发现含有毒物，由此国家提出了海洋环境保护问题。1978 年，中共中央批准了国务院环境保护领导小组第四次会议通过的《环境保护工作要点》，将渤黄海列入要先行一步的区域。据此，国家科委下达了重点科研项目——"渤海、黄海海域污染防治研究"，参与此项工作的有山东、江苏、天津等五省市和原国家海洋局、卫生部、农牧渔业部（原国家水产总局）、教育部、中国科学院等多个部门。① 由此，中国开始了对渤海区域环境保护的调查与研究工作。

1996 年，政协相关委员会组成调研组，赴山东、辽宁和天津就"控制陆源污染物排放入海，保护海洋"问题进行专题调查，提出应高度重视环渤海污染防治工作。1999 年，原国家海洋局根据有关法律法规编写了《渤

---

① 王中宇：《渤海：碧海？死海？——对社会公共事务决策的思考》，《科学时报》2008 年 4 月 23 日。

海综合整治规划》，其核心思想在于综合考虑渤海的资源、生态与环境问题，通过管理、控制、预防、治理和基础能力建设，恢复渤海的可持续利用能力。2000 年 7 月，原国家海洋局与环渤海相关省市联合召开会议，讨论了渤海环境污染、资源枯竭的严峻状况，在取得一致认识的基础上，发表了"渤海环境保护宣言"，表明了治理渤海环境污染的决心。2001 年 11 月 8 日，经国务院批复，由原国家环保总局联合原国家海洋局、交通部、农业部、海军以及环渤海地方政府共同完成的《渤海碧海行动计划》开始实施。该计划投资 555 亿元，预计实施项目 427 个，主要包括城市污水处理、海上污染应急、海岸生态建设、船舶污染治理等内容，其指导思想是"以恢复和改善渤海的水质和生态环境为立足点，以调整和改变该地区的生产生活方式、促进经济增长方式的转变为基本途径，陆海兼顾、河海统筹，以整治陆源污染为重点，遏制海域环境的不断恶化，促进海域环境质量的改善，努力增强海洋生态系统服务功能，确保环渤海地区社会经济的可持续发展"。该计划的实施划分为三个阶段：近期目标（2001—2005），海域环境污染得到初步控制，生态破坏的趋势得到初步缓解；中期目标（2006—2010），海域环境质量得到初步改善，生态破坏得到有效控制；远期目标（2011—2015），海域环境质量明显好转，生态系统初步改善。[1]

碧海行动计划是我国在国家层面上首次推出的全面治理渤海污染的计划。此前，环渤海的三省一市仅对渤海污染有零星治理。该计划的出台，被许多人视为是"基于科学认识基础上的规划方案"[2]，因此被普遍寄予厚望。2004 年，该计划第一阶段结束前，原国家环保总局发布《渤海碧海行动计划中期报告》，以大量数据汇报了计划实施的成果，指出渤海近岸海域水质恶化趋势得到初步遏制，海域的水质趋于好转。然而，2006 年 8 月，在国务院召开的渤海环境保护工作现场会上，时任国务院副总理曾培炎却指出：污染物入海总量居高不下，渤海污染面积扩大，赤潮灾害频繁出现，重大污

---

①　王琪等：《公共治理视域下海洋环境管理研究》，人民出版社 2015 年版，第 240—241 页。

②　唐国建：《"条""块"不对称：跨界海域环境治理政策失灵的制度归因——以〈渤海碧海行动计划〉为例》，《中国海洋大学学报》（社会科学版）2010 年第 4 期。

染事故时有发生。根据历年《中国海洋环境质量公报》数据，从 2001 年到 2007 年，渤海污染水域面积呈指数增长，尤其是从 2006 年到 2007 年，重度污染面积增加了 1.21 倍，中度污染面积增加了 2.07 倍。与启动"渤海碧海行动计划"的 2001 年相比，短短 6 年内，重度污染面积增加了 3.47 倍，中度污染面积增加了 6.58 倍，轻度污染面积增加了 3.26 倍。①

　　尽管没有政府层面的明确定论，但是上述统计数据表明，渤海碧海行动计划事实上并没有实现预期目标。2006 年 7 月，国家发改委启动了《渤海环境保护总体规划》的编制工作，它被视为是对《渤海碧海行动计划》的替代，也意味着政府层面对后者失败结果事实上的承认，碧海计划最终不了了之。而《渤海环境保护总体规划》的编制由于意识到了渤海湾污染治理的艰巨性，因而规划内容更加务实，它没有设定治污时间表，也没有设定具体目标，总体规划的思路是陆海统筹，合力治污。据总体规划编制组组长、中国环境科学研究院研究员夏青介绍，"这种做法已被称为渤海经验，我国近岸四海的'十二五规划'都是类似思路"②。陆源污染的治理仍然是总体规划的重点内容。

　　两个渤海湾整治行动计划或规划尽管在实施主体、资金投入、内容方案上都有所调整，但是一些研究者清醒地认识到，作为"一种治理的行动策略，很难说谁比谁更科学"，"将这次治理的转换用'换汤不换药'来形容是有理由的"③。之所以如此，主要是由于两个计划或规划实施所置于其中的国家发展思维、制度环境、政策实施结构等因素的制约，导致原初的方案目标或实施路径可能被扭曲或异化。对此，已经有许多学者进行了大量的研究进行反思，具体包括指导思想中的误区（重"物"的管理轻"人"的管理）④、

---

① 王中宇：《渤海：碧海？死海？——对社会公共事务决策的思考》，《科学时报》2008 年 4 月 23 日。
② 参见《"渤海碧海行动计划"实行 5 年终告吹》，《新世纪周刊》2011 年 9 月 6 日。
③ 唐国建：《"条""块"不对称：跨界海域环境治理政策失灵的制度归因——以〈渤海碧海行动计划〉为例》，《中国海洋大学学报》（社会科学版）2010 年第 4 期。
④ 王琪等：《公共治理视域下海洋环境管理研究》，人民出版社 2015 年版，第 246—247 页。

配套政策法规的缺失①、条块分割式管理体制的缺陷②、资源开发与环境保护思维的冲突或失衡③、缺乏统一有效的权威领导机构④、相关部门与主体海洋环境保护意识不足⑤ 等等。

渤海湾环境整治行动的失效（特别是"碧海行动计划"的失败）在很大程度上是上述多方面因素共同作用下的结果。不过，本书认为，最为关键的原因应该是长期以来我国政府管理部门所奉行的"陆海分治"的观念与管理思路传统。在我国，"陆海分治"思路的产生有着悠久的历史与文化根源。尽管我国是一个"陆海复合型"国家，但是自古以来就存在明显的"重陆轻海"的观念与实践传统。一直到新中国成立之后的很长一段时期内，海洋事务依然处于政府议事日程安排中的次要或从属地位。随着我国海洋事业的发展，国家相继成立了各个海洋事务管理部门进行管理，但是对于某些横跨陆地与海洋领域的公共事务而言，海洋管理部门与陆地管理部门的职能一直没有能够明确划分清楚。特别是在大部制改革之前，陆地环境保护问题由国家环境行政主管部门负责，而海洋环境问题则由原国家海洋局负责。但是对于海湾这样同时受到陆地与海洋双重影响的区域而言，则缺乏一个真正能够承担起管理职能的权威机构，而不是陆域部门管陆地污染、海域部门管海洋污染的"分割式"管理模式。

因此，尽管"渤海碧海行动计划"中提出了"陆海兼顾"的口号要求，但是在实施过程中无法得到有效的贯彻。该计划由原国家环保总局主导负责，可以将重心放到陆源污染的控制上（当然单靠环保部门无法有效控制复杂的陆上排污问题），然而与此同时却忽视了"海洋"自身问题，正如有专

---

① 滕祖文：《渤海环境保护的问题与对策》，《海洋开发与管理》2005 年第 4 期。
② 唐国建：《"条""块"不对称：跨界海域环境治理政策失灵的制度归因——以〈渤海碧海行动计划〉为例》，《中国海洋大学学报》（社会科学版）2010 年第 4 期。
③ 陈涛、杨悦：《渤海环境变迁及其治理——兼论渤海开发与海洋生态文明建设》，《中国海洋大学学报》（社会科学版）2014 年第 6 期。
④ 王琪、高忠文：《关于渤海环境综合整治行动的反思》，《海洋环境科学》2007 年第 3 期。
⑤ 朱贤姬等：《关于"渤海碧海行动计划"的几个思考》，《海洋开发与管理》2010 年第 11 期。

家分析指出的,"环保部门当初过多考虑陆地、忽视了海洋,而陆地上达标排放的水实际上仍是污水","即便按照陆地排放标准,2001 年至今沿海排污口和入海河流的超标排放率也始终居高不下,多在 70% 以上"。① 这事实上反映出一个重要问题——陆地污水考量标准与海洋污水考量标准是否统一。不同区域适用不同的标准,是陆海分治的重要体现之一,这必然对海湾环境的整治带来不利影响。正如前文所指出的,针对碧海计划第一个阶段的实施效果,原国家环保总局与原国家海洋局得出了截然相反的结论,由此可见这种陆海分治思路的恶果。

因此,本书认为,总体而言,以渤海湾为代表的我国政府部门对海湾环境治理的失效在根本上是由于长期以来所沿袭的"陆海分治"思路的弊端。只有真正从根本上对"陆海分治"思路进行反思并代之以"陆海统筹"的新思路,才能为海湾环境的有效治理坚定基础。

三、海湾环境"陆海分治"思路的问题反思

前文指出,"陆海分治"是我国海湾环境整治中的思路误区,那么,这种"陆海分治"具体体现在哪些方面呢?它对于海湾环境整治绩效的制约又具体体现在哪些方面呢?本书认为,总体上可以从治理理念、法律或政策规范、管理体制三个层面进行分析。

(一) 国家发展理念上的"重陆轻海"传统

中国是一个陆海复合型国家,有着悠久的接触海洋、认识海洋、利用海洋的历史,"行舟楫之便""兴渔盐之利"是对这种历史传统的生动描绘。同时,我国也是世界上最早开展海洋管理的国家,至今已有几千年的历史,在不同历史时期所设立的管理海洋事务的政府机构(例如唐代开始设立"市舶司"作为管理沿海港口的专门机构)都代表着政府管理者对于海洋事务的重视与管理意图。然而,尽管如此,我国历史上总体而言是一个"以大陆为根基、基于大陆文化战略思维"的国家,"并没有把海洋作为强国富民的主

---

① 参见《"渤海碧海行动计划"实行 5 年终告吹》,《新世纪周刊》2011 年 9 月 6 日。

要资源来看待"。① 这种传统的文化或观念反映到相应时期的政府管理层面上，即形成了所谓的"重陆轻海"的政策取向。② 这一重陆轻海的"传统"也成为分析新中国海洋发展或管理问题的文化背景。

尽管中华古文明中包含"向海洋发展的传统"③，但是总体而言，我国传统海洋文化与西方海洋文化有着本质上的不同，"如果把西方传统海洋文化称为海洋商业文化，则可把我国传统海洋文化称为海洋农业文化"，或者"以海为田"的文化。④ 海洋渔业、海水制盐业等传统行业正是这种"以海为田"的典型体现。这种文化传统的弊端在于它进一步强化了"重农抑商"的战略取向，却"弱化了中国人面向海洋、走向海洋的能力"⑤。更进一步地，在"大陆"观念主导的情况下，"把海洋理解为近海，理解为防御，海洋只不过是大陆的延伸"，"把海洋看作是维护大陆专制体制的手段"⑥，进而也"遏制了海权意识的产生"⑦。可以说，近代中国被西方列强从海上侵略，根源之一即在于此。而海洋文化反映到政府海洋管理上，则出现了具有"从属性"的海洋管理。⑧ 不同时期国家管理者针对海洋事务的管理机构设置与专门政策十分有限，明清时期屡屡实施的"海禁"政策更是以僵硬的、简单化的政策"放弃"海洋事务管理的直接体现。

上述"重陆轻海"的文化与观念传统的另一重要弊端在于它所形成的

---

① ［日］吉原恒淑、［美］詹姆斯·霍姆斯：《红星照耀太平洋：中国崛起与美国海上战略》，钟飞腾等译，社会科学文献出版社 2014 年版，第 3 页。

② 赵宗金、尹永超：《我国海洋意识的历史变迁和类型分析》，《临沂大学学报》2012 年第 4 期。

③ 杨国桢：《明清中国沿海社会与海外移民》，高等教育出版社 1997 年版，第 1 页。

④ 宋正海：《以海为田》，海天出版社 2015 年版，第 161 页。

⑤ 黄顺力：《海洋迷思——中国海洋观的传统与变迁》（上），江西高校出版社 2007 年版，第 4 页。

⑥ 李明春、徐志良：《海洋龙脉：中国海洋文化纵览》，海洋出版社 2007 年版，第 16 页。

⑦ 黄顺力：《海洋迷思——中国海洋观的传统与变迁》（下），江西高校出版社 2007 年版，第 406 页。

⑧ 王琪等：《中国海洋管理：运行与变革》，海洋出版社 2014 年版，第 29 页。

"思维定式"①，会对国人包括后代政府管理者的思维产生潜在影响，这种影响甚至延续至今。"重陆轻海"所产生的"陆海失衡"反映到海洋特别是海湾环境的治理领域，必然是陆地环境保护主管部门只重视陆上问题而忽视海上问题，而海洋环境保护部门则只关注海上污染问题，无权管辖陆上问题。正因如此，如前所述，尽管"渤海碧海行动计划"中提出了"陆海兼顾"的口号，但是其主要负责部门原国家环保总局事实上将几乎所有注意力都放在了陆源污染的管控上，而忽视了陆源污染与海洋污染管控上的协同问题。结果就是陆地环保部门与海洋管理部门各行其是，各自依据自己的水质监测体系得出了截然相反的结论。但值得欣慰的是，随着大部制改革进程的不断推进，原来的环保部门被纳入生态环境部，原国家海洋局对内不再独立存在，被纳入自然资源部，这一重大改革也充分说明"陆海统筹"的思想正在进一步得到落实。

（二）缺乏统筹陆海领域的整体性法律或政策体系

海湾环境整治行动要想取得真正的实效，关键在于整治行动要有权威性，而这种权威性的获得，除了要有高层次的政府权威部门来主导或协调外，还需要能够统筹海湾区域陆海各个领域、各个部门的整体性法律或政策体系予以保障。当前的关键问题不在于环境保护领域缺乏法律或政策规定，而在于法律或政策的"破碎性"，尚未形成一个整体有效的体系。以渤海湾的环境管理为例，相关行业或环境管理部门多达十余个，各个部门都有自己领域内的法律、法规、规章或政策，但是这些规范性问题大多仅是针对本行业或本部门相关主体的行为进行规范，彼此之间缺乏协同性。因此，有研究者在反思渤海湾环境治理困境时明确指出，"渤海的环境管理与全国的海洋环境管理一样，均缺少一个基本法律对一切涉海活动进行统一规范，这是当前海洋行政管理工作的一个最突出问题"②。

目前我国针对海洋环境领域的立法主要是 1982 年通过、1999 年修订的

---

① 黄顺力：《海洋迷思——中国海洋观的传统与变迁》（下），江西高校出版社 2007 年版，第 411 页。

② 滕祖文：《渤海环境保护的问题与对策》，《海洋开发与管理》2005 年第 4 期。

《海洋环境保护法》，该法第四章对"防治陆源污染物对海洋环境的污染损害"进行了规定，并将主要管理职责授予了国家环境主管部门，而缺乏对环境部门与海洋部门如何协调的规定。在 1990 年通过的《防治陆源污染物污染损害海洋环境管理条例》中，也缺乏对环境部门与海洋部门如何协调合作的规定。其中，该条例第二十二条规定，"一切单位和个人造成陆源污染物污染损害海洋环境事故时，必须立即采取措施处理，并在事故发生后四十八小时内，向当地人民政府环境保护行政主管部门作出事故发生的时间、地点、类型和排放污染物的数量、经济损失、人员受害等情况的初步报告，并抄送有关部门"。尽管污染源头来自陆地，但是损害的是海洋的环境，然而在该情况下，海洋环保部门的管辖责任却没有得到明确规定，这种明显的陆海分割式政策规定的合理性值得怀疑。

正如有研究者曾指出的，"以部门为基础的零碎的立法模式是难以实现综合性海洋管理的目标的"[1]，在海湾这样的特殊海洋区域内的环境管理更是如此。因此必须在立法和政策制定层面上打破陆域与海域的分割。在这方面，有学者针对渤海湾区域的环境治理困境而呼吁尽快制定《渤海法》，其立法要点包括"突破原有海洋行政法和一切涉海法律的传统立法老路，海洋公共权力的设定只能由一个专门海洋行政主体负责实施"，以及"要充分考虑陆域对渤海环境的影响"，"将海岸线以上的环境保护问题交由地方政府负责，将来自海洋自身和人类涉海活动造成的海洋污染交由国家区域海洋行政主管部门负责"。[2] 这一改革思路的可行性尚有待探讨，但是的确从侧面反映出长期以来我国海湾乃至整个海洋环境领域立法或政策供给的重要缺陷，即本书所谓的陆海分治问题。

(三) 陆海分割的碎片化海湾环境管理体制

海湾环境整治行动的实效最直接地受到海湾环境管理体制的影响。在中国，管理体制上的缺陷也一直是我国海洋管理以及环境管理事业长期以来

---

① 张晏瑲、赵月：《两岸海洋管理制度比较研究》，《中国海商法研究》2014 年第 2 期。

② 滕祖文：《渤海环境保护的问题与对策》，《海洋开发与管理》2005 年第 4 期。

始终难以取得根本性改善的重要原因。特别是在海洋管理领域，新中国成立后国务院先后设立了许多管理海洋事务的组织机构，但是各种机构的一个共同特征是，它们均是专门负责海洋事务领域中的某一个特定方面，彼此之间相对较为"独立"，其中最为典型的就是海洋资源开发领域中的行业部门管理。而就海洋管理的"整体"而言，缺乏一个组织机构对各项海洋事务管理活动进行统筹规划与协调安排。原国家海洋局的成立在一定程度上意味着我国有了专门负责海洋事务的管理部门，但是现实实践表明，原国家海洋局的职能范围长期限于海洋科学与调查事业，对于其他海洋事务的综合管理职能长期以来一直未能实现。

从原国家海洋局成立之日起，其职能权限在不断增加，但是在很长时期内并没有改变我国海洋管理领域中行业管理基础上的分散管理格局。除了原国家海洋局外，还有交通部、农业部、环保部、外交部、国防部、公安部、国土资源部、水利部、工信部、科技部、国家气象局等20多个政府部门拥有各自领域的海洋事务管理职能。更重要的是，相关职能部门存在较为严重的职能与权责不清问题，很大程度上制约了我国海洋管理体制的绩效。上述状况在海洋执法领域尤为明显，由海监、海事、渔政、海警与海关缉私队伍所构成的"五龙闹海"格局因其所暴露出来的职能交叉、责任推诿、效率低下等问题[①]而备受诟病。2018年3月的机构改革中，原国家海洋局不再独立设置，被纳入国家自然资源部，这一根本性的机构调整无疑将对我国的海洋管理事业产生极大的影响，这种影响有待进行持续观察。

而具体到海湾环境管理领域，以渤海湾为例，它的环境整治涉及众多部门与地方政府，以及河北、辽宁、山东、天津、大连等三省二市，还有中石化、中海油、神华等巨型企业集团。它们互不统属，各有利益，遇到"权限""资源"问题，个个当仁不让；而遇到"责任""支出"问题，人人"独善其身"。[②]"渤海碧海行动计划"的牵头单位原国家环保总局根本无力协调

---

① 王琪等：《中国海洋管理：运行与变革》，海洋出版社2014年版，第124页。

② 王中宇：《渤海：碧海？死海？——对社会公共事务决策的思考》，《科学时报》2008年4月23日。

上述主体，替代"碧海计划"的《渤海环境保护总体规划》由国家发改委牵头，但 2008 年 2 月最终由原国家海洋局出面公布，这是事实上显示了该规划是由原国家海洋局替代环保总局扮演了协调者的角色。然而，只具有副部级行政层级的原国家海洋局是否能够有效协调上述主体协同行动，这同样值得怀疑。就此而言，两个行动计划或规划事实上都是建立在陆海分割的碎片化海湾环境管理体制之上。因此，要打破这种碎片化管理体制，就必须对不同部门的管理权限进行整合，其中最重要的是思考如何化解环保部门和海洋部门之间的权限冲突，从而走出海湾环境管理职能权限"陆海分治"的窠臼。

第二节　陆海统筹：我国海洋事业发展的新理念

与"陆海分治"相对应的是"陆海统筹"，这是当前时期我国国家发展战略中的新理念与新取向。由于陆海统筹最初主要是一些海洋领域中的专家学者针对我国长期以来"重陆轻海"的观念与实践传统弊端而提出的，因此，本书主要将陆海统筹视为我国海洋事业发展的新理念（事实上，从陆域各项事业发展的角度来讲，也需要倡导陆海统筹，因为海洋资源可以弥补陆地资源的不足）。现实中陆海统筹具有丰富的内容，海洋环境保护领域的陆地与海洋统筹协调只是其中之一。因此，尽管本书主要考察海洋特别是海湾区域环境治理的陆海统筹问题，但是为了对"陆海统筹"理念达成全面深入的理解，有必要首先对其提出的过程、基本内涵以及战略价值等方面进行梳理。

一、陆海统筹理念的提出

有研究者通过文献梳理指出，"陆海统筹是我国学者提出的概念，国外相关研究并没有陆海统筹的直接表述，但始于 20 世纪 70 年代初期的海岸带综合管理的研究也含有陆海统筹管理的思想"①。我国学者在20世纪80年代末也开始了对海岸带综合管理相关问题的研究。由于我国的海洋管理研究起步较晚，早期研究更多地受到西方特别是欧美国家海洋管理实践及相关管理理念的影响，因此"陆海统筹"思想的早期起源很可能是受到西方相关理念的启发。限于篇幅，本书不拟对这一问题进行过多探讨。

单就国内而言，陆海统筹的相关观念可以追溯至20世纪90年代的"海陆一体化"研究，这是当时我国在编制全国海洋开发保护规划时提出的一个原则。1996年发布的《中国海洋21世纪议程》中特别指出"要根据海陆一体化的战略，统筹沿海陆地区域和海洋区域的国土开发规划，坚持区域经济协调发展的方针"。之后学界展开了对海陆一体化的相关研究，主要侧重于经济发展领域的一体化，也有少量研究开始探讨污染治理或环境保护领域的一体化协调问题。②

具体到"陆海统筹"（在表述上有时也被称为"海陆统筹"，本书将二者视为等同）理念本身，它在国内的出现被普遍认为与我国海洋经济学家张海峰相关。1998年，张海峰及其合作者在一篇论文中提出要"照顾好海洋与陆地的关联，统筹兼顾，使二者融为一体③。在2004年北京大学召开的"郑和下西洋600周年"报告会上，张海峰正式提出了"陆海统筹、兴海强国"的概念，并先后发表了多篇文章从我国能源安全、经济发展的角度论述了实施陆海统筹的现实意义，并对陆海统筹与科学发展观"五个统筹"的关系进行了分析。④ 张海峰提出和详细阐述陆海统筹的观念之后，逐渐引起了学界

---

① 康敏捷：《环渤海氮污染的陆海统筹管理分区研究》，博士学位论文，大连海事大学，2013年，第30页。

② 康敏捷：《环渤海氮污染的陆海统筹管理分区研究》，博士学位论文，大连海事大学，2013年，第30—31页。

③ 张海峰、杨金森、徐志斌：《到2020年把我国建成海洋经济强国——论建设海洋经济强国的指导方针和目标》，《海洋开发与管理》1998年第1期。

④ 学界的相关研究可参见张海峰《海陆统筹　兴海强国——实施海陆统筹战略，树立科学的能源观》，《太平洋学报》2005年第3期；张海峰《再论海陆统筹兴海强国》，《太平洋学报》2005年第7期；张海峰《抓住机遇加快我国海陆产业结构大调整——三论海陆统筹兴海强国》，《太平洋学报》2005年第10期。

的关注，并得到越来越广泛的接受。① 就陆海统筹的研究领域来看，主要包括：海洋经济或区域经济领域，关注陆、海区域的产业布局协同问题②；海洋空间地理领域，关注海陆空间的统筹规划问题③；国家战略规划领域，关注我国的整体发展以及海洋强国战略的实现问题④；国际关系领域，从地缘政治的角度考察海陆统筹的重要价值⑤ 等等。相较而言，在海洋生态环境领域专门讨论"陆海统筹"问题的研究则较为稀少，在近几年才有一些学者进行关注。⑥

学界的讨论受到一些海洋管理部门领导者的关注和认同，曾任原国家海洋局局长的张登义和王曙光在 2005 年全国政协会议提案中提出"陆海统筹应列入'十一五'规划中"的建议⑦，一些沿海省市海洋管理部门在制定海洋经济规划时也将陆海统筹确立为重要原则和发展战略之一⑧。而陆海统筹的理念真正进入中央决策者的视野，则是在 2010 年之后。在该时期，国家高层管理者对于海洋综合管理问题的关注实现了进一步的提升，其中一个重要标志就是陆海统筹观念的明确提出。2010 年 10 月，我国《国民经济和社会发展第十二个五年规划纲要》中首次提出要"坚持陆海统筹，制定和实施海洋发展战略，提高海洋开发、控制和综合管理能力"。这是"陆海统筹"

---

① 学界的相关研究可参见王倩、李彬《关于"海陆统筹"的理论初探》，《中国渔业经济》2011 年第 3 期；肖鹏《陆海统筹研究综述》，《理论视野》2012 年第 11 期。

② 孙吉亭、赵玉杰：《我国海洋经济发展中的海陆统筹机制》，《广东社会科学》2011 年第 5 期。

③ 鲍捷等：《基于地理学视角的"十二五"期间我国海陆统筹方略》，《中国软科学》2011 年第 5 期。

④ 曹忠祥：《对我国陆海统筹发展的战略思考》，《宏观经济管理》2014 年第 11 期。

⑤ 李义虎：《从海陆二分到海陆统筹——对中国海陆关系的再审视》，《现代国际关系》2007 年第 8 期。

⑥ 康敏捷：《环渤海氮污染的陆海统筹管理分区研究》，博士学位论文，大连海事大学，2013 年；周余义等：《海陆统筹：渤海湾海洋环境污染治理》，《开放导报》2014 年第 4 期；姚瑞华等：《建立陆海统筹保护机制 促进江河湖海生态改善》，《宏观经济管理》2015 年第 4 期。

⑦ 张登义：《管好用好海洋》，海洋出版社 2007 年版，第 391—392 页。

⑧ 曹忠祥等：《我国陆海统筹发展研究》，经济科学出版社 2015 年版，第 47 页。

首次进入国家层面的重要发展规划文件中，因而意义显著。

随后，2011 年的国务院《政府工作报告》中提出要"坚持陆海统筹，推进海洋经济发展"。2013 年 7 月 30 日，习近平总书记在主持以建设"海洋强国"研究为主题的集体学习时明确阐释了中国建设海洋强国的道路和模式，他指出，"要着眼于中国特色社会主义事业发展全局，统筹国内国际两个大局，坚持陆海统筹，坚持走依海富国、以海强国、人海和谐、合作共赢的发展道路，通过和平、发展、合作、共赢方式，扎实推进海洋强国建设"。由此，陆海统筹上升至国家重大战略层面，同时明确了陆海统筹的战略定位，即中国特色海洋强国之路。

由上可见，当前"陆海统筹"问题不仅已经成为学界研究热点领域，而且也已经成为我国国家最高决策层在制定经济社会发展战略规划特别是海洋事业发展规划时的基本理念原则之一，因而在海洋以及海湾环境保护领域中贯彻陆海统筹原则，成为顺应时代以及国家发展战略要求的必然选择。

二、陆海统筹的基本内涵

要确定"陆海统筹"的准确内涵，有研究者认为应该注意它与"海陆一体化"以及"海陆互动"的区分。三个概念都强调海陆协调发展的重要性，追求海陆经济社会发展的整体效益，然而三者包含的内容与层次有所差异。① 就内容而言，"陆海统筹"是对附着于海洋与陆地上的各种利益、价值和文明的统一筹划与整合，涉及经济、社会、文化、制度、环境等多个方面，而"海陆一体化"侧重于经济与环境领域，"海陆互动"包含的内容则更为狭窄，专指海陆经济的互动。就层次而言，"陆海统筹"是一种战略层面的思想，侧重从整体论的角度来审视陆海关系，而"海陆互动"是以海洋与陆域经济子系统为基础，以陆域产业关联作用为纽带实现海陆经济相互促进的具体途径，"海陆一体化"则是"陆海统筹"的经济目标与海陆互动发展的结果。

---

① 参见王倩、李彬《关于"海陆统筹"的理论初探》，《中国渔业经济》2011 年第 3 期。

由上可见，"陆海统筹"是一个囊括性很广、具有全局纲领性的理念准则。就其具体的概念内涵而言，许多学者给出了自己的界定。孙吉亭认为，"所谓海陆统筹是海洋和陆地两大相对独立的子系统相互作用、相互影响、相互制约，最终形成具有特定结构和功能的区域复合系统，在这个区域复合系统的发展中，海洋具有与陆地同等的价值"①。曹忠祥等学者则将其界定为"从陆海兼备的国情出发，以建设陆海强国为目标，以充分发挥海洋在国民经济协调发展中的作用为着力点，统筹谋划陆域与海洋资源开发、基础设施建设、经济布局、生态环境保护及安全维护，提高陆海两个系统的开发、管理与控制能力，使陆海资源互济、产业互融、设施对接、生态共保，海洋与陆地经济优势互补、互为支撑，构建大陆文明与海洋文明相促相长的发展格局"②。

既有概念大都建立在系统论的基础上，本书同样认同系统论对于理解陆海统筹内涵的重要性。系统论的核心思想是系统的整体观念，任何系统都是一个有机的整体，它不是各个部分的机械组合或简单相加，系统的整体功能是各要素在孤立状态下所没有的性质。因此，陆海统筹要求对陆域经济社会生态环境子系统和海洋经济社会生态环境子系统进行全面的有机对接。在陆海统筹的原则下，既不存在"重陆轻海"观念，也不存在"重海轻陆"观念，而是真正将二者视为我国国土资源整体不可分割的部分。因此，本书对"陆海统筹"给出一个较为简洁的定义，认为它是指各级政府管理者在国家或地方社会总体发展战略中打破"陆海二分"观念，将陆域子系统与海洋子系统进行有机整合，在价值理念上真正同等对待，谋求共同协调发展的理念原则。

就陆海统筹的具体内容而言，有研究者将其概括为"六个衔接"。所谓"六个衔接"源起于 2011 年 12 月 26 日时任原国家海洋局局长刘赐贵在全国海洋工作会议上作的题为《凝心聚力，攻坚克难，奋力夺取海洋事业发展的

① 孙吉亭、赵玉杰：《我国海洋经济发展中的海陆统筹机制》，《广东社会科学》2011 年第 5 期。

② 曹忠祥等：《我国陆海统筹发展研究》，经济科学出版社 2015 年版，第 47 页。

新胜利》的工作报告，报告中指出"必须坚持陆海统筹，努力在海域与陆域开发上做到定位、规划、布局、资源、环境、防灾等六个方面相衔接"。"六个衔接"继而被一些研究者总结为："一是海域发展定位与陆域功能定位相衔接，形成陆海协同发展的新格局；二是海域发展规划与陆域经济发展规划相衔接，构建协调的陆海规划体系；三是海域与陆域开发布局相衔接，加快陆海产业结构的调整优化；四是海域与陆域资源开发相衔接，形成陆海互促的发展局面；五是海域与陆域环境质量相衔接，形成一体化决策和治理体系；六是海域与陆域防灾相衔接，提高灾害应急管理能力。"① 借鉴这种总结，本书将陆海统筹所"统筹"的主要内容概括为陆海空间布局、陆海资源开发、陆海产业发展、陆海基础设施建设、陆海生态环境治理、陆海法律政策体系、陆海管理体制机制等方面。

三、陆海统筹的战略意义

相较于传统的"陆海分治"思维而言，"陆海统筹"理念在国家经济社会发展全局上具有重要的战略性意义。它标志着我国这个地理意义上的"陆海复合型"大国真正突破了"重陆轻海"的误区，为"海洋强国"的实现奠定了基础。具体而言，本书认为，陆海统筹的重要意义包括下述几个方面。

（一）陆海统筹有利于拓展我国经济社会发展空间

海洋是人类可持续发展的重要基地，能够为一个国家经济社会的发展提供各种资源，例如食物、能源、框架以及国土空间等。我国传统经济社会发展主要是建立在陆地之上，各种资源与空间已经得到较为充分的利用，经济社会发展面临严重的资源与空间稀缺问题。而海洋作为"资源宝库"尚未得到充分开发利用，因此，我国未来的经济社会发展规划需要重视海洋区域，发掘海洋相较于陆地的比较优势，实现二者的优势互补。当然，陆海统筹思维下对于海洋的开发利用，要吸取陆地区域"重开发轻保护"的教训，

---

① 潘新春、张继承、薛迎春：《"六个衔接"：全面落实陆海统筹的创新思维和重要举措》，《太平洋学报》2012 年第 1 期。

杜绝传统的粗放式发展方式，把海洋资源的开发利用和生态环境保护结合起来，并与陆域产业结构调整升级、产业布局与基础设施建设结合起来，注重经济社会发展的可持续性。

（二）陆海统筹有利于改善我国的政治地理形势

我国传统上一直被视为大陆国家，从国家安全的角度，历史上主要受到来自内陆的威胁，陆地是国家安全战略的重心，而海洋的定位一直是"天然的安全屏障"，因此有着较为成熟的陆域安全战略而缺乏完善的海洋安全战略。然而自近代以来，我国开始面临来自海上的安全威胁，从两次鸦片战争到中日甲午战争，我国在面对来自海上的安全威胁时均遭到了失败。新中国成立后，我国开始重视"海防"问题，开始重视海上安全力量的建设与海洋安全战略的制定，但是特殊的政治地理形势导致我国的国家安全形势始终未能得到根本性改善。特别是在不同时期，我国的海洋权益不断受到挑战甚至威胁，与周边多个国家的海上领土争端也没有得到最终解决。因此在一定程度上可以说，海洋领域是我国当前时期国家安全建设的重点区域。陆海统筹理念的提出表明我国开始有了明确的海洋发展战略部署，通过制定和实施海洋发展战略提升对海洋的管理和控制能力，能够极大地拓宽我国的战略安全空间。

（三）陆海统筹有助于更好地践行科学发展观

原国家海洋局海洋发展战略研究所所长高之国曾指出，"陆海统筹是科学发展观的题中之义"，之所以如此，是因为陆海统筹回答了"为什么要建设海洋强国、怎么样建设海洋强国以及建设什么样的海洋强国的问题"，[①] 它与科学发展观所要回答的"中国应该走什么样的发展道路问题"具有一致性，因此有学者指出，陆海统筹理念"体现了科学发展观的精神实质与基本内涵"[②]。如前所述，国内学者张海峰曾提出将"陆海统筹"作为第六个统筹，与"统筹城乡发展、统筹区域发展、统筹经济社会发展、统筹人与自然

① 高之国：《"海陆统筹"应列入"十一五"规划》，《中国海洋报》2016 年 3 月 10 日。
② 刘明：《陆海统筹与中国特色海洋强国之路》，博士学位论文，中共中央党校，2014 年，第 37 页。

和谐发展、统筹国内发展和对外开放"一起作为践行科学发展观、实施全面协调可持续发展的根本方法。张海峰特别强调要正确认识陆海统筹与其他五个统筹的关系，即它们是"互为补充、互相完善、不可分割、不可或缺的一体化关系，没有其他五个统筹，就谈不上海陆统筹；没有海陆统筹，其他五个统筹都会显得不完整，由此构成一个完整的木桶"①。

（四）陆海统筹有利于更好地促进海洋事业发展

在传统的"重陆轻海"观念取向下谈"陆海统筹"问题，最直接的战略意义是扭转长期以来陆域与海域发展的失衡问题，充分重视海洋在经济、社会、环境、安全等各个方面的战略价值。然而，从另一个角度来看，陆海统筹不仅有利于陆域的可持续发展，也有利于海洋领域各项事业的快速可持续发展。因为"陆海统筹"不仅意味着"陆地"离不开"海洋"，也意味着"海洋"离不开"陆地"。海洋资源的开发利用需要陆域相关产业部门提供所需的人才、技术设备与资金，特别是在海洋环境保护领域，陆源污染物是海洋污染的重要来源，如果不对陆源污染进行治理，海洋环境的改善必然无法实现。鉴于海洋与陆地自然生态系统的交融性，它的保护也需要考虑陆、海的协同，需要由陆地相关管理部门与海洋相关管理部门进行基于合作基础上的整体性治理。

四、陆海统筹的实现基础

陆海统筹作为我国海洋事业发展的新理念，其重要性与科学性已经被许多学者进行了大量论述。不过，相较于理念自身的合理性而言，它是否能够顺利地付诸实践更为重要。本书认为，在当前时期我国提出陆海统筹理念并着力推动实施，尽管仍面临一些困难甚至阻碍，但是总体上来说，无论从经济条件等"硬件"还是制度规范等"软件"来看，都已经基本具备了实现的条件，具体体现为下述几个方面。

---

① 张海峰：《抓住机遇加快我国海陆产业结构大调整——三论海陆统筹兴海强国》，《太平洋学报》2005年第10期。

（一）国家决策层对海洋事务的高度重视

改革开放之后我国的各项海洋事业开始了快速发展，在此过程中，国家高层管理者对于海洋事务的关注程度也在提升，在此基础上形成了特定时期的海洋发展战略。进入新世纪第二个十年之后，国家高层管理者对于海洋事务管理特别是海洋综合管理问题的关注实现了进一步的提升。其中最具标志性的事件是 2012 年党的十八大报告中提出的"提高海洋资源开发能力，发展海洋经济，保护海洋生态环境，坚决维护国家海洋权益，建设海洋强国"的诉求，它代表了国家最高决策层对于海洋事务的总体定位。相较于此前历次党代会政治报告中关于海洋事务的有限表述而言，十八大报告中的表述意味着党中央对于海洋事务的重视得到了实质性的提升。"海洋强国"目标的提出，在很大程度上具有深远的战略意义，它既为国家海洋事务治理活动设定了总体目标，又对未来时期中国现代国家构建的内涵与路径进行了拓展。随着国家最高决策者对于海洋领域的高度关注，"海洋"与"陆地"重要性"失衡"的局面将得到根本性改变，在这种情况下，我国未来的发展格局必然是陆海统筹的系统性、均衡性发展格局。这一判断在党的十九大报告中得到了印证，报告中明确提出要"坚持陆海统筹，加快建设海洋强国"，从而为陆海统筹的真正实现提供了重要的战略指引。

（二）海洋经济快速发展所累积的物质基础

随着海洋经济产业的不断发展，海陆产业之间的关联日益紧密，形成了复杂的动态产业链，进而构成"网状复合体"，因而，海洋经济的发展将会为"海陆统筹"的实现奠定物质基础。[①] 改革开放以来，我国海洋经济取得了快速发展。新中国成立初期，我国海洋相关产业结构单一，主要体现为海洋渔业、海水制盐业、交通运输业等，相关产业经济总量占 GDP 比重一直维持在不足 1% 的水平。改革开放特别是进入 90 年代之后，我国海洋产业结构开始丰富，特别是石油、天然气等能源资源产业获得了快速发展，

---

① 王倩：《我国沿海地区的"海陆统筹"问题研究》，博士学位论文，中国海洋大学，2014年，第 48 页。

远洋运输、远洋捕捞、滨海旅游等新兴产业也快速发展，相关海洋产业占GDP的比重开始不断提升，达到了将近5%的水平。进入21世纪以来更是在不断接近10%的水平，例如2010年该比重值为9.7%[①]，之后保持了稳定，2016年为9.6%左右，2017年则为9.4%左右。就海洋经济的增长速度而言，已经远远快于同时期陆地经济和整个国民经济，而且这一增长态势长期以来并未放缓。[②] 因此可以说，海洋经济所创造的巨大价值已经完全不能再被忽视，海洋产业甚至在很大程度上影响着陆地相关产业的兴衰。因此，伴随着几十年的海洋经济快速发展，我国陆海统筹战略的实施已经具备了较为充实的物质基础。

（三）涉海法律政策日益完善所提供的规则保障

随着我国海洋事业的发展，相关涉海领域的法律、法规和政策的制定工作一直在稳步进行。尽管由于长期以来未能实现《海洋基本法》的编制而备受诟病，但是在许多特定领域中，相关立法和政策制定工作已经初具成效。例如，在海域使用管理方面，颁布了《海域使用管理法》《全国海洋功能区划》《海域使用金管理条例》等一系列规范性文件，已经初步形成了海洋功能区划制度、海域使用权和有偿使用制度；在海洋环境保护领域，颁布了《海洋环境保护法》《海洋倾废管理条例》等一系列规范性文件，确立了重点海域污染总量控制制度、海洋污染事故应急制度、海洋自然保护区制度、防治船舶污染海洋制度；在海洋资源开发利用中，也通过一系列规范性文件的制定形成了相关资料的开采审批许可制度等。随着重点涉海领域各项专项法律法规政策的日益完善，能够为陆海统筹的实施提供较为完备的规则保障。近年来，编制《海洋基本法》的呼吁在不断增多，例如2019年全国"两会"期间有多位代表明确提出了立法建议。如果该基本法能够顺利获得制定，我国陆海统筹战略的实施将获得更加坚实的法律规则保障。

---

① 参见原国家海洋局网站：《2011年中国海洋经济统计公报》，2013年12月4日，见 http：//www.mlr.gov.cn/zwgk/tjxx/201312/t20131204_1294940.htm。
② 姜旭朝：《中华人民共和国海洋经济史》，经济科学出版社2008年版，第120页。

（四）沿海地方政府的陆海统筹实践经验积累

在海洋事业发展过程中，我国一些沿海省市探索出了许多先进的管理经验。一些沿海地方政府已经将加强陆海经济的联动效应纳入到了地方经济社会发展规划中，"海陆一体""海陆联动"经常出现在各地区域经济发展规划中，例如浙江省提出了"推进陆海联动新突破，实现海洋经济新发展"的新战略，辽宁省通过"五点一线"的沿海开发开放战略及"两极、三轴、一面"的区域经济发展新框架，实现沿海与腹地互动互补的新格局。① 我国首个以海洋经济发展为主题进入国家战略的"山东半岛蓝色经济区"建设就明确提出了"海陆统筹"的发展战略。在海洋环境保护领域，各沿海地方政府更是进行了许多创新性探索，在深化陆海一体化海洋环保协作机制、推进海洋环境的政绩考核机制等方面积累了许多经验。例如山东省的《海洋生态损害赔偿费和损失补偿费管理暂行办法》，以及福建省的《关于建立完善海陆一体化海洋环境保护工作机制协议》② 等等。各沿海城市陆海统筹实施经验的积累与总结，将为国家层面的战略实施提供借鉴，降低"试错"成本。因此，前述各种地方性实践探索也是我国陆海统筹战略能够得以顺利实现的重要基础。

第三节　基于陆海统筹的我国蓝色海湾整治思路

我国海洋特别是海湾区域生态环境不断恶化的状况根源在于传统的"陆海分治"管理模式无法根除海洋生态环境破坏的"陆上源头"。我国蓝色海湾的整治有赖于管理体制机制的创新，但是只有立足于"陆海统筹"的战略高度进行全局规划、协同管理，才能够真正破解海湾环境领域中长期存在的治理困境。因此本书认为，将"陆海统筹"的原则引入到蓝色海湾整治管

---

① 王倩：《我国沿海地区的"海陆统筹"问题研究》，博士学位论文，中国海洋大学，2014年，第51页。

② 曹忠祥等：《我国陆海统筹发展研究》，经济科学出版社2015年版，第78页。

理的创新中，跳出了"就海论海"的局限，有助于从整体性角度探究海湾环境治理困境的观念与体制性根源，并提出相应的对策建议，探寻"蓝色海湾"的实现路径。

一、蓝色海湾整治中坚持陆海统筹的必要性

就当前海湾生态环境整治的研究来看，系统性的专门研究多侧重于环境科学领域，从管理层面特别是"陆海统筹"的角度进行的研究较为有限。不过，一个值得注意的现象是尽管较少有学者专门探讨海湾整治与陆海统筹的关系问题，但是很多学者在研究海洋生态环境领域中的陆海统筹问题时，多是以某一特定海湾区域（例如渤海湾）作为考察的对象①，这在一定程度上表明，相较于其他海洋区域而言，海湾区域的生态环境整治更加需要贯彻陆海统筹的原则。

而就现实的海湾生态环境治理实践而言，如前所述，传统治理实践（包括一些专项治理行动）沿袭"陆海二分"的治理思路——或者没有意识到陆海统筹的重要性，或者虽然提出了相关的口号（例如"渤海碧海行动计划"中提出的"陆海兼顾、河海统筹"思想），但是缺乏切实有效的配套措施付诸实践，并没有取得理想的环境治理效果，因此必须从根源上反思传统治理思路的误区，实现"陆海分治"向"陆海统筹"的真正转换。当前，国家明确提出了"开展蓝色海湾整治行动"的任务要求，海湾生态环境的整治已经极具紧迫性，在此形势下，相关政府管理者更加需要从思想观念上增强对于陆海统筹必要性的认识。

具体而言，本书认为我国蓝色海湾整治中坚持陆海统筹的必要性，首先在于海湾自然地理环境的特殊性。如前所述，海湾具有"三面环陆"的地理特征，相较于其他海洋区域而言，与陆地的"接触面"更广，更容易受到陆地自然与社会系统活动的干扰。而且海湾"口小肚大"的地理特征导致湾

---

① 康敏捷：《环渤海氮污染的陆海统筹管理分区研究》，博士学位论文，大连海事大学，2013 年；周余义等：《海陆统筹：渤海湾海洋环境污染治理》，《开放导报》2014 年第 4 期。

内海水与外界海水的交换周期较长，湾内的污水难以快速排出。另外，海湾区域内的自然生态系统较为独立，而且多是较小规模的自然生态系统，其本身就具有更加明显的生态脆弱性，受到外界不良干扰时很难通过自身系统性调整快速恢复。因此，海湾环境的治理必须关注海湾生态环境系统与周边陆地生态环境系统的复杂作用关系，而不能人为割裂两个生态环境系统的关联。

其次，蓝色海湾整治中坚持陆海统筹的必要性在于我国许多海湾区域经济社会发展迅速，城市、人口与工业、企业十分密集，对海湾生态环境的污染或破坏量较之其他海洋区域而言往往更大。以渤海湾为例，环渤海地区是以京津冀为核心、以辽东半岛和山东半岛为两翼的经济区域，面积 51.8 万平方公里，人口约 2.3 亿，占全国 17.5%，地区生产总值在近些年高达全国生产总值的近三成。而且，在环渤海区域产业结构构成中，化工企业占据重要份额。以天津港为例，据介绍，"滨海新区（包括汉沽、塘沽和大港三个区）已是国内最大的炼化一体化基地之一和华北地区最大的炼油及深加工基地"[1]。在天津之外，渤海湾的其他地区也是化工园区云集，例如唐山的曹妃甸工业区、海港经济开发区，沧州的临港化工园区，东营的胜利工业园、石油大学工业园、临港工业园等等。化工厂的聚集导致流入渤海湾的工业污水数量惊人，据环保部 2011 年 7 月发布的《中国近岸海域环境质量公报》，仅 2010 年一年渤海的直排海工业污染源污水排放总量就达 1.81 亿吨。除了工厂排污外，环渤海区域很多港口均是重要的石油等能源运输港，因石油泄漏导致的海水污染十分严重。根据原国家海洋局统计数据，渤海海域在"十五"期间发生溢油事故 16 起，占同期全国溢油事故的近一半，而"十一五"期间渤海海域溢油事故继续攀升，尤其是 2008 年渤海海域就发生了 12 起小型油污事故，2011 年更是发生了严重的康菲溢油事故。[2] 综上，海湾区域的人类活动更加密集，对海湾生态环境系统的干预更为频繁，因此

---

[1]　参见《渤海湾遭化工企业围港　三大化工区汞超标》，《21 世纪经济报》2012 年 7 月 10 日。

[2]　王尔德：《渤海湾遭化工企业围港　三大化工区汞超标》，《21 世纪经济报》2012 年 7 月 10 日。

突显了陆海统筹的紧迫性。

此外，前文在以渤海湾环境整治为例进行的考察中发现，"渤海碧海行动计划"之所以归于失败，重要原因之一即海湾环境管理体制的分散性，缺乏一个权威性机构或制度机制对不同的陆海管理部门进行协调，特别是对主管陆地污染治理的环保部门和主管海上污染治理的海洋部门进行协调。现实碧海行动计划主要由原环保总局负责，因此主要着力点在陆源污染的整治，但是忽视了海湾自身的问题，例如前文曾指出的，某些符合陆上排污标准的废水排入海湾内仍会造成污染。同样，如果由原国家海洋局来主管类似整治行动，必然面临更为严重的无法协调陆上众多部门或主体的问题。因此，针对这一两难困境，唯一的破解对策是在管理体制层面真正实现陆海统筹，将陆海各个经济社会与生态环境子系统视为一个整体，在此基础上谋求构建协同高效的管理体制机制。

二、蓝色海湾整治中实施陆海统筹的基本思路

尽管海湾环境整治中坚持陆海统筹的必要性已经毋庸置疑，然而就现实来看，在实施推进陆海统筹的过程中还面临一些困难甚至阻碍。例如，针对这一问题，有研究者将陆海统筹实施的困难或挑战总结为缺乏成熟完善的海洋战略体系的指导、严重的"重陆轻海"思想、海洋划界争端导致陆海统筹空间范围的扩展受到限制、缺乏有能力推动陆海统筹实施的管理体制、相关法律法规体系尚未形成等多个方面。[①] 也有研究者将其概括为海陆兼备的地理条件本身所具有的不利因素、国际海洋开发所面临的复杂环境以及我国许多方面的体制机制与陆海统筹的要求不相适应等方面。[②]

鉴于上述问题，本书认为陆海统筹的实施难以一蹴而就，必须清醒地认识到该项系统性工程的长期性与艰巨性。从政府管理者的角度而言，首先必须厘清认识误区，明确蓝色海湾整治中实施陆海统筹的基础思路，明确未

---

① 王倩：《我国沿海地区的"海陆统筹"问题研究》，博士学位论文，中国海洋大学，2014年，第52—55页。

② 曹忠祥等：《我国陆海统筹发展研究》，经济科学出版社2015年版，第61—62页。

来不同时期的工作方向与着力点。总体而言，这一基本思路包括下述几方面内容。

（一）理念层面：确立海湾环境整治的陆海统筹原则

如前所述，当前"陆海统筹"已经成为我国国家发展总体战略的重要理念之一，成为统领我国经济社会环境各个领域工作的基本原则。因此，陆海统筹理应成为蓝色海湾整治的基本指导原则。当前一些沿海地方政府在制定海湾环境治理相关规划方案时，已经明确将陆海统筹作为了基本原则之一，例如青岛市于 2015 年 8 月 17 日印发的《关于健全胶州湾保护管理工作体制机制的通知》（青委〔2015〕111 号）中，明确指出"胶州湾保护管理工作遵循保护优先、规划先行、海陆统筹、综合防治的原则"。《渤海环境保护总体规划》中也明确将"海陆统筹、河海兼顾"作为首要的基本原则，这是相较于《渤海碧海行动计划》而言重大的进步。然而尽管如此，当前仍有一些部门在制定蓝色海湾整治相关规范性文件时，忽视了陆海统筹的重要性。例如 2016 年 5 月，财政部与原国家海洋局联合下发了关于明确中央财政对沿海城市开展蓝色海湾整治给予奖补支持的文件，其中指出"蓝色海湾整治行动的基本原则是地方为主、中央引导，重点支持、率先带动，综合整治、系统推进"①，并没有明确提出陆海统筹的原则理念。由此可见，当前的确存在一些部门或主体尚没有清醒认识到陆海统筹原则在蓝色海湾整治中的必要性与紧迫性，因此切实需要改变这一状况。而首要的，就是在国家层面制定蓝色海湾整治相关方案或文件时，更加明确地将陆海统筹作为基本的指导原则，并制定相应的保障措施与约束性标准，推动该原则在全国沿海地方省市政府中贯彻落实。

需要指出的是，在海湾环境整治这样一个特殊领域实施陆海统筹，需要注意与其他区域或领域的区别，这一点前面已经进行了多次论述。在此还需特别指出的是，鉴于我国主要海湾生态环境破坏的"源头"大部分来自于陆地这一现实，在相关环境整治行动的开展中，必须贯彻"以海定陆"的原

---

① 柴新：《中央财政奖补支持实施蓝色海湾整治》，《中国财经报》2016 年 5 月 17 日。

则要求，例如针对工业废水排放问题，应根据实际情况，以海湾环境承载量来确定陆上污水排放标准，一般而言这可能会比单纯的陆地污水排放标准更加严格。另外，由于环境问题根本上是发展问题，因此必须在理念层面上处理好生态环境的保护与经济产业的发展之间的关系，特别是海湾环境保护与周边陆域相关产业发展之间的关系。蓝色海湾的整治必然涉及相关陆上产业结构布局的调整，其中的利益关系十分复杂，必须全面考察与评估二者之间的关联性，通过制度体制机制的创新，谋求二者的协同发展。可以引入排污交易、生态补偿等制度把陆域产业结构的调整与相关行业企业部门的合法利益结合起来，在谋求海湾生态环境质量改善的同时，兼顾陆域行业主体的利益，从而减轻相关治理改革的阻力，增强蓝色海湾整治行动的操作性与可行性。

（二）政策层面：建立统筹陆海领域的整体性政策体系

蓝色海湾整治行动的顺利推进，有赖于相关法律、政策或规划所提供的制度规则予以支持和保障，因此，在明确树立的"陆海统筹"的理念原则指导下，必须对既有的海湾环境治理相关规范性政策文件进行评估与优化，最终建立起一个具有权威性与约束力的整体性政策体系。如前所述，当前海湾环境治理领域相关政策的最大特征是碎片化或割裂性，而这种状况在很大程度上又是源于我国当前在海洋治理领域尚缺乏一个整体性政策体系，例如《海洋基本法》迄今为止仍未制定颁布。不过，随着学界对于《海洋基本法》的持续呼吁，当前它已经被列入了国家立法讨论的议程。在该基本法的设计中，应当对陆海统筹原则的重要性加以明确强调。

除了基本法层面的强调外，在各个具体的法律、法规或规划中，也需要增强陆海统筹的整体性设计。特别是我国《环境保护法》与《海洋环境保护法》中的相关规定要进行有效的衔接与协调，避免不同领域或部门政策制定的冲突问题，谋求构建一个能够涵盖海湾环境所有领域的、彼此有效协同的政策体系。而针对海湾区域的特殊性，在各个相关法律或者相应的规章条例中要予以特别说明。特别是在海湾环境保护领域中环保部门与海洋部门的职权划分，要进一步从立法层面上加以明确。而针对诸如渤海湾等涉及区域广、部门或行业利益关系复杂、生态环境破坏程度严重的重点海湾区域，要进一步研究论证制定专门性法律（例如有学者呼吁的《渤海法》）的可行性，从而使相关治理整治行动有更具权威性的规则予以规范支持和保障。

除了能够统筹陆海领域的整体性政策体系的供给外，还需要注重政策实施机制的构建问题。特别是在我国当前国民法治观念尚有待进一步增强的情况下，很多领域存在"有法不依"问题。而除了法治观念问题外，有法不依的另一个重要影响因素就是相关政策缺乏操作性与可实施性。例如，海湾水质下降的主要根源在于陆源污水排入，因此要重点治理陆上源头，这一政策思路在多地下发的规范性文件中已经明确。然而治理陆上污染源头的过程中，相关资金如何筹集？搬迁或关停排污企业是否要进行补偿以及如何补偿？流经不同省市的入湾河流如何划定不同流段内管理部门及相关企业的责任？诸如此类的问题都需要细致明确的政策实施机制或工具予以应对。因此，本书所强调的建立统筹陆海领域的整体性政策体系，同时包括政策规则自身的设计以及相应的实施措施加以配套两个层面。

（三）体制层面：构建协同高效的海湾环境综合管理体制

蓝色海湾整治行动的真正落实，需要相关部门与主体进行分工协作，由此突显出管理体制问题的重要性。海湾管理体制主要包括政府海湾管理组织机构的设置、组织间权责的配置以及为保障管理活动顺利进行而制定的各种规章制度等，它是各级政府从事海洋环境管理活动的组织基础。海湾管理体制的设计与运作情况，在很大程度上制约着一个国家或地方应对与处理海湾环境治理整治问题的绩效。如前所述，在我国当前的海湾环境管理体制中，最大的问题是陆海分治思路下所形成的碎片化管理体制。而这种管理体制的形成，除了海湾区域自身的特殊性之外，还在于在我国，整个海洋管理体制就始终存在碎片化（或粗放式的分散管理）问题，从而制约了"海湾"管理这一次级领域的体制构建与完善。

当前世界上的主要海洋国家都十分重视海洋管理体制的建设与完善。自 20 世纪下半叶以来，伴随着海洋开发利用进程的不断加快，越来越多国家的海洋管理者日益认识到海洋事务所具有的高度复杂性和关联性，在此基础上逐渐形成了"海洋综合管理"这一新的海洋管理理念。在联合国等国际组织的大力倡导下，该理念在很大程度上已经成为"各国共识"①，受其影响，协同、高效的综合管理体制成为当前世界范围内海洋管理体制变革的基本方向。

在我国，国家海洋管理体制经历了一个漫长的发展历程。新中国成立后的很长一段时期内，国家对海洋事务的关注集中于"海防"领域，同时以行业管理的方式管理海洋渔业、海洋交通、海盐业等相关事务。1964 年原国家海洋局的成立标志着我国开始有了专门的海洋管理机构，但是很长一段时期内不具备行政管理职能。此后在历次的机构改革中，伴随着原国家海洋局综合管理国家海洋事务职能的逐步确立与不断扩展，我国的海洋管理体制在总体上也呈现出了由"分散管理"向"综合管理"体制演变的趋势。不过，原国家海洋局的组织地位与职能权限长期以来一直没能得到根本性提升，因此缺乏统筹协调海洋事务领域相关行业和不足的能力，从而限制了我国海洋综合管理体制的真正建立。直到 2013 年的机构改革，情况发生了实质性变化。原国家海洋局的重组尽管并没有提升其行政地位（副部级），但是对海上执法队伍的整合意味着部门利益格局的打破，分散管理的"路径依赖"在执法领域发生了重大变化。更重要的则是国家海洋委员会的设立，它标志着我国海洋综合管理体制的初步确立。

不过，2013 年的体制改革仍存在许多遗留问题。海上执法队伍的整合并不彻底，只是由原来的"五龙闹海"变为了"二龙管海"，而且承担国家海洋委员会这一虚设机构日常工作的原国家海洋局的组织地位也并没有得到实质性提升。② 因此，分散管理的"路径依赖"效应并没有完全消失，仍对

---

① 付玉：《海洋综合管理成为各国共识》，《中国海洋报》2013 年 4 月 18 日。

② 事实上，国家海洋局重组以及设置了国家海洋委员会后，仍有许多研究者认为应当进一步提升国家海洋局的行政层级与权限。代表性的观点可参见钱春泰、裴沛《美国海洋管理体制及对中国的启示》，《美国问题研究》2015 年第 2 期；金昶、刘川《海洋方面的改革还应进一步加强——访中国海军信息化专家咨询委员会主任尹卓委员》，《中国海洋报》2014 年 3 月 11 日。

我国当前的海洋管理体制产生了较大影响。2018 年机构改革中，虽成立生态环境部和自然资源部，但我国整体的海洋管理体制尚未真正完善地构建并运作，从而也制约了海湾环境管理体制的构建。

　　总体而言，鉴于海湾区域生态环境的特殊性，海湾环境管理体制更要以协同、高效的综合管理体制为目标。这种综合管理体制要以自然生态系统为基础，将陆海所有相关部门主体纳入其中，以权威高效的综合协调机制构建为重点，以海湾环境风险识别与管控、环境突发事件协同应急、综合执法力量建设等为主要内容，并在资源配置、标准统一、信息共享、纠纷化解等方面保障该管理体制能够有效运作，从而最终提升海湾环境治理领域中的政府能力。

第三章　蓝色海湾整治政策体系：
变迁、困境及优化

　　海湾因其独特的自然条件，拥有区位、环境、资源等诸多优势，成为海陆交通枢纽、临海工业基地、重要城市中心和海洋生物摇篮，在国家经济建设与社会发展中具有极其重要的战略地位。[1] 近年来，我国海洋生态环境形势严峻，陆源污染严重，近海富营养化加剧，赤潮、绿潮等海洋生态灾害频发，滨海湿地面积缩减，海水自然净化及修复能力不断下降，自然岸线减少，海岛岛体受损以及生态系统受到威胁。加快开展蓝色海湾整治行动，遏制生态环境恶化的趋势，是改善海洋环境质量，提升海岸、海域和海岛生态环境功能，维护海洋生态安全的需要，对于沿海城市经济社会可持续发展具有非常重要的意义，因此，党的十八届五中全会提出在全国范围内开展蓝色海湾整治行动。蓝色海湾整治行动的主要内容，包括重点海湾综合治理和生态岛礁建设两部分。重点海湾综合治理以提升海湾生态环境质量和功能为核心，提高自然海岸线恢复率，改善近海海水水质，增加滨海湿地面积，开展综合整治工程，打造"蓝色海湾"。为了贯彻中央政策的统一部署，我国青岛、烟台、威海、宁波、温州、秦皇岛等 8 个城市首批开展蓝色海湾整治行动，并制定了具体的行动方案。

---

[1]　黄小平等：《我国海湾开发利用存在的问题与保护策略》，《中国科学院院刊》2016 年第 10 期。

　　蓝色海湾整治政策是中央和各级地方政府制定的为实现海湾环境治理目标的文件汇总和具体行动策略。各地区制定的蓝色海湾整治政策是治理海湾环境最直接的手段工具。该政策体系的完善与否直接关系蓝色海湾整治行动的成败。我国历史上为了治理渤海湾、胶州湾等环境问题，各地政府相继出台了一系列的具体政策和行动方案。例如 2000 年 5 月在亚洲开发银行的资助下，由农业部牵头，国家环保局、国家海洋局和交通部联合制定的《渤海沿海资源管理行动计划》；2000 年 8 月国家海洋局制定并实施了《渤海综合整治规划》（2001—2015）；2000 年 7 月由国家海洋局和环渤海三省一市联合制定的《渤海环境管理战略》；2001 年国家四部委联合海军、环渤海四省市打造的《渤海碧海行动计划》；2006 年国家发改委组织制定的《渤海环境保护总体规划（2008—2020）》等。① 然而，这些海湾环境整治政策实施多年来却成效甚微，当下渤海湾、胶州湾等我国主要海湾存在的环境问题仍然严重，各种污染问题尚未得到好的解决，曾经轰轰烈烈的总体规划、行动计划和发展战略等都成为空洞的一纸文件。所以，为了确保蓝色海湾整治行动计划的政策落实，有必要对蓝色海湾整治政策体系的优化进行深入研究。

第一节　蓝色海湾整治政策体系：历史变迁及演进规律

　　自 1982 年《中华人民共和国海洋环境保护法》（以下简称《海洋环境保护法》）颁布实施以来，我国已经形成了海洋环境保护的政策体系，虽然政策运行时间不长，但已然取得了显著的政策效果，海洋生态环境明显改善。海湾与内海、海岛、滨海湿地等同为海洋功能区之一，但目前政策体系中仅有针对海岛制定的专门法律和政策，至今尚没有针对海湾制定颁布的专门法。蓝色海湾整治政策的出现，第一次将"海湾"这一特殊功能区的治理功

---

① 　周艳：《渤海环境治理的政策建构》，硕士学位论文，中国海洋大学，2010 年，第 14—15 页。

能整合为一项统一的、整体的海湾政策。国家海湾政策的历史变迁过程，可以总结划分为三个时期：政策的统筹探索时期；"海湾"的专项治理时期；蓝色海湾的整体治理时期。

一、蓝色海湾整治政策体系的历史变迁

（一）政策的统筹探索时期（1982 年—20 世纪末期）

这一时期的政策特点是海洋环境政策体系初创，海湾并不是独立的政策对象，国家对海湾的环境整治统辖在每一个海洋功能划分之中，对海湾的治理和政策仅仅处于探索期。在海洋环境政策体系形成早期，仅有《海洋环境保护法》中对海湾的环境保护做了单独的规定。《海洋环境保护法》中规定，"国务院和沿海地方各级人民政府应当采取有效措施，保护红树林、珊瑚礁、滨海湿地、海岛、海湾、入海河口、重要渔业水域等具有典型性、代表性的海洋生态系统，珍稀、濒危海洋生物的天然集中分布区，具有重要经济价值的海洋生物生存区域及有重大科学文化价值的海洋自然历史遗迹和自然景观。""具有特殊保护价值的海域、海岸、岛屿、滨海湿地、入海河口和海湾等应建立海洋自然保护区。""含有机物和营养物质的工业废水、生活污水，应当严格控制向海湾、半封闭海及其他自净能力较差的海域排放。"除此之外，在《中华人民共和国海洋石油勘探开发环境保护管理条例实施办法》《中华人民共和国海洋倾废管理条例实施办法》《近岸海域环境功能区管理办法》等法律政策文件中并未直接提及海湾，而是将海湾、海峡、海港、河口湾等统一称为"内海"，对内海的环境保护做规定，或是规定近岸功能区的环境保护。可以看出，海湾在政策的统筹探索时期并没有真正成为独立的政策对象，国家也并没有给予海湾这一功能区足够的重视，没有针对海湾的环境问题作出单独明确的政策规定。

（二）"海湾"的专项治理时期（21 世纪初—2014 年）

我国的主要海湾包括辽东湾、渤海湾、莱州湾、胶州湾、杭州湾等，每个海湾均具有特殊的海洋环境问题，其中渤海湾与辽宁、天津、河北、山东等 3 省 1 市相连，接受黄河、小清河、海河、滦河、辽河等 40 余条河流

的来水，来自于内陆各省份的污染源通过河流入海或近岸排放，为渤海湾带来了严重的生态环境问题，也使渤海湾成了重污染海湾的典型。进入 21 世纪，国家意识到传统的通过具体种类或具体来源的污染，为治理海洋污染而制定规范和政策的方式难以有效协调不同省份、不同地区的海洋治理行为，不能实现对污染情况复杂的渤海湾的有效、整体治理。所以在 2001 年国务院批复了由环保部等十几个部门和地区共同组织的"渤海碧海行动计划"，试图通过高位推动实现对渤海湾生态环境问题的集中整治。在这个专项行动中，国家和各相关地方连续出台了一系列针对渤海湾环境治理的政策法规，不仅凸显了海湾在国家层面得到的高度重视，也开启了对海湾环境专项整治的时代，以"某某海湾"为治理对象的中央和地方政策应运而生。这一时期针对我国主要海湾的专项治理行动策略，虽然取得了成效，提高了国家对海湾这一特殊海区生态环境的重视程度，但政策体系囿于实践路径，政策缺乏顶层设计的宏观性和战略性，对海湾的环境治理仍没有走出"头疼医头、脚疼医脚"的怪圈，政策体系缺少整体性。经过几年实践，"渤海碧海行动计划"效果并不理想，十分艰难取得的环境治理成绩多年后出现倒退和反弹，渤海湾亟须更加有效的治理政策来控制污染、恢复生态、指导实践。

（三）蓝色海湾的整体治理时期（2015 年至今）

我国针对特别海域实施"碧海行动计划"的实践效果已由这些海域长期无法免去"主要污染海域"的桂冠作了回答。从政策及其执行的角度看，政策目标明确，但没有打破政策执行的困境，对于政策对象仍没有实现有效的利益协调，政策落地效果难以维系。2015 年党的十八届五中全会提出，"筑牢生态安全屏障，坚持保护优先、自然恢复为主，实施山水林田湖生态保护和修复工程，开展大规模国土绿化行动，完善天然林保护制度，开展蓝色海湾整治行动"。党中央第一次提出"蓝色海湾整治"，拉开了针对海湾生态文明建设的新一轮大幕，之后，从国务院到地方各省市纷纷出台了蓝色海湾整治的配套方案和政策措施。不仅国家对海湾的重视提上了新的高度，也完善了顶层设计，制定了具有整体性、协调性和科学性的蓝色海湾整治的政策体系。蓝色海湾整治政策彻底取代了传统的、局部的"碧海行动计划"，政策体系也呈现出新的特点。从纵向上看，政策层级更高，由党中央制定的元政策对海湾建设进行指导，使政策的权威性大大提高，也为地方政府的治理工作提供了行动依据；从横向上看，蓝色海湾整治并不在针对某一具体的区域，而是全口径的对所有污染海湾统一治理，对相关的政策制定主体和政府负责部门起到了高层推动和协调的作用，也对政策体系进行了财政、人事等领域配套政策的制定，政策体系更具整体性；从整体上看，蓝色海湾整治的政策体系更具科学性与合理性，无论是政策目标，还是政策程序与以前相比更加符合实际需求。

二、蓝色海湾整治政策体系的演进规律

（一）从一般到专门

我国海湾环境保护最初适用的基本上都是一般法律政策，而在一般法律政策不足以解决海湾的环境保护问题时，才制定专门的法律或政策。如1982 年颁布了《海洋环境保护法》对海湾环境污染进行了法律控制，多年以来海湾发展过程中环境问题频出，才在 2001 年通过了"碧海行动计划"这一专项政策，又于 2015 年制定了更加专门的"蓝色海湾整治"政策。海湾整治涉及一些复杂关系：其一，涉及陆地和海上的关系；其二，在我国现行的政府管理体制下，至少涉及环境保护行政主管部门、海洋行政主管部门、交通行政主管部门、农业行政主管部门之间的关系；其三，在我国经济社会发展的现阶段，又直接面对经济社会发展和环境保护的尖锐矛盾。在这样复杂的关系中采取行动，实现管理目标，就必须有与这个行动计划相应的专门法律政策指导。① 可以说，为跨省界、跨市界乃至跨国界的海湾制定专门的环境治理法律政策是应对海湾污染顽疾最后的，也是最有力的办法。

（二）从临时措施到永久措施

在出现了海洋污染的情况时，政府首先作出的反应一般是采取临时性措施。当临时措施治理成效不佳或没有达到治理目标时，政策制定者们便把

---

① 　徐祥民：《中国海洋发展战略研究》，经济科学出版社 2005 年版，第 486—487 页。

临时措施改变为永久措施，或不得不放弃临时措施而采取永久措施。海洋污染不是偶发现象，而是具有明显的持续性。要想彻底解决一个海区的环境保护问题，必须把临时措施持续地实施下去，也就是把临时措施转变为一个永久性的治理措施。我国的海湾整治政策从"碧海行动计划"到"蓝色海湾整治"就经历了这样一个过程。对关系极为复杂的海湾进行综合整治，不是靠一次大型行动就能实现的，必须落实为需要长期坚持的制度。否则，也难发挥制度的作用。

（三）从简单项目的规定到复杂系统的规定

对海湾污染物实行排放总量控制必然遇到海陆协调的问题，这也是污染排放控制的最难点。如何实现海陆协调，如何把总量控制落实在具体的海陆关系中，这一点，靠《海洋环境保护法》中规定的"跨区域的海洋环境保护工作，由有关沿海地方人民政府协商解决，或者由上级人民政府协调解决。跨部门的重大海洋环境保护工作，由国务院环境保护行政主管部门协调；协调未能解决的，由国务院作出决定"很难有效解决。我们认为，海湾环境保护政策设计的复杂问题和复杂关系非常多，需要长期的、专门的政策来替代简单的单项政策，所以才有了"蓝色海湾整治行动"的诞生。一般情况下，统一的管理目标很难实现，而在关系到污染防治这一与经济社会发展的眼前利益存在明显摩擦关系的任务时，就使管理目标的实现更加困难，这就势必需要政策工具从简单到复杂的过渡，才能实现环境的有效治理。

三、蓝色海湾整治政策体系的基本结构

根据政策学的基本理论，任何一个领域的公共政策都具有独立的政策系统结构[①]，因此，在分析我国蓝色海湾整治政策体系存在问题之前，需要对当下该政策体系的基本结构全面了解和把握。根据《海洋环境保护法》以及所有海洋环境保护相关的法律条例的规定，可以总结出蓝色海湾整治的政

---

① 陈振明：《政策科学——公共政策分析导论》（第二版），中国人民大学出版社 2003 年版，第 78—80 页。

策体系基本结构。

（一）政策的主体结构

政策主体是直接或间接参与政策的制定、执行、评估、监控等全过程的所有个人和团体，是掌握政策决策权力或能够对政策过程产生影响的人。从政策过程的角度看，并结合政策实践，我国蓝色海湾整治政策主体应包括政策的制定主体、政策的执行主体和政策的监督评价主体。而我国海洋环境管理体制是以管理对象为基础，实施各部门间的横向管理和中央政府与地方政府间垂直管理相结合的方式，所以掌握公共权力的政策决策主体在横向和纵向上跨不同部门、不同层级的政府。

1. 政策制定主体

政策制定主体是掌握政策决策权力，最终决定政策结果的政府部门。在我国，根据相关法律规定，具有海洋环境管理决策权的部门有五个，其中包括国家环境保护行政主管部门即生态环境部的统一监督管理，对海洋环境保护工作实施指导、协调和监督，并负责全国防治陆源污染物和海岸工程项目对海洋污染损害的环境保护工作；国家海洋局（隶属自然资源部）负责海洋环境的监督管理及全国海洋工程建设项目和海洋倾倒废弃物的污染损害；国家海事局（隶属交通运输部）负责非军事、非渔业船舶作业的海洋环境污染行为，并对在我国海域航行、停泊和作业的外国籍船舶造成的污染事故检查处理；国家渔业局（隶属于农业农村部）负责渔业船舶污染海洋环境的监督管理；军事环境保护部门负责军事船舶污染海洋环境的监督管理。①

在蓝色海湾整治中，生态环境部主要负责全局决策，而其他中央相关部门主要负责协助工作。并且，除直接海洋管理部门外，中央其他相关部委也要给予政策支持。在此基础上，各地市的地方政府和相关部门负责具体行动策略的细化和制定，由于地方环境管理部门是具体开展蓝色海湾整治行动的主体，也是直接管理部门，所以也拥有一定的政策决定权。例如，在国务

---

① 《中华人民共和国海洋环境保护法》第一章第五条，1999 年 12 月 25 日修订。

院批准的"渤海碧海行动计划"的运营方针中，由原国家环保总局、国家海洋局、交通部、农业部等部门具体负责并实施，国务院有关部门对该计划提供支持和指导，主要包括国家经济贸易委员会、科技部、建设部、水利部、林业局等部门①，具体如图 3–1 所示。

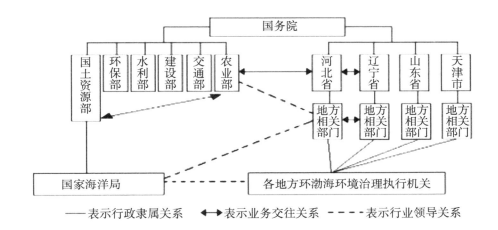

图 3–1　渤海湾环境治理中各行政部门间的关系②

2. 政策执行主体

党的十八大之前，我国海洋执法机构完全由各个决策部门下辖，主要包括国家海洋局的海监总队、农业部的渔政局、公安部的边防局（海警部队）、海关总署缉私局等。各个部门针对自己管理职能领域内的问题进行执法。这样的分散执法体系在具体执法过程中遇到了各种问题，人力资源难以整合、职能交叉重叠、存在执法边界不清或职能空白等。所以借鉴世界其他海洋大国的经验，在党的十八后，根据我国大部制机构改革的要求，国家海警局成立。国家海警局整合了原来全部的海上执法力量，统一指挥、统一执

---

①　朱贤姬、郝艳萍、梁熙喆：《关于"渤海碧海行动计划"的几个思考》，《海洋开发与管理》2010 年第 11 期。

②　唐国建：《"条""块"不对称：跨界海域环境治理政策失灵的制度归因——以〈渤海碧海行动计划〉为例》，《中国海洋大学学报》（社会科学版）2010 年第 4 期。

法。同时，各级地方政府的海洋与渔业管理部门也具有海上执法权，可以针对所辖区域内的海洋违法行为进行执法检查。中央部门更多是扮演决策和协调的角色，地方政府及其相关部门才是主要的政策执行者。[1]2018 年 6 月，为了贯彻落实党的十九大和十九届三中全会精神，按照党中央批准的《深化党和国家机构改革方案》和《武警部队改革实施方案》决策部署，海警队伍整体划归中国人民武装警察部队领导指挥，调整组建中国人民武装警察部队海警总队，称中国海警局，中国海警局统一履行海上维权执法职责。由于我国的海洋环境治理政策并没有专门的监督和评估主体，也没有形成完整有效的政策监控评价制度，对政策绩效的监督和评价仅停留在理论探讨层面，所以在这里不对政策监督和评价主体展开分析讨论。

（二）政策的客体结构

蓝色海湾整治政策的客体主要包括两部分，一是海洋环境治理所要解决的具体问题，二是政策作用的对象。政策体系优化不仅要协调政策主体之间的关系，也要充分考虑政策客体的特点，以增强政策体系的协同性。

1. 蓝色海湾整治的具体政策问题

海湾是指地处海陆结合部的特定区域，是海洋深入陆地形成明显"水曲"的海域。[2]随着我国海洋经济的持续发展，对海湾资源生态的利用和破坏加剧，主要海湾的环境问题表现为海湾面积缩小甚至消失，以及海湾生态环境的严重破坏。对海湾环境整治的措施须对症而治，针对海湾环境问题产生的原因，有学者提出了具体的解决对策：一是海湾流域面源污染控制；二是基于海陆统筹的整体规划；三是海湾综合整治及修复；四是基于生态系统的海湾管理。[3]可以看出，海湾流域的面源污染与传统的点源污染治理不同，

---

[1]　唐国建：《"条""块"不对称：跨界海域环境治理政策失灵的制度归因——以〈渤海碧海行动计划〉为例》，《中国海洋大学学报》（社会科学版）2010 年第 4 期。

[2]　侯西勇、侯婉、毋亭：《20 世纪 40 年代初以来中国大陆沿海主要海湾形态变化》，《地理学报》2016 年第 1 期。

[3]　黄小平等：《我国海湾开发利用存在的问题与保护策略》，《中国科学院院刊》2016 年第 10 期。

污染物来自于不同地区、不同污染源头，不仅有城市生活排污，也有农村畜牧养殖、农业灌溉等。同时，海湾的污染物主要来自于内陆，要想得到蓝色海湾，必须对陆地污染进行有效控制，实现海陆统筹。所以，对海湾的综合整治和修复以及对海湾的生态系统进行管理都必须系统性地解决所有污染源问题，统筹海陆发展，才能取得并维护蓝色海湾整治的成果。

2. 蓝色海湾整治的作用对象

蓝色海湾整治主要是针对海湾的陆源污染源头和企业、政府等违规用海行为的规制，在这个过程中，政策体系所起的作用就是作为政府进行海湾环境整治的具体工具，通过一定的强制性规定和惩罚、监督、监控、检查等手段限制及规范用海主体的排污行为。具体来说，蓝色海湾整治的对象主要是排放废弃物和污染物的工业企业，灌溉农田和畜牧养殖的农民，市政排污工程公司等。涉及的对象不仅是企业、个人，还包括政府的公共工程项目排污。其中也不仅是违规操作和排放污染物而引起的海湾环境污染，也包括正常运行范围内长期排放合格的废水废物引起的近海污染。可见，海湾的生态破坏和环境污染原因非常复杂，涉及多个内陆排污行为主体和海上排污主体，治理起来非常困难。有效地整治海湾环境必然需要针对不同的情况分类制定政策，不同的政策之间需要有效协调才能在整体上整治海湾环境。

（三）决策权力的分配

海洋公共权力与涉海行业、专业产业部门的行政管理权力的存在，是构成我国海洋行政管理的共同国家权力，两者缺一不可。涉海行业、专业或产业的行业行政管理只能在未来的管理中，依法进一步加强，只有涉海各行业管理权力进一步落实，国家海洋公共权力才能真正落到实处。[①]

1. 蓝色海湾整治决策权力的具体内容

从目前我国海洋开发、利用和保护的现实出发，我国海洋决策权力包括六项内容[②]：一是直接涉及国家海洋权益、国家公共安全、海洋经济发展、

---

① 滕祖文：《渤海环境保护的问题与对策》，《海洋开发与管理》2005 年第 4 期。

② 滕祖文：《渤海环境保护的问题与对策》，《海洋开发与管理》2005 年第 4 期。

海洋生态环境保护以及直接人身健康、财产生命安全等特点活动的决策权；二是有限海洋资源开放利用、海洋公共资源配置以及直接关系公共利益的特定行业的市场准入权；三是提供海洋公共服务并且直接关系公共利益的职业、行业、需要确定具备特殊信誉、条件和技能的决策权力；四是直接关系海洋公共安全、人身健康、生命财产的设备、物资进行审定的权力；五是确定涉海经济活动主体资格事项的决策权力；六是法律、法规规定的其他公共决策权力。

2. 蓝色海湾整治决策权力的运行特点

决策权力的分配和运行是政策体系运转的核心和关键。我国海湾环境整治涉及多个决策主体，又面对众多的治理问题和政策的作用对象，决策权力分配和运行呈现出了一定的特点，可以从三个方面概括：第一，从纵向上看，决策权力向上集中，自然资源部和生态环境部拥有决策协调统辖权，各个中央涉海管理部门拥有各自管理领域的决策权，地方政府的海洋管理部门更多掌握决策执行权。以渤海湾环境治理为例，渤海海洋开发利用带来的环境问题，主要由渔船、商船、军船的海上活动，海洋矿产和海洋石油勘探开发活动，海洋工程建设活动和海洋疏浚及废弃物倾倒活动引起的。按照问题属性看，应该由多个海洋管理部门共同分担治理。但是，在渤海湾整治中，这一工作由原国家海洋局（现隶属自然资源部）牵头负责，对于一切涉海海洋开发活动主体或海洋经济主体的海洋环境保护工作，不再实施海洋公共权力的职能，体现在国家海洋环境保护的公共权力上，不再担任"裁判者"的角色，以此来达到统一渤海环境整治公共权力的目的。① 第二，从横向上看，决策权力随管理职能一起分散于各个海洋管理部门。在政策实践中，针对陆源污染治理的生态环境部和自然资源部，针对海上船舶、渔业管理的海事局和渔业局，以及针对军事船舶污染的军队管理部门分别具有各自职权范围内的决策权力。同时，科技部、财政部、交通部、水利局等等不同的协助部门均有决策的影响力。第三，从体制上看，决策权力集中于体制内部。在社会

---

① 滕祖文：《渤海环境保护的问题与对策》，《海洋开发与管理》2005 年第 4 期。

学意义上，良好的环境既是享受，又是一种权益。在一些社会文明程度较高的国家里，环境已经不是少数社会精英议论的专利，而成为社会公众普遍关注和参与的热点。[①] 例如，欧洲绿色和平组织等自发环保组织，其作用已超越了国界，直接影响到政府环境政策的制定和实施。而我国与之有所不同，体制外的社会力量难以直接有效地接触海洋决策权，对政府决策的影响力非常小，海洋环境的决策权力基本由政府一元主导。

（四）政策体系的特点

我国主要海湾存在的严重环境问题是蓝色海湾整治政策制定的出发点和依据。环境问题本身与其他领域的问题例如科技问题、经济问题、民生问题等等相比就具有独特性，决定了环境政策体系具有不同于其他领域公共政策的特点。同时，由于海洋环境问题具有流动性、国际化、强外部性、分散性等特点，致使蓝色海湾整治政策也存在突出的特征。对政策体系特点的总结，能够更好地理解蓝色海湾整治政策的内涵和现状，对政策体系的优化发展具有指导作用。具体来说，我国蓝色海湾整治政策具有如下特点：

第一，地缘性。"地缘"可以理解为"地理缘由"，一般运用于政治学中对国际关系和国际问题的解释，即为地缘政治。海洋地缘环境是人海关系研究的重要方向之一。海洋地缘环境研究的空间尺度既有大小之分，又有横向空间尺度与纵向空间尺度之分：横向空间尺度包括人海相互作用的 3 个空间层次，即海岸海洋、深海海洋、全球海洋环境变化与人类的相互作用；纵向空间尺度主要包括全球尺度、地区尺度、国家尺度和区域尺度[②]。本书借海洋地缘环境的主要思想，将人类对海洋环境的非政治行为纳入地缘这一分析框架内，以此探讨海洋的地理缘由对政府海洋环境政策和海洋环境保护行为的影响。海洋是与陆地并列的我国领土，但从与人类的关系和距离看，海洋

---

① 王琪、纪朝彬：《渤海环境综合治理的制度安排》，《中国海洋大学学报》（社会科学版）2009 年第 2 期。

② 韩增林等：《海洋地缘政治研究进展与中国海洋地缘环境研究探索》，《地理科学》2015 年第 2 期。

却与陆地截然不同。与陆地相比，海洋并非人类生活生产的空间载体，我国也仅有 10 个省份、2 个行政特区以及台湾地区与海洋毗邻，对于绝大多数公民来说，海洋意识并不高，海洋对于人们日常生活的影响及海洋环境污染带来的破坏多数人并没有最直接的感受，这主要源于海洋特殊的地理位置。海洋环境政策不同于一般的环境政策例如大气污染政策、水污染政策等具有社会大众较高的可接受性和政策意识，受到的政策关注度也相对较低。所以，与其他领域的公共政策和环境领域的其他政策相比，海洋环境政策由于特殊的地缘性，在政策体系的形成、变迁和政策具体实践过程中都会形成独特之处。

第二，复杂性。随着当今社会的不断变迁和发展，各个领域的政策问题愈加复杂，这种复杂性使传统公共政策理论的解释力有所降低。复杂问题的政策制定过程不再是清晰的权力主体行为序列，更像是多种利益话语的混沌博弈。[1] 公共政策的复杂性理论为具体领域政策体系的优化提供了新的思路。蓝色海湾整治政策的复杂性表现在政策主体的复杂性、政策问题的复杂性和政策制定与执行过程的复杂性上。首先，海洋环境保护法所确立的政策主体实际包括三个层面，即中央政府、政府各职能部门和各级地方政府。各层级、各部门政府之间虽有明确的职能权力范围，但在海洋环境的流动特性面前，政府就必须能够达到横向和纵向的决策沟通与协调，实现利益和话语的充分博弈。[2] 根据我国的实际情况，这样的政策主体决策活动实现是十分困难的。其次，蓝色海湾的环境污染问题包括泥沙堆积、海岸线侵蚀、污染物排放、生物资源减少等，种类多且涉及面广。其形成原因并不只是海洋领域内部，也可以说不只是用海主体的行为，也包括内陆主体的污染排放造成的河流和流域污染，通过地表和地下径流对近海造成的污染破坏。所以，对海湾环境问题整治必然涉及到陆海统筹，以及诸多政府部门的协调配合，十分复杂。最后，从政策过程上看，政策制定主体多元、政策问题复杂必然导

---

[1]　李宜钊：《公共政策研究中的复杂性理论视角——文献回顾与价值评价》，《东南学术》2013 年第 1 期。

[2]　王琪等：《公共治理视域下海洋环境管理研究》，人民出版社 2015 年版，第 85 页。

致政策制定困难，政策出台过程难以遵从以往经验循序渐进，所以该领域政策出台多是由中央领导推动或是动员式的形成模式。从政策执行上看，执行主体为国家海警局，海洋环境政策执行的好与坏直接受制定过程的影响。而政策制定与执行环境的完全独立不利于及时进行追踪决策，进一步增加了政策制定的复杂性。

第三，协调性。蓝色海湾政策体系的协调性特征主要是指政策主体之间的决策行为和决策过程协调一致。我国海洋环境管理的政府主体复杂，涉及多个地方政府以及若干涉海部门，鉴于海洋环境的特殊性，它们之间只有相互合作才能更好地实现治理目标。现实中，海洋环境问题主要发生于沿海各区域，突出表现为区域性问题，海洋环境管理中的政府各主体间关系主要表现为特定区域内各主体间关系，政府间的协调也主要体现为区域内地方政府、政府各部门等相关主体间的协调。[1] 因此，海洋环境保护法规定跨区域的海洋环境保护工作，由有关沿海地方人民政府协商解决，或者由上级人民政府协调解决；跨部门的重大海洋环境保护工作，由国务院环境保护行政主管部门协调，协调未能解决的，由国务院作出决定。此外，由于海洋环境具有公共物品的基本特性，海洋环境问题属于全社会共同的公共利益。因此，除各个政府部门外，体制外的社会力量也不能被忽视，社会公众、社会组织及大众媒体也是政策的参与者和执行者。加入社会力量和公众话语的政策体系虽然增强了公共性、合法性和民主性，但从政策协商和利益博弈的角度看，无疑进一步增加了海洋环境政策的协调性。

第四，整体性。蓝色海湾政策的整体性主要是从政策问题的来源和政策内容上看各个政策之间的匹配和协同。由于海洋具有流动性，海洋环境具有整体性特点，某一海湾内生态环境问题的成因非常复杂多样。根据学者研究和海湾整治实践经验，我国海湾环境问题的源头主要来自于陆地。近几十年来，随着我国沿海地区经济的快速发展，高强度人类活动已对海湾生态环境产生显著影响。具体来看，由于海湾及其流域的高强度人类开发活动，

---

[1]　王琪等：《公共治理视域下海洋环境管理研究》，人民出版社 2015 年版，第 101—102 页。

氮、磷及毒害污染物等大量输入湾内，污染物主要来自于工业废水、海水网箱养殖污染物、流域面源污染水、城镇生活污水等排放量增加。① 可以看出，大量富营养化物质输入海湾主要由于人类活动引起，是工业化与城市化发展对海洋环境保护带来的挑战。所以，追本溯源地解决海湾环境问题必须在治理污染的同时解决内陆污染排放源头问题，才能从根本上对海湾环境进行整治，实现可持续性的海洋环境保护。这就要求在政策内容安排上具有整体性，对于内陆各个污染源进行有效的政策制定与执行，实现蓝色海湾整治陆海统筹的整体性要求。

蓝色海湾整治政策体系的基本结构是对该政策体系优化完善的前提和基础。政策体系的特点必须正视和遵从，符合这些特点要求、改进策略才能具有好的实践效果和价值。

第二节　蓝色海湾整治政策体系的现实困境及突破

一、蓝色海湾整治政策体系的现实困境

海洋环境政策是党和政府在一定时期为实现海洋环境保护和海洋生态可持续发展所采取的政治行动或所规定的行为准则。政府的公共权力是政策生成的基础，所以海洋环境政策与海洋管理体制密不可分。我国的海洋环境政策与海洋管理的政府组织结构基本一致，从纵向上看，是一个自上而下、由宏观到微观、由抽象到具体的政策体系，其纵向结构与海洋管理体制的层次结构保持一致；从横向看，呈现出"一"字排开的并列状态，这与海洋资源的多功能性和行业性直接相关。② 在结构上，海洋政策网络应该是一个统一性和多样性相结合的有机统一体。在功能上，体系内的政策应该能够协同

---

① 黄小平等：《我国海湾开发利用存在的问题与保护策略》，《中国科学院院刊》2016 年第10 期。

② 王琪等：《海洋管理：从理念到制度》，海洋出版社 2007 年版，第 180—182 页。

互补，实现整体上的政策功能。然而，我国海洋环境政策一直以来受体制影响，政策之间缺乏协调性，政策之间相互矛盾打架问题频现，政策功能相互抵消，形成了明显的政策体系"碎片化"问题。在海洋管理的制度框架体系中，海洋政策处于这一框架的最高点，它不仅对海洋管理的实际运作过程起指导、引导和制约作用，而且也规定了海洋管理制度安排的基本取向。所以，"碎片化"的海洋环境政策必然成为我国蓝色海湾整治的最大障碍，必须对它给予足够的重视。

（一）"自上而下"的纵向政策冲突表现

与我国政府纵向职责权力体系相对应，蓝色海湾整治中从中央到地方，从中央部门政策到地方部门政策，从上位政策到具体政策之间存在诸多政策冲突问题，政策之间的不协调主要表现为以下几点：

1. 政策本身对海洋环境管理机关的职能权力规定自相矛盾

我国的海洋决策体制是陆地各种资源开发与管理部门职能向海洋的延伸，而行政管理部门基本上是按自然资源种类和行业部门来设置，这种决策体制将统一的海洋生态系统人为分解为不同领域、由不同部门来监管，分而治之。我国《环境保护法》和《海洋环境保护法》等众多法律法规和相关政策对多个海洋环境管理的政府机构进行了职能权力边界规定（如海洋、环保、农业、林业、国土资源、建设、财政、海军等部门），但其中存在很多的条款规定冲突，导致部门间的职权交叉、重叠和矛盾。尤其海湾环境的特殊地理位置更需要各部门制定统一的政策进行环境整治，而政策冲突导致的部门间职能权力不清却成为蓝色海湾整治的根本性问题。例如，《中华人民共和国环境保护法》规定国家环保总局（现为生态环境部）为国家环境保护主管部门，而《中华人民共和国海洋环境保护法》又规定原国家海洋局是国家海洋环境主管部门，两部法律之间规定的不清晰导致环保部和海洋局之间的协调一直存在困难；《中华人民共和国水法》规定水利部是国家水资源的主管部门，而《水污染防治法》规定环保部是水环境治理的主管部门，水利部门认为水资源应该包括水质和水量，因而对水环境的治理也实施管理；环保部门则认为水质管理是自己的权利和职责。①

2. 中央政策与地方政策之间无法有效衔接

与政府纵向层级分类相呼应，公共政策也存在纵向层级之分。中央政策是上位政策，对社会管理具有全局性、宏观性的指导作用；地方政策主要是对中央政策的细化和执行，要以上位政策为来源和依据，不能超越其规定的范围。在我国海洋环境整治中，中央政策制定出台之后通过层层落实，各级地方政府及海洋管理部门在政策细化过程中经常出现偏差，地方政策由地方政府及海洋管理部门自行制定，在具体规定上会与中央政策之间出现断层，致使地方政策与中央政府无法有效衔接，导致海洋环境整治的政策失败。具体来说，以我国围填海带来的海岸带生态环境问题整治为例，可以更加明晰这一政策问题的表现。在我国围填海环境问题整治过程中，中央与地方政府先后出台了一系列有关海域使用管理和海洋环境保护的法律法规，其中《浙江省滩涂围垦管理条例》《福建省沿海滩涂围垦办法》规定可以无偿使用海滩，并鼓励滩涂围垦，对滩涂围垦成绩突出的单位和个人由各级人民政府给予表彰和奖励。这和《海域法》提出"国家严格管理填海、围海等改变海域自然属性的用海活动"的精神存在矛盾。② 这一政策断层问题在一定程度上导致了我国围填海管理效能低下。

3. 海洋环境政策脱离实际，可执行性低

海洋环境整治政策主要由原国家环保部、原国家海洋局以及其他海洋管理部门依据《海洋环境保护法》在各自的管理领域内制定，政策执行主要由中国海警局和各个地方政府的海洋管理部门依据国家法律政策规定进行海洋环境联合执法。在政策实践中，由于上位法律政策不完善，执法后对造成海洋环境污染的行为主体处罚措施单一，且力度不足，致使政策完全达不到理想效果。政策手段脱离实际，陈旧且缺乏创新的政策规定可

---

① 中国海洋可持续发展的生态环境问题与政策研究课题组：《中国海洋可持续发展的生态环境问题与政策研究》，中国环境出版社 2013 年版，第 14 页。

② 中国海洋可持续发展的生态环境问题与政策研究课题组：《中国海洋可持续发展的生态环境问题与政策研究》，中国环境出版社 2013 年版，第 167—170 页。

执行性低，不接地气等问题使违规用海企业有恃无恐，最终造成政策效果低下。例如，2009 年由原环境保护部、原国家海洋局、交通运输部、财政部、住房和城乡建设部等部门组成的海洋环境保护联合执法检查组对全国各地进行海洋环境保护检查。检查中，中国海监南海总队发现，广东某制碱公司从 2003 年至 2009 年，在未取得废弃物海洋倾倒许可证的情况下，每年与海通公司签订运输合同，由海通公司的"海通 01"船将该公司生产的废弃物碱渣倾倒在黄茅岛海域。据调查，该公司平均两天向海洋倾倒 1 船碱渣，每船运载 560 吨，每年就向海洋倾倒碱渣约 10 万吨。尽管这是一起明知故犯的严重破坏海洋环境的违法行为，但南海总队却只能依照《海洋环境保护法》第七十三条的规定，对制碱公司处以 19 万元的罚款。执法人员认为"碱渣导入海水中可导致倾倒区海洋动植物死亡，且使海洋环境长时间难以恢复，对海洋环境的破坏十分严重，这样的行政处罚显然太轻了"①。通过案例可以明显看出，我国政府对海洋环境政策的制定脱离实际造成了执法部门政策执行的现实困难，政策手段单一导致政策低效。

（二）跨区域、跨部门的横向政策冲突

按照海洋的资源和功能性划分，我国的海洋管理权分别归属国务院各个涉海管理部门，同时在职责同构的体制中，各级地方政府的涉海管理部门也均有海洋环境的决策权和执行权。在我国，无论中央还是地方政府的各个海洋管理部门之间均存在横向的政策打架问题。部门间的政策冲突就好像不同科室医生给重病患者"对症下药"，然而药性相冲，病人非但没有痊愈，反而药性冲突使病情更加严重。海洋环境政策间的横向冲突具体表现为以下几方面。

1. 海洋与陆地环境保护政策规定无法有效协调

在造成海洋环境污染的诸多原因之中，陆源污染是一个根源性的问题。原国家海洋局北海分局局长房建孟说过："海域污染治理的一个矛盾之处就

---

① 唐少曼：《海洋环境执法遭遇"一半海水一半火焰"》，《法制日报》2009 年 10 月 28 日。

在于，受污染的是海洋，最需要治理的环节却在陆地上，一些地方以经济发展为由，很少考虑到是否违反相关法律法规。海洋污染的'刽子手'一是陆域排污，二是海上开发。"① 针对这一问题，也有海洋环境的执法人员反映"环保分为陆上和海水两条线"。他认为，陆上的环保由各地环保局负责，海上的环保由海洋局负责，看似分工明确，但如果陆上环保局为了减少当地排污成本，"睁一只眼闭一只眼"让陆上企业往海中排污，海洋执法部门往往束手无策。"人家陆上环保局只听当地政府的，如果源头不环保，我们海监干着急，白忙活。"② 在具体的海洋环境问题上，大型水利工程对河口和近海造成的环境破坏属于典型的海陆分治结果。我国有些海洋环境问题发生在河口和近海，由主管海洋行政部门进行管理，但问题根源在大型水利工程，只有通过海洋主管行政部门与大型水利工程主管行政部门协商决策才能有效治理。③ 由此可见，虽然陆地和海洋在功能上和区域上均有着极大差别，但如果从生态环境来看，陆地和海洋并不存在严格界限，实现海陆统筹才是治理环境的良策。

2. 海洋管理与经济管理和土地管理等其他领域的政策无法有效衔接

我国目前在国家、地方和流域的尺度已经制定了很多的污染预防与控制规划，如《淮河流域水污染控制规划》《渤海碧海行动计划》等。但由于技术、经济及政策的原因，如水环境管理项目没有与资源管理规划和土地利用规划相衔接，没有融入国家和地方的国民经济和社会发展规划，导致这些规划基本上没有达到预期的水环境目标。例如，在制定和实施许多流域综合管理项目的同时，国家和省级层面也实施了许多海洋与海岸带综合管理项目。其中一个很重要的问题是没有将流域以及与流域相连的海域进行综合考虑。海洋管理与流域管理、海域管理与土地管理和地方行政管理不能很好地衔接，海洋与流域环境分而治之，资源与环境管理不能有效地统一综合，即

---

① 唐少曼：《海洋环境执法遭遇"一半海水一半火焰"》，《法制日报》2009 年 10 月 28 日。

② 唐少曼：《海洋环境执法遭遇"一半海水一半火焰"》，《法制日报》2009 年 10 月 28 日。

③ 中国海洋可持续发展的生态环境问题与政策研究课题组：《中国海洋可持续发展的生态环境问题与政策研究》，中国环境出版社 2013 年版，第 167—170 页。

缺少综合的流域—海洋管理战略规划。同时，我国的海洋环境管理与经济之间还缺少必要的协调机制。例如沿海区域都制定了各自的经济发展规划，发展重化工布局趋势明显。从单个项目环境影响评价结果看，每个项目都是可行合理的，但是没有考虑所有布局项目对海洋的累积和综合影响。海洋环境保护与沿海区域发展综合决策缺乏实质性融合。

3. 海洋管理部门间横向信息沟通低效，管理标准不一致

获得及时准确的决策信息是政府进行科学决策的前提和基础。在明确的行政组织架构下，海洋管理部门之间依据法律规定进行明确的职能划分和独立的权力运作无可厚非，但在海洋信息获取、监测和数据信息共享上应该进行合理的资源配置。信息共享并不影响各部门的管理独立性，甚至还会有助于职能边界的确定，有利于资源整合和跨流域的环境协同治理。然而，目前我国在流域和近海地区有多个监管部门在监测海域环境质量，各个部门监测标准不一，得出的数据也不一样，甚至相互矛盾，各个部门的数据不能共享。矛盾的数据对正确管理决策的制定提出了挑战。监控机构的重叠和部门的分割导致了资源浪费和决策失误。例如，环保部和国家海洋局每年分别向社会发布《中国近岸海洋环境质量公报》和《中国海洋环境质量公报》，关于海洋环境质量，环保部公布 I、II、III、IV 和劣 IV 水质所占比重，海洋局公布每类海水所占面积。不仅指标不同，数据也相互矛盾。①

4. 重要的环境问题政策缺失，缺少海洋环境的综合管理政策

由于我国特殊的海洋管理体制，海洋生态环境管理权限分散在中央各部门，各管理机关根据职能划分作出各自管理领域内的决策，制定部门性规章和政策。这些单项法规过分强调所管理的某种海洋资源及其开发利用的重要性和特殊性，而对其他产业部门及其他海洋资源开发利用的利益和需要考虑不足，造成中国海洋环境管理的法律政策虽然多，但行业性突出，缺乏统

---

① 中国海洋可持续发展的生态环境问题与政策研究课题组：《中国海洋可持续发展的生态环境问题与政策研究》，中国环境出版社 2013 年版，第 318 页。

筹，政出多门，导致一些需要部门间高度统筹协调的交叉管理领域政策缺失。例如农业非点源污染控制的政策缺失。近年来，随着点源污染治理取得成效，通过河流输入到海洋的陆源污染中，农业非点源污染所占的比重越来越大。全国第一次污染源普查结果表明，全国农业污染源 2007 年排放的化学需氧量达 1324 万 t，是工业源排放量的 2.3 倍（在重点流域更高达工业源的 5 倍）。来源于农业、农村的污染物通过径流输送，更影响到下游沿海地区水质和海洋环境。① 因此，农业污染源已经成为中国陆地和海洋水污染控制的突出问题，流域农村环境问题的治理已经刻不容缓。面对如此严重的境况，我国仍然没有农业非点源污染控制的相关政策出台，政策缺失问题严重。

二、蓝色海湾整治政策体系困境的成因

政策结果与制度设计往往存在相互影响、相互建构的关系。制度设计通常以政策制定为载体，而政策效果又深受体制设计和制度运行的影响。前文分析中的蓝色海湾整治政策体系碎片化问题形成有着深刻的体制和制度原因，对问题形成原因的分析和总结有利于更好地探寻问题解决之道。具体来说，蓝色海湾整治政策体系碎片化问题的形成原因有以下几点：

（一）"头疼医头、脚疼医脚"的传统决策理念

在我国蓝色海湾整治的历史进程中，无论是"渤海综合整治规划"还是"渤海碧海行动计划"，表面上看都是以渤海作为整治的对象，其具体内容都是围绕渤海环境治理展开的，但在其具体行动策略和控制项目中，已经将渤海环境问题进行零散化拆分。例如，《渤海碧海行动计划》的行动策略是："根据碧海行动计划指导思想要求，为使环渤海地区进入可持续发展的轨道，要对富营养化、有机污染、石油污染及其他污染及非污染性破坏等不同环境及生态问题采取不同的控制策略。行动计划按环境管理、污染源治

---

① 中国海洋可持续发展的生态环境问题与政策研究课题组：《中国海洋可持续发展的生态环境问题与政策研究》，中国环境出版社 2013 年版，第 173—176 页。

理、非污染破坏控制、生态恢复及各种类型生态技术开发利用（如生态农业、生态渔业、生态养殖、生态修复、生态工业园区、污水和废渣资源化等绿色经济手段）等方面进行设计。"据此提出污染源控制策略，其具体的控制项目包括：工业污染源控制、城市生活污染源控制、陆地非点源控制、污水资源化利用、海上流动污染源控制、城市生活污染源控制、陆地非点源控制、污水资源化利用、海上流动污染源控制、重大涉海污染事故控制、养殖排污控制等。[①] 在制定和执行具体政策策略时，以各个污染源控制策略为指导，由各部门根据自己的管理职能进行相应决策行动。这样的政策执行在行政体制框架下的合法性无可厚非，但以部门职能权限划界，也自然而然地把海湾环境问题的整体性割裂开来，忽视了各个污染源之间的内在联系，也难以产生整体性的污染治理政策。

对环境问题的诊断和治理跟为人类诊病有异曲同工之处。由于自然环境的特殊性，环境污染表现出来的位置、地域、程度、危害等等都不简单是我们的直观所见，很有可能问题的表现与产生问题的病因难以直接联系在一起，仅凭数据、监测、表象难以确定根源所在。进一步说，即使环境问题的产生根源可以准确诊断，但对症下药时只专注于医好某一个"器官"并不能根治问题，必须对所有"病源"进行全面检查诊治，才能使疾病得到彻底治愈。一直以来，对海洋环境问题的整治，我们看似对胶州湾、渤海湾等进行整体性的评价监测，但实质上是根据监测数据将问题进行细化拆分。对环境问题的归类细分后应将原因探讨和解决对策纳入到一个整体性的治理框架之中，由各管理部门联合决策才能彻底治理环境。然而，实际的决策行动过程仍是分块就医，头脚分治，碎片化的决策理念致使海湾环境整治难以达到整体性治理的效果，政策体系表现出了明显的碎片化问题。

（二）政府体制中的条块矛盾关系引起决策冲突

学术界对于政策优化与体制改革这两个问题常常放在一起讨论，在进

---

① 　王琪等：《公共治理视域下海洋环境管理研究》，人民出版社 2015 年版，第 246 页。

行政策失灵分析和体制弊病诊断的时候，二者间孰是因、孰是果的关系不同学者从不同角度都有各自的观点。但无可厚非的是，政府本身也是具有明确利益诉求的决策主体，公共决策的利益博弈中政府并不是绝对的中间派。政策失灵问题的形成逃不开行政体制的影响，也离不开固有行政决策体制中政府利益话语的作用。笔者认为，周雪光从组织社会学的角度对权威体制与有效治理之间的矛盾归因能够非常好地总结当代中国国家治理的制度逻辑，认为我国政府体制中条块关系的矛盾能够很好地解释政策执行变通和共谋行为。① 或者说，我国政府体制中政府间的条块关系形成了公共决策中不同层级、不同部门之间的政府关系，这些关系在未被捋顺的情况下形成了体制边界内的部门决策，从而导致了政府部门间的决策冲突，造成政策体系的碎片化。

通过前文分析可知，在我国海洋环境管理中，政府主体包括海洋行政主管部门、环保行政主管部门、渔业行政主管部门、海事行政主管部门、军队环境保护部门以及县级以上各地方政府，关系复杂，横纵交织，从而形成了海洋环境决策中的多个利益关系链条。海洋环境决策的条块矛盾就隐藏于这些政府间的相互关系之中。② 具体来说，这些关系包括（1）涉海区域机构与地方政府之间的关系，也就是海洋环境管理中的中央与地方关系。区域机构代表中央意志，要求严格贯彻中央制定的海洋环境管理政策，而地方政府在海洋环境管理工作中，受限于环境保护和 GDP 考核间的紧张关系，常常出现"上有政策、下有对策"的政策变通执行，造成中央与地方间的政策矛盾。（2）区域内地方政府之间的关系。在我国区域海洋环境管理中，海洋环境表现为跨区域、跨流域的整体性特点，但同级政府之间缺少沟通，只是强调在区域海洋环境管理中各自的管理内容和权力责任，缺少相互合作的积极性和主动性。（3）涉海各部门之间的横向关系。海洋环境区域管理部门间关系包括环保部门与海洋环境保护部门以及海洋环境保护部门与其他涉海行

---

① 周雪光：《权威体制与有效治理：当代中国国家治理的制度逻辑》，《开放时代》2011 年第 10 期。

② 王琪等：《公共治理视域下海洋环境管理研究》，人民出版社 2015 年版，第 108—112 页。

业部门之间的关系两大类，处于矛盾的对立统一关系。我国海洋环境管理的中央涉海部门包括海洋、环保、渔政、海事及军队五大部门；在地方，涉海部门的设置并没有与中央一一对应，许多地方涉海机构设置不同，其职责权限存在差异。这些部门之间由于管理的内容目标并不完全一致，且处在同一体制层级，级别平行，所以协调起来十分困难，经常出现各自为政的现象。

对于蓝色海湾整治这一综合性环境治理项目而言，政策是政府直接应用于项目指导的工具手段，各主体通过践行具体政策展开行动。就政策的直接作用而言，政策失效是蓝色海湾整治失败的第一层原因。再进一步分析，政策是政府为了实现治理目标运用决策权力制定的一系列规定和条例的总和，是国家在一定时期内具体体制框架下的政治产出结果。蓝色海湾整治政策碎片化问题的直接成因当是我国政府体制下的条块关系，政府之间的各个关系序列相互交错，职能权限划分不清、相互重叠。对于体制改革及政府间关系的探讨始终是学界研究的热点，然而其难度和所需的时间也与其话题热度成正比。在这里需要说明，明确海洋管理体制条块矛盾对蓝色海湾整体性政策的影响，最大的作用是厘清这一体制下复杂的政府间关系。虽然体制改革难度极大，整合政府关系困难重重，但如果突出政策体系的工具性，将公共政策看作是政府海洋环境治理的具体手段，那么就可以尝试仅从技术工具角度探讨如何克服当下的体制弊病，探寻适应海洋管理体制条块关系的有效决策机制，从而实现蓝色海湾整治政策的整体性和统一性。

（三）"倒锥"形政策层级结构中缺少政策实施细则

在海洋管理的纵向层级体制结构下，我国海洋环境治理政策也有相应的层级划分。在我国海洋环境政策体系中，国家法律及中央政府各个海洋管理部门制定的法律和政策是元政策，是海洋环境治理行动的顶层设计，县级以上各级地方政府及海洋环境管理部门制定具体政策和行动策略。通过对现有海洋环境法律政策的梳理，可以发现在顶层设计之中，国家法律和中央政策对各部门、各层级政策的海洋环境管理职能权限做了明确规定，对各类海洋环境问题制定了相关管理标准，政策内容更加完整，政策体系更加完善。地方各级政府的海洋管理部门在国家顶层设计指导下，根据各地区实际情况，制定本区域的海洋环境治理政策。虽然我国各地区政策总量大，但从政策内容的覆盖面和完整性看，中央层面的海洋环境政策内容相对更加全面，政策体系更加完整。然而，中央政策的特点是政策目标清晰，政策内容全面，但是并没有给出明确的政策实施细则。在各地方政府落实中央政策的时候，更多的是进一步强调中央政策的正确性和紧迫性，也很少可以制定出具体可行的行动策略，海洋环境政策体系的顶层宽、基层窄的倒圆锥形结构就此形成，如图 3–2 所示。

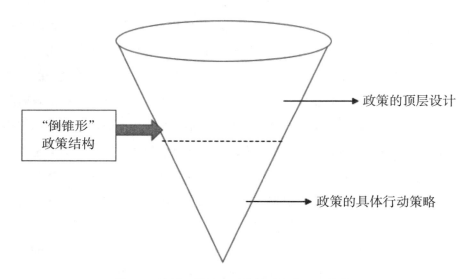

图 3–2　海洋环境治理政策的"倒锥形"结构

从图中可以看出这一政策体系结构上宽下窄，即政策的顶层设计更加完善，政策内容覆盖面宽，但基层的具体行动策略数量少，政策内容狭窄。所以形成的倒圆锥形政策结构必然稳定性差，政策体系难以长久维系。另外，由于中央的海洋行政管理部门不仅有政策制定权，也有政策的执行权力，所以政策配套实施细则不完善一定程度上造成了中央政府的政策执行困难，带来了海洋环境联合执法中中央政府与地方政府的执行冲突。对地方政府而言，政策体系没有详细的行动策略，等于给了地方政府政策执行过程中更大的自由度和裁量权。当遇到政策冲突时，没有明确规定也就无法选择政策依据，政策执行可以根据政府的自身利益更加随意转变。

（四）蓝色海湾整治的政策过程不完整

西方公共政策学创始人拉斯韦尔在《决策研究的技巧》一书中，通过对政策学科理论的深入研究，创造性地提出了政策过程的七功能理论。他在对政策过程进行探索的过程中，渐渐将注意力集中在政策过程中的各种功能活动上，提出了包含七个因素即情报、建议、规定、行使、运用、评价和终止在内的"功能过程理论"。这七个因素的依次关系也是对政策运行过程的完整描述，为形成政策过程理论范式奠定了基础。① 这一政策学的过程研究范式虽然遭到了很多批评和质疑，但如今仍是政策科学研究的主流。我国的政策学者对政策七功能论加以本土化引介，将政策过程划分为政策议程设置、政策制定、政策执行、政策评估、政策监督与调整、政策终结六个环节，每一过程均有重要作用，对政策结果具有重要影响，政策过程的完整与有序循环是政策效果的重要保障。

从蓝色海湾整治政策实践来看，政策制定和政策执行环节被政府和学界给予了足够的重视，包括通过海洋环境监测收集决策信息、海洋专家智库对决策体系的支持、海洋环境联合执法力量的重塑等。但是，对海洋环境政策的评估、调整和终结环节是相对缺失的。政策评估能够根据政策实施效果及时提供准确的信息支撑政策调整和环境治理评价，政策终结能够及时取消过时和错误的政策文件，保证政策的实时优化更新，确保政策实践效果。然而，在我国海洋环境治理中，现有的海洋环境监测与评价虽然能够监督海洋环境的变化，但对海洋环境治理的影响因素众多，不能直接对政策本身的执行效果进行评价。那么，政府投入了大量时间、资源和精力的蓝色海湾整治行动效果便无法有效衡量，政策也不能得到及时的反馈修正。

另外，政策终结过程的缺乏是某些造成海洋环境政策执行困难的主要原因。我国的海洋环境政策体系自 1982 年《中华人民共和国海洋环境

---

① 　王春福、陈震聃：《西方公共政策学史稿》，中国社会科学出版社 2014 年版，第 50—52 页。

保护法》颁布以来逐渐形成完善，当前大多数在实践运行和指导政府行为的政策文件制定于20世纪80、90年代，并且多年来没有做过修订。政策体系建立至今的30多年来，国家行政体制改革逐步深化，海洋环境问题种类数量不断增加，面对日渐变化的政策环境，政策并没有及时作出修正、调整、更新和终结，就等于落后的工具手段仍在环境治理的第一线工作，必然会出现大量政策规定不合理、不科学，政策工具不适用实际情况等问题。用落后的政策规定来指导当前的政府行为，必定存在政策规定与实际情况不符的矛盾，政策执行难以取得理想的效果。所以，政策过程缺失是造成政策与实际脱节、政策调整不及时和政策低效等问题的深层原因。

（五）跨区域、跨部门的海洋环境决策缺少沟通协商机制

政策失灵可以追溯体制原因，因为是体制问题致使决策权力无法有效有序运转导致政策混乱；同样，政策提升也可以从机制下手，因为有效的决策机制可以在体制框架下运用技术和工具手段提升政策实践效果。所以，无论是政策内容本身的矛盾冲突，还是不同部门、不同层级、不同区域、不同领域之间的政策不衔接，都可以通过协商沟通解决或缓解。海洋环境问题的整体性、流动性和跨区域等特点并不是后天形成的，我国海洋管理体制中的条块矛盾也是早已有之，所以在《海洋环境保护法》《渔业法》《海域使用管理法》等一系列法律法规中早已预见政府部门之间需要协商沟通，才能协作治理海洋环境问题。例如，我国《海洋环境保护法》第八条规定："跨区域的海洋环境保护工作，由有关沿海地方人民政府协商解决，或者由上级人民政府协商解决。跨部门的重大海洋环境保护工作，由国务院环境保护行政主管部门协调，协调未能解决的，由国务院作出决定。"《渔业法》规定："江河、湖泊等水域的渔业，按照行政区划由有关县级以上人民政府渔业行政主管部门监督管理。跨行政区域的，由有关县级以上地方人民政府协商制定管理办法，或者由上一级人民政府渔业行政主管部门及其所属的渔政监督管理机构监督管理。"

由上可以看出，我国海洋环境管理的相关法律法规早已针对官僚行政

体制中部门等级严格划分的情况规定了政府间的协商沟通决策，但由于这一规定太过笼统，仅具有一定的指导作用，对如何沟通、如何协商并没有作出程序性规定或出台配套的协商决策实施细则，所以，面对跨区域、跨部门的海洋环境问题时，这一规定更多表现为一种象征性的功能。要想真正实现政策体系的协同和决策部门间的协商，构建起海洋环境的整体性政策体系，就必须建立起有效的政府间沟通协商机制，通过科学有效的机制设计来克服体制中的矛盾冲突问题。

三、政策协同：蓝色海湾整治政策体系困境的突破点

关于政策协同有许多提法，虽然形式不同，但其含义基本一致。如"一致的政策决策"（Coherent Policy-making）[1]、"跨界政策决策"（Cross-cutting Policy making）[2]、"联合政策"（Joined-up Policy）[3] 以及"政策一致"（Policy Coherence）[4] 等都具有相似的概念界定。对于政策协同本质的理解，西方学者主要有目的论和过程论两种解读方式。从目的角度看，政策协同可以理解为一种特别的治理方式。梅吉尔斯和斯蒂德将政策协同定义为政策制定过程中跨界问题的治理，所谓跨界问题是超越既有政策领域边界的问题，这些问题常常无法由单独责任主体独立解决。[5] 政策协同同时也是政府的运行过程。例如希尔克指出，政策协同与其说是目标，不如看作是一种过程，

[1]　OECD. "Building Policy Coherence：Tools and Tensions", *Public Management Occasional Papers*，No.12，1996.

[2]　Cabinet Office，*Wiring it up*：*Whitehall's Management of Cross-cutting Policies and Services*，London，2000.

[3]　D. Wilkinson and E. Appelbee，Implementing Holistic Government：Joined-up Action on the Ground，Bristol：Policy Press，1999.

[4]　Lyndsay McLean Hilker，*A Comparative Analysis of Institutional Mechanisms to Promote Policy Coherence for Development*，OECD Policy Workshop，Brighton，2004.

[5]　Evert Meijers and Dominic Stead. "Policy intergration：What Does It Mean and How Can It be Achieved？ A Multi-disciplinary Review"，*paper presented at the 2004 Berlin Conference on the Human Dimensions of Global Environmental Change*：*Greening of Policies Interlinkages and Policy Intergration*，Berlin，2004.

在这个过程中政府部门通过"互相对话"（talk to each other）来设计政策，以努力实现各项政策间的冲突最小化和配合最大化。①

基于以上理解，综合目的和过程两个角度，政策协同的含义可以概括为：不同政府及政府部门通过沟通对话使其公共政策相互兼容、协调、支持以解决复杂性问题和实现共同目标的方式。也就是说，政策协同"使政策制定不再是单边行动，而是双向调整，这种调整使政府谋求与其本来所选政策不同的政策"，是"政府结构和活动的整合，以减少交叉和重复，以及确保共同目标不被一个或多个单位的行动所妨碍"。② 政策协同的目标是寻求一致性、连贯性、综合性以及和谐兼容的政策产出，主要包括五个具体要求：确保单项政策或项目的目标和要素之间的连贯性和一致性、确保一套相互作用的政策或项目之间的连贯性和一致性、确保政策在一个或多个部门或机构内转换成一套连贯一致的行动、确保基层的服务提供是一系列连贯的和一致的综合项目以及确保公众直接享用的服务是由他们所希望的连贯的和一致的综合项目组成的。

政策的功能就是要解决公共问题，实现公共利益。随着社会发展的转型和市场体系的建立，国家治理中的社会问题愈加复杂。这些复杂问题往往跨不同领域，问题形成原因之间相互交错，难以通过一个部门制定一个政策可以圆满解决。跨界性强和边界磨合的公共政策问题可能跨越多个政策领域，在政治、经济、文化、生态、科技等方面相互交融；问题的性质和参与主体十分复杂，涉及多个部门、阶层、地区。政策协同的基本功能就是充分发挥政策组合的优势来解决这种复杂的公共问题，从而实现跨部门、跨区域政策问题的整体性治理。实现蓝色海湾整治的政策协同意义具体包括以下几点。

---

① Lyndsay McLean Hilker, *A Comparative Analysis of Institutional Mechanisms to Promote Policy Coherence for Development*, OECD Policy Workshop, Brighton, 2004.

② Herman Bakvis and Douglas Browny, "Policy Coordination in Federal Systems：Comparing Intergovernmental Processes and Outcomes in Canada and the United States" *The Journal of Federalism*, No.3, 2010.

（一）避免政策间的外部性

由于政策问题具有复杂性和关联性，但同时公共决策权力是分散和分权化的，不同级别和部门之间的政策必然存在"外部性"问题，表现为政策间的冲突和矛盾，从而难以形成政策合力来解决复杂的公共政策问题。例如，经济政策在推动经济社会发展的同时必然会对资源环境可持续发展产生一定的负外部性；不同层级、不同部门之间的政策也有可能产生矛盾。借鉴梅吉尔斯和斯蒂德的观点，解决这类问题的办法就是实现政策协同[1]，因为相互协调的政策框架可以从根本上避免不同政策间的不利影响。

（二）降低政策运行的"交易成本"

交易成本是新制度经济学的分析概念，表示为了完成市场交易需要发现谁是所期望交易的对象、告知他愿意与之交易和就何种方式进行交易、开展谈判来讨价还价、起草交易契约、进行监督以确保契约中的条款得以履行等导致的成本。[2] 政策运行过程中也会存在大量交易成本，尤其是当政策之间互不协调、相互矛盾冲突的时候，会产生政策之间相互抵消的"摩擦力"，这种力量会增加政策制定和执行的机会和时间成本。政策成本主要包括政策协调成本、政策决策和执行成本以及政策的机会成本，政策协同、尤其是高度的政策协同能够保证各个政策在基本方案和准则上的一致性，从宏观上可视为整体性的一体化政策，在运行过程中能够最大限度地降低各类政策运行成本。[3]

（三）有效利用有限的政策资源

公共政策的制定和执行需要在一定的社会经济状况之下，有充足的物

---

[1]　Evert Meijers and Dominic Stead，"Policy intergration：What Does It Mean and How Can It be Achieved？ A Multi-disciplinary Review"，*paper presented at the 2004 Berlin Conference on the Human Dimensions of Global Environmental Change：Greening of Policies Interlinkages and Policy Intergration*，Berlin，2004.

[2]　Ronald H. Coase，"The Problem of Social Cost"，*Journal of Law and Economics*，No.3，1960.

[3]　朱光喜：《政策协同：功能、类型与途径——基于文献的分析》，《广东行政学院学报》2015 年第 4 期。

质资源和经济资源等作为有效支撑。社会问题进入政府的决策议程需要政府有能力且有足够的资源保证去解决问题。面对复杂的公共政策问题，政策制定环节更需要消耗大量的人力、物质、经济资源。有限的公共资源需要有效合理的分配，才能充分保证政府职能的实现。要提高政策效率，既要从整体上合理地确定资源分配的优先次序，更要保证各个部门、各个领域政策间在资源分配的优先次序上一致。相对于各自孤立甚至相互冲突的政策，相互协同的政策由于具有相同的目标和协调机制，能够比较好地解决资源分配优先次序的一致性问题。

政策协同是当代政府治理和解决复杂性问题的重要方式，也是国家政策结构和政策关系安排的基本目标。政策协同为缓和我国经济发展和环境保护之间的矛盾提供了思路，为跨区域、跨部门之间的环境整体性治理提供了解决办法，为蓝色海湾整治过程中海陆统筹提供了理论指导。

第三节　蓝色海湾整治政策体系的优化策略

蓝色海湾整治政策体系中存在的政策冲突问题不仅会导致资源浪费，影响政策的效果，而且破坏政策和政府权威，影响政府公信力。碎片化作为政策冲突表现的整体概括，是政策领域中一种难以消除的现象，但鉴于政策对海洋环境治理的重要作用，必须采取措施减少政策冲突的发生概率，尽量做到部门间的政策协调，将政策冲突的影响降低到最小范围。

一、建立政策价值观引导机制，树立正确的政府决策理念

公共政策价值是权力决策主体具有的政治意识、政治观念和行为导向，能够直接影响甚至决定公共政策结果，所以，现代化的治理理念缺失和政策价值冲突是造成海洋环境决策错误的重要原因。公共政策中的价值冲突表现在两个方面：一是政策本身存在不同的价值追求，这些价值观之间存在冲突；二是政策主体的不同政策价值观之间的冲突。公共政策是对社会价值的

权威分配，如何分配？是以"功利主义"为价值指导追求"最大多数人的最大幸福"，还是以公平为价值指导，重视被忽视的少数人？[①] 公共政策归根结底是由人制定的，政策主体的价值观和态度会在政策中反映出来，不同政策主体之间的价值观存在不一致和冲突体现在公共政策中则会造成政策之间的冲突。

在蓝色海湾整治过程中，对于政策本身的价值取向冲突，需要政府树立正确的政绩观，政策目标设定既要注重效率又要注重公平，既要考虑经济发展的现实需要，也要兼顾环境生态可持续发展的长远利益；既要关心所辖区域内内陆社会经济发展的需求，也要考虑海域空间经济和环境的协调长远发展战略。对于海洋发展、海洋环境发展具有足够认识的同时，也要意识到政府决策过程中可能存在政策冲突的情况，要具有充分的全局眼光和战略意识。对于一些地方或领导的不正确政绩观造成的有失公平、以生态环境换经济发展等实行问责，2015 年 7 月中央全面深化改革领导小组第十四会议审议通过了《环境保护督察方案（试行）》《党政领导干部生态环境损害责任追究办法（试行）》，明确要求对因不正确的政绩观造成环境损害的领导干部，不论是否已调离、提拔或者退休都要严肃追责。当然，正确的政绩观的树立需要通过教育、宣传等方式使其内化为领导干部的内心信仰，但在重经济轻环境观普遍盛行的情况下加强追究与问责，加大不正确行为的成本不失为扭转观念的有效措施。对于政策主体之间的政策价值观差异，需要加强相互之间的协调与沟通，了解对方的价值诉求并适当作出妥协退让以达成政策合意。

二、构建有效的部门间决策沟通协商机制

蓝色海湾整治政策体系内部存在各类矛盾冲突，归根结底是海洋管理体制问题造成的。我国法律将海洋生态环境问题划分为海洋工程污染、海岸工程污染、陆源污染、石油泄漏污染、渔业污染等等，根据问题的不同领域

[①] 吴光芸：《公共政策学》，天津人民出版社 2015 年版，第 338—343 页。

划进多个管理部门的职能范围，各个管理部门有权在自己的职能范围内单独决策。但是，这种对海洋环境问题的划分仅是从问题表象上的简单拆分，忽略了环境的流动性和环境问题之间的密切相关性。简单针对某个问题进行治理决策就相当于"头疼医头、脚疼医脚"的治理策略，并没有对各个问题表象之间相互关联的深层原因深入剖析，必然难以对问题进行根治。

在此基础上，我国海洋管理体制进行了纵向上和横向上的"条""块"分割，对同一片海域环境问题从中央到地方，从渔业厅到海事局均有管理权限，这便形成了历史上的"五龙治海""九龙治水"的现象。2013 年根据党的十八大会议精神要求，按照"大部制"改革方案及《国务院机构改革和职能转变方案》组建了一个新的机构——中国海警局，将国家海洋局的海监总队、农业部的渔政局、公安部的边防局（海警部队）、海关总署缉私局的海上缉私力量进行整合而成。2018 年，海警队伍整体划归中国人民武装警察部队领导指挥，调整组建中国人民武装警察部队海警总队，称中国海警局，中国海警局统一履行海上维权执法职责。中国海警局的成立一度让全国上下海洋工作者看到五龙治海时代的结束，海洋管理大一统时代来临的希望。然而，直到今天，类似渤海湾这样海洋环境严重污染的海湾环境并没有得到根本改善，各类海洋生态环境问题并没有得到有效遏制，各个海洋管理部门之间各自为政、政出多门的问题并没有得到有效改善。

从公共政策分析的角度看，中国海警局整合的是各个海洋管理部门的执法力量，整合后在海洋环境执法行动的协调统一上能够得到一定程度的提升，但这也仅限于政策执行过程，对于政策制定这一具有根本性影响作用的环节并没有实质性的变化。海洋环境执法只是在政策制定之后，将有效政策落地执行的过程。执行效果好坏最主要取决于政策制定是否科学合理。海警局的成立并没有对各个决策机构的决策主体进行整合，没有对决策过程进行改革，也没有建立行之有效的多元主体决策的协商沟通机制，仅是整合了政策执行力量，这必然不能真正解决"五龙治海"问题。

根据前文的分析可知，《中华人民共和国海洋环境保护法》里已经明确提出了针对跨区域的海洋环境污染问题，由相关管理机关协商决定，这说明国家顶层设计能够明确认识到协商沟通可以缓解海洋管理条块体制带来的冲突矛盾。但海洋环境政策体系发展至今日，仍然没有颁布制定任何一部法律政策能够对部门间、层级间决策主体有效沟通协商作出详细规定，给出一个决策协商的程序性操作规范。所以，必须建立一个海洋权力主体间能够实现有效沟通协商的机制，强制性、规范性、程序性地实现不同层级、不同部门之间决策沟通，让政府能够充分表达本部门的利益诉求和价值偏好，实现部门间利益偏好的转换与整合，最终在层级政府和部门政府利益共识基础上为海洋环境决策注入动力，实现整体性政策体系的构建。

三、完善蓝色海湾整治的政策过程

在我国的海洋环境政策过程之中，除了一直关注和研究的政策制定和政策执行过程外，缺少后政策执行阶段的全部重要的环节，包括政策评估、政策监督调整和政策终结的过程。政策评估通过对政策执行效果的考核，可以衡量和评价政策本身是否存在问题，为政策执行后的奖励表彰和责任追究提供具体依据，也能够为政策是否需要终结和修正提供参考。政策监督调整有利于保证有冲突的政策迅速反映到政府部门，及早治理，减少政策冲突带来的影响。政策终结能够保证及时结束过时的、错误的、不适用于当下政策环境的政策文件，保证政策的与时俱进和实时更新，保证政策的有效性和适应性。

（一）注重政策效果评估，建立政策绩效评价机制

公共政策评估是贯穿于全部政策过程的一项十分重要的政策活动。正确地进行政策评估，不仅是正确有效地开展政策活动的重要保证，而且对提高政策活动的质量和水平有重要价值。也只有通过政策评估，决策主体才能判断一项政策是否收到了预期效果，进而决定这项政策是应该继续、调整还是终结；通过政策评估，也可以总结政策执行的经验教训。建立政策绩效的评价机制，首先必须建立起科学量化的政策评价指标体系，将影响海洋环境政策执行效果的各个因素进行量化分析，兼顾政策的工具理性和价值理性，构建出可参照的、客观准确的评价指标体系；其次，遵循一定的程序和方

法，有计划、有步骤地进行政策评估活动。

（二）适时调整政策，建立政策监督反馈机制

我国的政策监督与反馈机制还不健全，作用发挥有限，主要是同体监督、异体监督中社会公众的参与力度不够，政策接受社会公众监督的主动性与积极性不高有关。加强海洋环境政策运行中的监督力度首先需要发挥各种监督方式的作用，使上行监督、下行监督、专门监督、社会监督和舆论监督等都能发挥监督的作用；其次，推进法制建设，把政策监督与评估、反馈等纳入法制化进程，明确各监督主体的权限与职责。完善独立的监督机构的建设，明确其余政策制定主体间的相互独立地位，保证监督的客观、公正。同时需要保证监督机构的独立性，确保其不受政策部门的影响与控制。政策反馈是政策过程中一个起中介作用的环节，它的作用是把政策执行过程中出现的问题及时地反馈到政策相关部门，以便能够及早发现和处理问题。政策反馈机制是一种事后处理机制，有利于发现问题及时补救。完善的政策追踪反馈需要政策部门建立常态的、稳定的政策追踪反馈机制，积极主动地追踪政策进程进展情况，并及时作出政策调整。

（三）保证政策与时俱进，建立政策终结机制

政策终结是政策周期过程的最后一环。决策者在政策评估获得政策结果的信息后，必须对政策的去向作出判断和选择，是继续调整这项政策？还是终止这项政策？我国当下运行的海洋环境法律政策绝大多数是20世纪80年代制定的。政策文件中所选用的政策工具、行政处罚手段和标准并没有适时更新，很多针对企业用海行为的罚金数量在经济高速发展的今天已经起不到足够的警示处罚作用，致使企业海洋环境污染的法律成本降低，海洋环境政策效果不高。针对此类过时的、不适应当下环境的政策应及时终止，这就意味着该项政策生命的结束。及时终止一项多余的、无效的或已完成使命的政策，有助于提高政策的绩效。政策终结并不是人们想象中的那样自然而然的结束过程，而是一种需要采取行动的过程。由于政策终结涉及一系列的人员、机构和制度等复杂因素，因此，政策终结必须有相应的游说办法、利益协调机制、政策稳定机制作为支撑。

四、"互联网+"时代基于大数据平台实现决策信息共享

充足的信息是决策的依据，巴纳德认为共同的目标、协作的意愿以及组织成员的相互沟通是组织存续的三要素，而连接前二者的正是信息沟通。① 阿尔蒙德把有信息传播构成的沟通网络称为"政府的神经"②。公共政策的制定必须以充足、全面的信息为基础，政府内部的信息传播分为纵向和横向两个方向。纵向的信息传播往往需要经过多个层级，在传播过程中容易被传播者选择性加工、过滤，信息失真的可能性很大，容易造成上下级之间的信息不对称；横向的信息沟通是平行传播，但横向的信息传播不存在等级关系，不是硬性的任务规定，各主体往往不愿意主动获取或传播政策信息，使地方政府或政府职能部门间形成一个个信息孤岛，各部门都只依据自己获得的片面信息来决策。而且受信息收集成本的限制，一些决策预期收益难以抵消信息的获取成本，或者一些决策信息的收集难度大，决策部门往往难以收到充足有效的信息，当信息收集的成本超过了决策者的预期收益时决策者会选择放弃。在海洋环境治理中，各级政府及相关部门的决策中缺乏充分的信息交流与传播，各级政府及职能部门在决策时只以小范围的信息为依据。

为有效地治理政策冲突，必须扩大政策信息在各级政府之间及职能部门之间的交流，拓展信息的收集渠道。首先，需要扩大政府机构内部的横向和纵向交流，建立常态的、经常的信息交流机制，使机构之间能够经常互通信息。其次，完善信息沟通规则和程序。信息沟通规则和程序不完善容易导致某些沟通环节脱落，如该反馈的信息没有得到反馈，影响决策的质量。第三，利用现代化技术，扩展信息收集渠道，推进行政组织的信息化建设。在当下社会，"互联网+"时代和大数据技术就是政府间信息沟通机制建设的

---

① ［美］巴纳德：《经理人员的职能》，孙耀君等译，中国社会科学出版社 1997 年版，第 62 页。

② ［美］加布里埃尔·A.阿尔蒙德、小 G. 宾厄姆·鲍威尔：《比较政治学：体系、过程和政策》，曹沛霖等译，上海译文出版社 1987 年版，第 166 页。

良好契机。大数据技术能够推进政府数据开放共享管理体制机制建设，为政府数据开放提供建设与管理平台，应用大数据推进政府的管理创新，实现部门与地方数据的共融互通。大数据技术和现代信息技术的发展提高了信息传播的效率，利用现代网络和通信技术，构建行政组织的沟通网络；同时扩大信息的收集渠道，发挥社会公众在信息沟通中的作用。

第四章　蓝色海湾整治中的环境
风险识别及其管控

我国海湾众多，分布广泛，因不同的地理位置，海湾开发及生态环境问题也不尽相同。在蓝色海湾整治中，也面临着诸多风险，尤其是环境风险，是其风险防控的重点。应先对海湾整治的风险进行分析与识别，明确海湾环境风险的生成及扩散机理，评估风险特征及生态环境问题，对症下药，采取应对措施，对海湾环境风险合理管控，促进海湾可持续发展。

第一节　海湾环境风险的基本范畴

一、海湾环境风险的含义

1986 年，德国社会学者贝克提出了著名的"风险社会"论断，认为在晚期现代性社会中，风险已经代替物质匮乏，成为社会和政治议题关注的中心。[①] 风险一词可追溯到大航海时期，风险的概念被理解为冒险，并且与保险的概念紧密相关[②]，这意味着风险是具有一定危险的可能性，或者说

---

① ［德］乌尔里希·贝克：《风险社会》，何博闻译，译林出版社 2004 年版，第 15—19 页。
② ［德］乌尔里希·贝克、约翰内斯·威尔姆斯：《自由与资本主义：与著名社会学家乌尔里希·贝克对话》，路国林译，浙江人民出版社 2001 年版，第 119 页。

是有可能发生危险、形成灾难。随着工业化的发展，风险逐渐演化为一种现代化发展引致的危险和不安全感的方式①，其包含了三种要素：（1）某种对人类有价值的东西受到威胁；（2）某种结果可能要发生；（3）不确定性的存在。②

按照风险领域的标准，环境风险是风险在环境领域的一个子系统。对于环境风险，学界对它的认识经历了四个阶段：（1）对环境风险认识的起点始于自然科学领域，关注生态系统本身的风险，它探究自然活动以及人类活动对相关生态环境、生态系统的潜在危险，从而将"环境风险"界定为"有关环境的风险"。（2）对环境风险的认识丰富于经济学领域，倡导"可接受"的风险理论，即没有绝对安全或者零风险的现实状态存在，只要面对的环境风险是我们可以接受的，那就是安全的。（3）对环境风险的认识加深于法学等传统社会科学领域，坚持环境风险的风险预防原则，认为只要感觉到某种行为具有威胁性和风险，就应该停止行动，而不必进行因果关系的有效证明。而且，在此基础上，如果必要，还需要进一步进行预防的措施和行动。（4）对环境风险的认识拔高于社会学和心理学，将环境风险的客观状态延伸到主观状态，环境风险既是来源于实实在在的外部危险，也可能来自我们内心的恐慌。尤其当我们无法控制这种恐慌时，就可能引发社会的巨大灾难。代表理论是道格拉斯和维达夫斯基的风险文化理论。王刚（2017）将这四个阶段的环境风险认知维度概括为经济维度、安全维度、心理维度、生态维度③，指明了对环境风险内涵及特性的认知，是"有关环境的风险"，以及"因由环境引发的社会风险"两个方面的综合。具体到四个认知维度，生态维度将环境风险界定为"有关环境的风险"；经济维度和安全维度将环境风险界定为"有关环境的风险"以及"因由环境引发的社会风险"；心理维度

① ［德］乌尔里希·贝克：《风险社会》，何博闻译，译林出版社2004年版，第18—19页。
② ［英］尼克·皮金、［美］罗杰·E.卡斯帕森、保罗·斯洛维奇：《风险的社会放大》，谭宏凯译，中国劳动社会保障出版社2010年版，第43页。
③ 王刚：《环境风险：思想嬗变、认知谱系与质性凝练》，《中国农业大学学报》（社会科学版）2017年第1期。

则认为环境风险为"因由环境引发的社会风险"。①

自此，我们对于环境风险的定义有了一个明确的印象：在客观一面，环境风险是由自然灾害等原因和人类活动所引起的，通过环境介质进行传播的，会给自然环境和人类社会带来破坏、危害甚至毁灭性后果的事件发生的概率及其后果。② 在主观一面，环境风险在传播的过程中，与社会心理、社会认知、社会信任、社会结构等社会变量相互作用，实现了环境风险的社会建构，以及技术风险和社会风险在相互交织与作用过程中的共同呈现。③

2015 年 3 月 28 日，国家发展改革委、外交部、商务部联合发布了《推动共建丝绸之路经济带和 21 世纪海上丝绸之路的愿景与行动》。随着海洋经济的发展，国家对蓝色海洋越来越重视。与此同时，一次又一次的海洋事件，例如 2010 年大连新港"7·16"油污染事件、2011 年蓬莱 19-3 油田溢油事故、2011 年日本福岛核泄露事故，让人们意识到海洋也存在环境风险。尤其是海湾这样一种连接着陆地和海洋的中介地带，更是环境风险高发区，因此海湾环境风险这个名词也渐渐出现在人们的视野中。

到目前为止，海湾环境风险仍是一个经验性的概念，现在并没有一个统一的定义，然而它也并非是海湾和环境风险的简单合成，海湾环境风险的概念有独特性的内涵。海湾作为人类获取海洋资源的生产和生活场所，它是人类活动作用于海洋最为频繁的地方。港口密布，集聚船舶业、旅游业、海洋渔业、海洋化工业、海洋交通运输业、海洋油气业、海洋综合利用与电气业等，生态系统极易受到人类活动的干扰。这样一个综合了岸陆域生态系统、滩涂生态系统和浅海海洋生态系统④，同时也是人类活动频繁的复合生

---

① 王刚：《环境风险：思想嬗变、认知谱系与质性凝练》，《中国农业大学学报》（社会科学版）2017 年第 1 期。

② 毕军、杨洁、李其亮：《区域环境风险分析与管理》，中国环境科学出版社 2006 年版，第 23 页。

③ 曾睿：《环境风险社会放大的网络生成与法律规制》，《重庆邮电大学学报》（社会科学版）2015 年第 2 期。

④ 解雪峰：《乐清湾海湾生态系统健康评价》，硕士学位论文，浙江师范大学，2015 年，第 55 页。

态系统，自然而然会面临着独特的环境风险。

本书认为，海湾环境风险是发生在海湾及周边地区的，包括陆域、滩涂、浅海海洋乃至深海海洋的，会对海湾生态环境以及对社会、文化和个人心理都造成一定影响的环境风险，它由"有关海湾环境的风险"，以及"因由海湾环境引发的社会风险"两部分组成。①

第一，海湾环境风险是"有关海湾环境的风险"，具体指会对海湾生态系统产生危害的环境风险，不管是自然原因还是人为原因引起的，结果都会破坏海湾生态环境，对自然的景观和生态系统造成不可逆转的危害。海湾外来物种入侵、海湾物种消失、海湾荒漠化、海湾过度捕捞都会破坏海湾生态，陆域排污、海洋倾废、海事交通排污、海上溢油、浒苔泛滥、海洋赤潮等都会污染海湾环境，洋流系统紊乱、海啸、海底地震、海底火山爆发等会形成海洋地质灾害，沿海滩涂侵蚀、围海造地、滨海湿地退化、海岸线侵蚀、海洋资源破坏等会损害海洋资源。

第二，海湾环境风险是"因由海湾环境引发的社会风险"，包括由海湾环境引发的客观社会风险和由海湾环境引发的主观社会风险。首先，由海湾环境引发的客观社会风险指那些会对海湾地区的人类社会客体造成威胁的环境风险，包括海湾地区人民的生命财产损失、城市的安全发展、工业产值的下降、产品交易额的减少等能够通过经济指标计算出来的环境风险。其次，由海湾环境引发的主观社会风险指多元的社会主体因其对海湾环境风险的感知和态度差异会影响社会成员的行为选择——支持、抵制、冷漠等，严重时甚至发生冲突引发群体性事件以致于威胁到社会稳定的可能性及后果。在当今社会，关于风险的判断通常带有主观反思性判断色彩，不同风险文化中的不同的认知主体，甚至同一种风险文化中不同的认知主体，对同一种危险和风险进行反思后所作出的判断，无论从其判断方式还是从其判断结果上看，都往往呈现出很大的差异。② 作用在行为选择方面，很可能是冲突的"引爆

---

① 王刚：《海洋环境风险的特性及形成机理：基于扎根理论分析》，《中国人口·资源与环境》2016 年第 4 期。

② ［英］斯科特·拉什、王武龙：《风险社会与风险文化》，《马克思主义与现实》2002 年第 4 期。

装置"。例如 2011 年福岛发生 7.1 级地震，日本发布海啸预警和核泄露警报，促使中国人民形成"日本核电站爆炸对山东海域有影响，并不断地污染"这样的认知，掀起购盐潮，威胁了国家经济和社会的正常秩序。

二、海湾环境风险的特性

（一）海湾环境风险的难以准确计算性

环境风险的内容很难全部列举出来，同时海湾环境风险的损失也很难用计量单位精确地计算出来，人类所能做到的只是尽量准确而非精确。海湾环境风险到底有多少种？有学者曾做过统计，列举了 49 种风险类型[①]，可谓是全备，但是面对海湾特殊的地理环境，所列举的风险种类并不是全部。此外，对风险损失的评估也难以做到准确。

海湾环境风险中对社会风险的感知部分更是难以准确计算，最大的问题就是指标的量化，这部分指标涉及到人的认知、情感和态度，对指标的权重赋值稍有偏差，就会误判民众的情绪得出完全不同的风险预测。

（二）海湾环境风险的风险源的多元性

海湾既然是陆海空的交界地带，海湾环境风险既有来自近岸陆域的，例如陆源污水排放、沿海人口密集、围海造田等；也有来自滩涂的，例如沿海滩涂侵蚀、湿地退化，滩涂养殖过度等；还有来自近海的，例如鱼类减少，海洋资源破坏，泥沙淤积等。海洋是流动的，跨区域而且不可掌控，洋流、风向都会把人们在深海倾倒的废弃物再带到海湾。随着全球海事的发达，船舶有时会把这个海域的物种带到那个海域，引起外来物种入侵。

海湾环境风险的风险源也有来自人类社会的。从宏观层面来说，海湾制度体系的不完善、相关法律法规的不健全、海湾政策的失误等都会引发海湾环境风险；从中观层面上来说，海湾信息的负面报道和不透明，海湾环境保护意识淡薄以及海湾环境管理不足，也会促成海湾环境风险的发生；从微

---

① 　王刚：《海洋环境风险的特性及形成机理：基于扎根理论分析》，《中国人口·资源与环境》2016 年第 4 期。

观层面来说，公民个人对海湾的认识、个人经历、态度等也会引发海湾环境风险。

（三）海湾环境风险的隐蔽性

海湾环境的隐蔽性包括自然环境的难以全知、人类活动的难以预知、心理感知的难以探知。人们的生活距离海洋较远，对海洋方面的认识较少，虽然现代科学发达，但是对海洋的认识仍不全面。据 Katherine Dafforn（2017）在《自然—生态演化》上的一篇报告称：在地球最深的两大海沟中发现了极高水平的污染，[①] 这些污染很有可能通过受污染的塑料碎片和从上层水域掉落到海底的动物尸体进入海沟，并被端足目动物所食，这表明人类产生的表面污染能达到地球上最偏远的角落。

人类活动具有实践性，实践是可以重复的，但是人类活动还有难以预知性。具体而言就是指在事件跨度上，人类不知道下一秒会发生什么，海上撞船事故的频发足以证明这个特性，这类突发性事故隐藏在未来。人的心理感知具有变化性，会随着时间和空间以及个人经历的变化而有所不同。与此同时它还具有复杂性，对于同一件事情的评价掺杂着复杂的情感，而不是简单地定义好坏。

（四）海湾环境风险的影响深远性

海湾环境风险影响广泛而且深远，造成损失的领域多，影响跨越地区，超越世代，影响到当时还未出生或多年以后出生在距离海湾很远的地方的人。2014 年，国家海洋局对 2011 年发生的蓬莱 19–3 油田溢油事故和 2010 年发生的大连新港油污染事件实施跟踪监测，监测数据表明，其生态环境影响依然存在。[②] 可见这些事故对海湾的破坏性影响有多深远。中国现代国际关系研究院日本研究所副研究员刘云对国际商报记者在采访中表示：福岛核泄漏事件对日本的影响，首当其冲的是北海道的农产品。目前，已经有多个

[①] Katherine Dafforn，"Bioaccumulation of persistent organic pollutants in the deepest oceanfauna"，*Nature Ecology & Evolution*，No.2，2017.

[②] 赵婧、袁广军：《2014 年中国海洋环境状况公报发布》，《中国海洋报》2015 年 3 月 11 日第 1 版。

国家禁止进口该地区的农产品。还有日本基础设施的安全性问题，仅这两点就涉及到日本大部分经济利益。① 当然日本核辐射的影响还不仅限于此，事故发生 5 年后，福岛县约有 9.9 万人至今仍在外避难。2016 年 2 月 22 日，日本福岛县知事内堀雅雄表示："虽然事故过去快 5 年了，县内 7% 的地区仍是疏散区域，人们失去了基本的生活。"他表示，有些人 5 年都未能回乡过年，"生活在异乡心中很痛苦"。②

（五）海湾环境风险的不断累积性

海湾环境风险的形成很多时候并非一朝一夕，而是成年累月积累下来的。最具代表性的是海岸线的侵蚀，潮水长涨长消，不断地侵蚀陆地海岸，海岸退后的变化并不能立马被发现，而是要通过年际对比。

从研究者们对海岸线现状研究多通过纵向对比的方法可以看出这种风险的不断累积性。于杰采用 Landsat 卫星数据，在 Arcgis 平台下，根据不同岸线类型的图像特征，通过人工解译方法提取岸线，利用叠加分析方法分析近 10 年来汕头湾、大亚湾和湛江湾的海岸线变迁情况。③ 赵宗泽以 Landsat MSS，TM，ETM+ 影像为数据源，利用目视解译方法提取了 1983 年、1993 年、2001 年和 2010 年湄洲湾四期海岸线变迁数据。④ 薛春汀更是将间隔年代拉大成 7000 年得出渤海西岸、南岸海岸线的变迁结果。⑤

不仅海湾的环境风险具有累积性，就连海湾的社会风险也具有累积性。秦皇汉武时代的青岛，人口稀少，海湾环境风险的发生并不会对人类社会造成很严重的影响。但是随着人口的增多，现代工业产业的聚集以及旅游业的快速发展，它们带来的各种风险聚集在海湾地区，又由于彼此间的交互产生新的风险。随着时间的变化，这些风险不断累积着、产生着新的风险，如此

① 刘旭颖：《核辐射再扰日本经济》，《国际商报》2017 年 3 月 1 日。

② 田泓：《日本核事故善后处理进展缓慢》，《人民日报》2016 年 2 月 26 日。

③ 于杰等：《近 10 年间广东省 3 个典型海湾海岸线变迁的遥感分析》，《海洋湖沼通报》2014 年第 3 期。

④ 赵宗泽等：《近 30 年来湄洲湾海岸线变迁遥感监测与分析》，《海岸工程》2013 年第 1 期。

⑤ 薛春汀：《7000 年来渤海西岸、南岸海岸线变迁》，《地理科学》2009 年第 2 期。

循环，直到风险的发生。

三、海湾环境风险的类别

（一）威胁生态的环境风险与威胁社会的环境风险

这个类别的划分是依据海湾环境风险承受者来划分的，海湾环境风险最终威胁到的最终是生态系统和人类社会系统。威胁生态的海湾环境风险多是对近岸陆域自然环境、滩涂自然环境、近海域自然环境造成影响，例如滩涂湿地退化，近海岸线被侵蚀，海洋上生物多样性的减少，远海倾废造成近海海水污染，船舶石油泄漏形成死海等。

威胁到社会的环境风险既包括造成社会既有的个人生命危害、经济损失，影响社会稳定的群体性事件，也包括民众对海湾环境风险的感知，心理放大或是缩小客观存在的风险。例如某地 PX 项目自立项以来，遭到了越来越多人士的质疑，人们基于距离人群和自然保护区的距离太近而对该项目存在的风险产生质疑，再加上该项目行政程序的不公开，致使市民不断放大该项目所带来的风险值，最终爆发出大规模的抗议。

（二）跨界环境风险与界内环境风险

按照海湾环境风险影响到的区域来划分，我们将海湾环境风险分为跨界环境风险和界内环境风险。跨界环境风险就是指在人为活动或是自然灾害影响下的、不仅对本海湾区域内的生态环境、社会造成损害，还对临近海湾、他国海湾以及远海等造成影响的未然事件的可能性及其后果。黄海是世界的重要海区，沿岸国有中国、朝鲜、韩国，与黄海相邻的有日本的九州，近年来，黄海环境严重污染，资源严重匮乏，邻近国过度捕捞、海洋及海岸工程产生的废物、陆源污染物排放及海上倾倒废物等行为已经造成了黄海严重的环境污染和资源匮乏，加上海洋污染的扩散性及洄游鱼类的跨界问题，各国黄海区域内的海湾环境状况不乐观，体现出海湾环境风险跨越国界。[1]

---

① 郑淑英：《朝鲜半岛和解与黄海资源环境问题》，《动态》2000 年第 7 期。

界内环境风险是指在人为活动或是自然灾害影响下发生的、只对按照国家划分出来的海湾产生影响未然事件的可能性及其后果。这类海湾环境风险的影响区域只限于在海湾范围以内。例如赣榆响石村大坝坍塌事件就属于界内环境风险，因为它的影响并未波及到其余海湾以及远海地区。[①]

（三）客观的环境风险与主观的环境风险

按照风险的主客观维度标准，海湾环境风险可以分为客观的海湾环境风险和主观的海湾环境风险。客观的海湾环境风险系指不依赖于人类的主观感受，对人类以及自然生态系统产生真实影响的海湾环境风险。主观的海湾环境风险则指由于人们的社会文化、心理感受，而对一些环境变化产生风险感知的海湾环境风险。[②]主观的海湾环境风险既可能是人类对真实风险的一种放大或缩小的反应，也可能是对不存在风险的一种主观建构。

海湾环境风险是客观存在的，不由人的意志为转移。大多数客观的海湾环境风险为人们所熟知：陆地大量污水入海，引发海湾污染的风险；大规模侵占海湾湿地，产生海湾生物多样性减少的危险；砍伐红树林，面临着海岸线被侵蚀的危险；载油船舶面临着撞船的危险；珍稀鱼类面临着灭绝的危险；沿海大桥存在着倒塌的风险。

主观的海湾环境风险来源于个体的风险认知。研究发现，人们对风险的认知依赖于风险的一些特征，例如自愿性、新奇性以及后果的严重性等。因而民众对所承担风险资源与非自愿的感知，以及对其他维度的认知依赖，都是解读民众环境风险认知特征的途径。[③]自愿性指个体可以在很大程度上控制其发生以及发展的过程。一般来说，自愿型主观的海湾环境风险造成的影响相对较小，因为民众面对这类风险有能力；而非自愿的海湾环境风险造成的影响相对较大，甚至会引起骚乱，是因为公众在面对这类风险时有很强的无力感，不能控制甚至根本就不了解其发生以及发展的过程，所以会感性

---

① 付玉、刘容子：《国外海岸线管理实践与我国现状的思考》，《动态》2006 年第 11 期。

② 王刚、张霞飞：《海洋环境风险：概念、特性与类型》，《中国海洋大学学报》（社会科学版）2016 年第 1 期。

③ Paul Slovic，"Perception of risk"，*Science*，Vol.236，1987.

地评价这类风险，夸大其后果的严重性和影响的广泛性。

（四）隐性的环境风险与显性的环境风险

根据海湾环境风险的显示度划分，海湾环境风险划分为隐性环境风险和显性环境风险。所谓的隐性环境风险是指人类开发活动过程中以及自然界本身就存在的、潜在的会对人类健康、社会发展、生态环境产生危害的环境风险，这种风险一般并不立刻显现，比较隐蔽而且具有积累性，但对人类健康、社会发展、生态环境却具有长远的影响。而显性的环境风险是指在人类开发活动过程中以及自然界本身就存在的、一旦引发风险的未然事件发生，就会被检测系统检测到、并且被大众知道的，会对人类健康、社会发展、生态环境产生危害的环境风险。

隐性的环境风险和显性的环境风险具有共同点，那就是一定会产生严重的影响。但是它们之间有明显的不同：首先是引发风险的未然事件持续的时间不同，隐性环境风险的未然事件持续的时间较长，成年累月，最后从量变达到质变，引发生态环境危机，对人类社会造成影响；显性环境风险的未然事件持续时间相对较短，大连新港发生的特大输油管线爆炸事故发生在瞬间，引发的火灾事故持续时间不超过 3 个小时。[1] 第二，环境风险发生以及发展过程的可见性、可观测性不同。隐性环境风险发生时对生态环境、对社会经济的影响都很小，造成的损害在检测数值的正常范围之内，在做归因分析时，不会将它视为风险。显性环境风险则不一样，卫星和科学仪器上观测的风险区域发生的变化会被立即观测到，海水中某一物质的异常增多，石油覆盖面扩大等，都会被看见。第三是环境风险影响后果的可见性不同。隐性环境风险的影响后果很难在极短的时间内被发现，影响范围会因为地理和科技的限制不容易被探知，后果的严重与否也会因为物质基础所限很难计算，因为我们无法计算那些连我们自己都不知道的东西。显性环境风险的影响后果可以被发现，影响范围也可以通过卫星云图看到，有的可以根据洋流风向

---

① 王刚：《海洋环境风险的特性及形成机理：基于扎根理论分析》，《中国人口·资源与环境》2016 年第 4 期。

推算影响范围再通过检测加以证实；虽然对生态环境的影响难以准确计算，但是可以得到估算值。

（五）内生型环境风险与外源型环境风险

根据环境风险的生态系统来源，海湾环境风险可以分为内生型环境风险和外源型环境风险。内生型环境风险是指引发风险的未然事件发生在海湾生态系统内，其影响后果也只限于海湾生态系统以内的环境、物种、人和社会的环境风险。外源型环境风险是指引发风险的未然事件发生在海湾系统以外，其影响后果却由海湾生态系统承担的环境风险。外源型环境风险具有跨界及跨区域的特性，经常造成"镜像"效果①，即风险源属地享受收益而无需承担风险，受影响地无收益却受到损害。

最典型的外源型环境风险就是海上溢油风险、陆源污染风险和海洋生物入侵风险。海上溢油风险是指进行海上石油等能源开发，基于不可控力或者人为操作不当造成石油等泄漏，污染海洋环境的风险②。2011 年大连港爆炸溢油事件造成 430 平方公里海面污染，溢油随着风向、潮流漂移扩散，从事故发生地扩散到了海湾生态区，主要集中在大连湾、大窑湾、小窑湾和金石滩。③ 陆源污染风险主要是指将陆地上的农村生活污水、城市居民生活污水和工业废水排放进海湾的环境风险。中国东部几乎所有的海湾都已经受到不同程度的污染，受到严重污染的海域主要包括辽东湾、渤海湾、莱州湾、江苏沿岸、长江口、杭州湾、三水湾、珠江口、湛江港以及钦州湾，这都与近海省市自治区近年来快速的经济发展而导致的大量污染物特别是营养盐排放有着直接的关系④。海洋生物入侵风险主要体现在对海湾生态系统的危害上。我国沿海区域为了固堤而引入的大米草，已经在一些区域造成生态灾

①　王刚、张霞飞：《海洋环境风险：概念、特性与类型》，《中国海洋大学学报》（社会科学版）2016 年第 1 期。

②　王刚、张霞飞：《海洋环境风险：概念、特性与类型》，《中国海洋大学学报》（社会科学版）2016 年第 1 期。

③　杜麒栋：《中国港口年鉴》，中国港口杂志社 2011 年版，第 19 页。

④　叶涛、郭卫平、史培军：《1990 年以来中国海洋灾害系统风险特征分析及其综合风险管理》，《然灾害学报》2005 年第 6 期。.

难。这种风险的危害已经引起重视，部分研究者甚至构建了对其进行风险评估的框架①。

内生型环境风险主要有风暴潮、海冰灾害、海浪灾害等。风暴潮灾害也称为潮灾，是由于海面上的强烈大气扰动热带气旋、温带气旋等原因形成的，遍及我国沿海，成灾率较高，破坏力极大。我国北部的渤海属于超浅海，易于温带风暴潮的形成和发展，渤海湾和莱州湾岸段是受灾较为严重的地区，主要发生在秋末初冬和冬末春初。② 海冰灾害是指海洋中出现的严重冰封，对海上交通运输、生产作业、海上设施及海岸工程等所造成的灾害。海冰是渤海及沿岸地区的主要自然致灾因子，主要危害体现在威胁船舶和海上构筑物的安全，影响渔业和航运等。③ 海浪是海洋中由风产生的波浪，包括风浪及其演变而成的涌浪。因海浪引起的船只损坏和沉没、航道淤积、海洋石油生产设施和海岸工程损毁、海水养殖业受损等经济损失和人员伤亡，通称为海浪灾害。④

四、海湾环境风险的影响

（一）海湾环境风险对海湾及沿海生态环境的影响

海湾及沿海生态环境是一个严密的系统，生物链上任何一节的断裂都会给海湾生态造成不可修复的影响。海湾环境风险对海湾自然环境的影响主要集中在两方面：一是破坏海湾环境质量，二是破坏海湾生态系统。

海湾环境风险破坏了海湾环境质量。虽然海湾生态系统与海洋系统联系紧密，但是陆地的半岛和周围岛屿的存在使得海湾内海水流动性比海洋差，自净能力也相对海洋较弱，再加上围海造田等工程，水域面积减少和纳

---

① 王以斌等，《外来海洋物种入侵风险评估模式》，《自然杂志》2014 年第 2 期。
② 孙云潭：《中国海洋灾害应急管理研究》，博士学位论文，中国海洋大学，2010 年，第 48 页。
③ 孙云潭：《中国海洋灾害应急管理研究》，博士学位论文，中国海洋大学，2010 年，第 53 页。
④ 孙云潭：《中国海洋灾害应急管理研究》，博士学位论文，中国海洋大学，2010 年，第 50 页。

潮量的减少直接导致了海湾与外海交换强度的降低和污染物迁移扩散速率的下降，从而致使海湾自净能力的减弱。而沿海城市的工业废水排放速度远远超过了海湾的自我净化速度，再加上沿海旅游业和海洋船舶业等海洋产业的发展，游客垃圾等海上垃圾越来越多，降低了海湾环境的质量，例如海湾景观质量和海水质量等。胶州湾自然岸线有150年前的200余公里减少到现在的84公里，部分岸线点塌陷，码头设施严重损坏，存在安全隐患，红岛片区南部和东部岸线护岸植被退化，功能脆弱，景观效果不佳。

海湾环境风险会破坏海湾生态系统。海湾是陆地系统和海洋系统的交界地带，很多独特的生物栖息在海湾生态系统内，例如只生长在沿海滩涂、能防风消浪、促淤保滩、固岸护堤、净化海水和空气的红树林，这种植被不会出现在内陆，也不会出现在海洋，它是海湾生态系统的一环。面对人类活动带来的海湾环境风险，海湾生态系统出现一连串的生态问题：红树林减少，在此繁殖的鸟类资源也跟着减少，赤潮发生的几率增大；自然岸线的保有率低，大多数被人工码头、池塘养殖区和盐田取代，丧失了其自然属性，自然生态空间被挤压，对生态系统结构、功能和海洋多样性等均造成影响；海湾湿地退化，滩涂减少面积减小，生物生态状况不佳，生物多样性消失。渤海污染及环境恶化的直接后果，使我国北方失去了最大的"天然鱼池"，辽宁湾、渤海湾、莱州湾原有的三大渔场和四大鱼虾产卵地已经全部丧失，渤海渔业中的优质鱼被低质鱼代替，种群结构日趋小型化、低质化、低龄化。①

（二）海湾环境风险对相关社会群体的影响

海湾环境风险会威胁到近海湾地区群体的生命、财产安全。这里的近海湾地区不仅仅是在海湾生活、工作的人群，也指那些从事和参与涉海经济的人群，比如说从事港口物流、现代渔业、临海工业、滨海旅游、海洋生物、海水利用等特色海湾经济，也指那些前来参加滨海旅游的游客。

海湾环境风险威胁到社会稳定。引起社会震动的海湾环境风险有的是

---

① 郑淑英：《渤海环境现状和治理前景》，《动态》2002年第2期。

出于个体对风险的认知，再加上社会谣言，使个体陷入恐慌情绪；有的是出于海洋环境风险管理体制机制的不健全，例如风险管理法规不健全、事前风险预警没有做好、管理体制中沟通不透明、事故发生时应对不及时、管理人员行为不当、各个部门推卸责任、事后受灾群众补偿欠缺等等，会使群众对政府产生质疑，甚至进行抗议活动。在布什执政时期政府因应对卡特琳娜飓风灾难不力而饱受诟病；墨西哥湾溢油事件中，空前的环境污染及接踵而来的旅游业、渔业危机，令美国国会议员和沿岸居民对奥巴马政府的不满加剧①；还有出于对某些海湾项目的邻避而对政府进行抗议，想法设法取得媒体关注并赢得民众的支持。

　　海湾环境风险虽然后果严重而且复杂，一些海湾事故的发生对生态和社会影响巨大，但是也正是由于此，政府和民众海湾环境风险的防范意识逐渐提高，许多防护工程正在被建立。国家制定政策保护海湾环境，恢复滩涂，种植红树林，治理海湾环境污染等等。从这个意义上来说，海湾环境风险的存在对海湾及其周围的生态系统、社会群体具有积极意义。

第二节　海湾环境风险的生成及扩散机理

一、海湾环境风险的构成要素

　　海湾环境风险来自于具有威胁性的不确定要素及对不确定要素的认知过程。即海湾环境风险包括两部分：一是具有威胁性的不确定要素，目前学界通常将其称之为风险源，包括自然风险源与人为风险源。二是对不确定要素的认知过程。具体展开为海湾环境风险的表现形式和民众对这些表现形式的感知过程。因为风险并不是具体的事物，而是一种社会"构想"，只有当民众感受到风险存在时，它才真实有效。综合来说，风险源、风险表现形式

---

① 余晓葵：《墨西哥湾泄漏的岂止是原油》，《光明日报》2010年6月2日。

以及民众的风险感知是海湾环境风险的三大构成要素，缺少了其中任何一个，都无法形成海湾环境风险。

（一）风险源

风险源，顾名思义就是能够带来风险的人、物或事件，是风险形成的源头。海湾作为联结海洋、天空与陆地三大领域的自然生态系统，其环境风险的来源具有多元性。按照海湾环境风险源的属性，将其划分为自然风险源和人为风险源两类。

1. 自然风险源

在古老的用法中，"风险"一词通常被理解为由自然现象或自然灾害所造成的客观危险。① 农业社会时期，风险本身的话语便是指代由自然因素引发的各种不利影响，自然风险源构成了人类对风险的最初认知。海湾作为海洋自然生态系统的子系统，海洋自然灾害对其环境的影响是巨大的。根据国家海洋局的《2015年国家海洋灾害公报》②，我国海洋灾害主要包括以下几类：（1）由海洋和大气相互作用所形成的风暴潮、海浪、海冰等。风暴潮、海浪是大气扰动海水异常升降所致，而海冰则是海水固化的现象，其对太阳能量的反射对海湾及沿海气候的影响不容小觑。（2）以赤潮、绿潮为代表的海水水质变化现象。海水中某些浮游植物、原生动物或细菌爆发性增长或高度聚集而引起水体变色，抢夺空气、阳光等生存养料，严重危害到海湾鱼类等生物资源的生存。（3）海平面变化、海岸侵蚀、海水入侵及土地盐渍化、咸潮入侵等是由于海平面上升，侵蚀海湾区域，致海水水质变咸、沿海土壤盐度增高，污染生活用水，危及农业灌溉。据统计，山东省每年因盐渍化造成的直接经济损失达 15—20 亿元，对人们的日常生活和身心健康造成巨大的危害。除此之外，海啸、地震等巨灾对海湾环境也形成了难以控制的潜在风险。自然风险源所引致的海湾环境风险往往具有难以抗拒性。因此，在全

---

① 林丹：《乌尔里希·贝克风险社会理论及其对中国的影响》，人民出版社 2013 年版，第 15 页。

② 国家海洋局：《2015 年中国海洋灾害公报》，2016 年 3 月 24 日，见 http://www.soa.gov. cn/zwgk/hygb/zghyzhgb/201603/t20160324_50521.html。

方位了解自然现象或自然灾害对海湾环境影响的情况下，积极采取预防与控制措施就显得尤为关键。

2. 人为风险源

贝克在他的《自由与资本主义》一书中指出："在自然和传统失去他们的无限效力并依赖于人的决定的地方，才谈得上风险。"[①]换句话说，近现代人类改造自然能力的增强，转变了人们对风险的认知，风险不再单一与自然灾害挂钩，而是由人类行为活动所决定。海湾作为经济社会发展的新兴领域，承载着越来越多的人类活动，严重威胁着海湾的生态环境。根据 2017 年 2 月最新公布的《海域使用论证技术导则（征求意见稿）》[②]中的规定，人类对海湾的开发利用主要包括填海造地（建设填海造地或农业填海造地）、油气开采、海底管道、海底电光缆、海底隧道、渔业养殖、港口建设及航道开设、核电及 PX 项目建设、海砂等矿产开采、生活废料倾倒与工厂污水排放、海洋植物种植、旅游开发等各类封闭式或开放式用海活动。人类活动对海湾环境的威胁早已成为海湾环境的主要风险源。近年来，促进海湾生态保护，对各类用海活动进行标准化管理，实现海湾的可持续发展成为国家海湾整治的主流。

（二）风险的表现形式

风险的表现形式是风险被识别的前期征兆。风险取决于人的判断，而人类的判断往往是建立在某些外在表现形式上。海湾环境风险中的风险表现形式既包含有外显的形式，如氮磷等植物营养元素增多、海水质量下降或海湾生物数量下降等现象；也包含了隐藏的形式，如新闻媒体的间接宣传。海湾环境风险的外显形式在学术研究中得到普遍使用，风险表征方法就是把海湾环境风险发生或作用的程度，通过一系列物理的、化学的、生物的、生

---

① ［德］乌尔里希·贝克、约翰内斯·威尔姆斯：《自由与资本主义：与著名社会学家乌尔里希·贝克对话》，路国林译，浙江人民出版社 2001 年版，第 118 页。

② 中华人民共和国国家质量监督检验检疫总局、中国国家标准化管理委员会联合发布：《海域使用论证技术导则（征求意见稿）》，2017 年 2 月 6 日，见 http://www.soa.gov.cn/zmhd/zqyj/201702/t20170214_54819.html。

态的和毒理的实验分析过程，用某种代表指标在一定概率水平上表达出来，以供风险评估和风险管理，但这仅限于显性的风险表现形式。有些情况下，海湾环境风险还会以隐藏的形式展现在民众面前。例如，尼日利亚大 Puna trainers 石油泄漏事故经媒体的传播受到了世界各国人民的广泛关注，导致此后的许多大型石油勘探项目的建设都被隐含着此类风险。对风险表现形式的积极探讨有助于我们更加及时、清晰地识别与整治海湾环境风险。

（三）民众的风险感知

随着风险研究的进一步深化，风险的技术性倾向已经逐渐势弱，社会研究者开始将人的内部主观性与外部客观环境纳入风险研究中。海湾作为人类从事海洋经济活动及发展旅游业的重要基地，与人类社会生活息息相关。因此，社会公众对海湾环境风险的感知构成了风险的主观要素。1986 年贝克的《风险社会》将人们从对环境风险的"客观论"中解脱出来，而意识到环境风险还具有"主观性"和"社会性"。① 海湾环境风险早已不再是仅仅涉及海湾生态环境的风险，而是更多地体现为社会个体的价值观、世界观在社会、文化、历史、政治等社会情境中互动所形成的对风险的主观感知。出于对石油泄漏、核辐射等海湾环境风险的恐慌，民众会抵制在当地海湾建设类似设施就是最好的例证。用客观论与主观论的双重视角来研究海湾环境风险问题，有助于我们进行全面、系统、深入的研究，从而更好地识别海湾环境风险。

二、海湾环境风险的生成机理

前已述及，海湾环境风险既包括海湾的生态环境风险，又涵盖了与海湾环境有关的民众感知风险，两者之间存在一定的生成逻辑与演化规律。即社会民众在特定的政治、经济、文化背景下，会对海湾的生态环境风险作出自己的感知判定，并进一步影响到个体在应对风险时的行为。对生态环境风

---

① 王刚：《环境风险：思想嬗变、认知谱系与质性凝练》，《中国农业大学学报》（社会科学版）2017 年第 1 期。

险向民众感知风险转化过程加以理顺，有助于我们了解民众的行为特征，实现更好的治理效果。这一过程具体展开为两个阶段：

第一阶段是海湾环境风险的显现，具体是指由自然因素或人为因素引起的，对海湾环境造成一系列威胁的现实表现。海湾环境破坏的外在表现形成了原初的风险信号，这些原初信号会通过多元的渠道被民众所知悉，在特定的政治、经济、社会、文化、历史背景下，辅之以专家的意见或媒体宣传等外部影响因素，社会民众会对风险信号进行深加工，形成个体对风险的感知。我们可以将第二阶段理解为"用富有个人特征的认知图式和表征符号对外部环境中的客观事物进行主观建构"[①] 的过程。社会个体经过风险信息的加工、经验匹配、知识提取以及比较权衡各类风险等环节，形成对海湾环境的风险感知，并最终决定相应的风险行为选择。

感知风险强调风险的主观特性，在当代社会，风险事实上并没有增多也没有加剧，仅仅是被察觉、被意识到的风险增多和加剧了。[②] 现实生活中，社会个体的经历、文化水平、生活地域以及生存组织的不同会造成对海湾环境风险感知的差异，这种感知差异性会加深民众对海湾环境风险的感知程度。接下来，我们会对影响海湾生态环境风险向社会民众感知风险转化的因素加以剖析，以力求政府能够及时介入这一过程中，切断转换链条，遏制个体的风险行为苗头。

（一）风险信号进入民众感知的过程

由自然或人为因素引起的自然生态风险向民众感知风险转化的前提是要将海湾环境原初的风险信号经过一定的渠道融入人的日常活动中，这也是决定个体感知风险的重要环节。Slovic 指出，"信号本身的性质与传播过程条件都会影响受众对事件的接受与解释。"[③] 其中，海湾环境风险信息本身的

---

① 刘霞、严晓：《突发事件应急决策生成机理：环节、序列及要素加工》，《上海行政学院学报》2011 年第 4 期。

② Douglas，M.，Wildavsky，A. *Risk and Culture*. Berkeley：University of California Press，1982，pp.21-37.

③ Paul Slovic，"Perception of risk"，*Science*，Vol.236，1987.

表现形式影响了个体对信息的接受程度；而风险信号如何进入公众视野则会相应地改变个体的信息选择偏好。信息接受程度增强／降低与个体信息选择偏好的转变直接关系到海湾环境感知风险形成的可能性。

海湾环境风险的表现形式影响到个体对风险信息的可接受度。一般说来，风险信息易被个体接受，表明风险的感知危害越小，并不足以引起恐惧、焦虑等主观情绪。Covello，Peters，Joseph 等学者在总结前人观点的基础上提出了 15 种风险感知因素[①]，但主要从人的特性出发，而忽视了作为风险信息的客体性质。海湾环境风险信息是其风险表现形式的展现，基于信息的独特性，将海湾环境风险信息的属性归纳为经验性、可控性、利益相关性、人为性、易理解性等五大因素。经验性是指当海湾环境风险所显示的是人们所熟悉的，常规的或以往经常出现的信号，人们可以凭借经验予以常规处置。例如赤潮、绿潮、海水富营养化等，如此之类的风险信号并不会使个体难以接受。可控性是指社会个体感知风险信号在自身可控制的范围内，例如海湾废弃物倾倒、渔业捕捞等风险可以采取适度措施予以改善，这样的风险信号更易接受。利益相关性是指海湾环境风险的信号与自身利益无关的个体相较风险的利益承担者更易接受。人为性是指相较自然因素造成的海湾环境风险，由人类自身所造成的风险更让人难以接受。例如 2010 年 5 月的美国墨西哥湾原油泄漏事件，人们至今都无法摆脱对海湾石油开采的阴影，导致许多化工项目无法顺利实行。易理解性则是针对现代化高新技术所带来的风险信号，例如核裂变技术、化工技术、海洋生命技术等高端领域，是绝大部分个体的感知盲区。这些技术对海湾环境所带来的风险信号往往是难以理解的，相对来说更难以接受。

原初的风险信号进入个体感知活动的渠道是多元化的，对大多数环境风险来说，最重要的信息源不是个体的直接经验，而是从大众传媒上获得的间接经验。[②] 大众传媒作为海湾环境风险的主要传播渠道，一个显著的特征

[①] 谢晓非、郑蕊：《风险沟通与民众理性》，《心理科学进展》2003 年第 4 期。

[②] 李小敏、胡象明：《邻避现象原因新析：风险认知与公众信任的视角》，《中国行政管理》2015 年第 3 期。

是其对民众风险感知的引导性。即传播媒体可以通过调整风险信息出现的频率或突出/隐匿风险信息的重要性等方式来影响人们对信息的选择与关注，进而影响个体的感知风险。例如某地 PX 项目，民众对该项目风险的了解最早来源于某些反对专家或团体组织，由于频繁的宣传 PX 项目的危害性，个体的感知风险趋于一致，反 PX 项目因此获得了民众的大力支持。由是观之，当风险信息频繁出现，其危害性被着重突出时，会加重个体的风险感知。反之，亦然。

（二）个体感知风险形成的过程

感知风险直接说来便是个体对风险信息判断的结果，其形成的整个过程都会受到个体经验知识和判断方式的影响。经验知识是个体风险判断的基础，它决定了个体感知思维的过程，在感知风险形成中所起的作用相对复杂。判断策略是指个体风险感知的方式，是个体记忆、思维、知识等要素的排列组合。两种因素相互作用，共同影响了个体的风险判断。

人们的思维方式本身，或者说他解读实践的逻辑，会受到他们日常经验知识与当地文化氛围的影响。"知识理论"是风险感知的基础理论观点，认为人们根据他们所掌握的知识和信息来对风险作出反应。具体来说，个体的经验知识影响到其对风险信息的解读，当个体的经验知识囊括了海湾环境风险的信息，会提高其判断的理性程度，对信息进行科学化解读。而当海湾环境风险的信息处于个体不熟悉或未知的领域，其理性化解读的程度则会相对偏低。但大量研究表明，经验知识与风险感知之间并不存在明确的定向联系，两者是非特定的因果关系。例如针对 PX 项目对海湾环境造成的风险，具有专业知识的专家学者对此事的认知也分为两个派系（发展派与保守派），发展派将 PX 项目的风险视为较低概率事件，而保守派对风险的反抗情绪强烈。反而是普通公众（所具有的专业知识相对较少）在对待此类风险时的感知基本趋于一致，由此可证，个体的经验知识不足以构成风险判断的全部依据。

Daniel Kahneman 和 Amos Tversky 将个体通过直觉启发式对风险信息作

出的判断分为易得性策略、代表性策略与锚定性策略。[①] 应用在海湾环境风险的感知中，判断策略的选择是将个体的经验知识与外部客观环境纳入一个系统内进行排序，其选择的结果会造成个体风险感知的差异化。易得性策略是个体以头脑中最易被唤起的事件作为判断风险可能性的标准，将风险信息与自身经验相结合。福岛核辐射事件后几年内，核电站造成辐射性后果的可能性在人们感知中被极大地增加，几乎各国核电站的建设都会勾起人们对核的恐惧。而代表性策略是指人们将小样本事件放大，将知识应用到风险的判断中。例如，每年建设的工程项目对海湾环境造成的风险是小概率事件，而真正对海湾环境造成危害的是风暴潮等自然因素，但基于人们对工程项目的知识获取比自然因素更为容易，导致个体往往对前者的风险认知超过后者。锚定性策略是说人们以一个已知的信息为基准点来判断风险信息，这一策略是对外部信息与自身经验知识的杂糅，但却由于掺杂了更多的外部主观信息的引导，也是极易造成个体风险感知偏差的一种策略。个体的经验知识与所选择的判断策略构成了个体风险感知的主观依据。

（三）个体感知风险向社会感知风险转化的过程

在对个体风险感知的理路研究中，不仅包含了上述个体主义的理论范式（即个体的经验知识与判断策略），还包括背景主义的理论范式。[②] 所谓背景不仅指社会的政治、经济、文化环境，来自外部的思想或信息等对个体的风险感知也起到了强烈的冲击效应，甚或扭转个体原有的感知。现阶段，在海湾环境风险的认知过程中，个体所接受的外部思想主要来源于专家意见和媒体的建构。

所谓的专家是指与大众或者外行人相对的，具有某一领域专业知识的人。[③] 基于传统的"智者治国"思想的传承，普通社会个体对专家学者具有

① Tversky，A.，Kahneman，D.，"Judgement under uncertainty：Heuristics and biases"，*Science*，No.185，1974.

② 王甫勤：《风险社会与当前中国民众的风险认知研究》，《上海行政学院学报》2010 年第 2 期。

③ 刘金平：《理解·沟通·控制　公众的风险认知》，科学出版社 2011 年版，第 5 页。

崇拜感。因此，专家在社会群体中属于"有影响力的人物"，这种影响力不仅体现在对社会群体的动员能力，更重要的是指引个体感知的思维过程。例如山东海阳核电站是由山东省电力工业局组织的，山东省电力设计院的各位专家参加的"山东核电规划小组"进行严格选址确立的，此后又经过了各级专家的评审与认证，专家对核电站建设的可行性分析给社会成员打了一剂强心剂，转变了社会个体对核电站的危害性感知，海阳核电站的顺利施工是专家意见影响社会个体风险感知的强力佐证。然而现阶段，专家意见在海湾环境风险治理中的作用更多地体现为"决策—辩证—宣传"的角色功能，即专家证明政府决策的合理性与可行性，并定向引导公众思维感知过程。这种角色扮演的专家意见往往丧失了价值，导致公众风险感知的偏差。

根据贝克的观点，"风险在知识里可以被改变、夸大、转化或者消减，并就此而言，它们是可以被社会界定和建构的。"[1] 而媒体在这一过程中的作用是至关重要的。媒体的信息来源、新闻主题、风险归因、方向类目[2] 等都会对海湾环境风险的感知建构造成影响。一般说来，当媒体报道的信息显示出政府、民众等相关方在利益目标上的高度一致性，会起到消匿社会个体对海湾环境风险感知的作用。例如 2007 年 5 月爆发的某地水污染事件，所报道媒体主要为传统媒体，其强调了政府治理、污染企业治理与社会个体的期望一致性，从而减轻了个体的风险感知。反过来，感知风险也可以经媒体建构而增强，当媒体站在批判者的立场对风险的负面信息进行着重报道，个体所接收到的负面信息积累，便会强化个体的感知风险。

三、海湾环境风险的放大与社会扩散

现代社会的风险研究中最令人困惑的问题之一是：为什么一些被技术评

---

① 范红霞：《解释、建构、变迁、反思：危机中的风险传播与媒体使命"突发公共事件新闻报道与大众传媒社会责任"研讨会综述》，《当代传播》2010 年第 5 期。

② 尹瑛：《风险的呈现及其隐匿——从"太湖水污染"报道看环境风险的媒体建构》，《国际新闻界》2010 年第 11 期。

估相对较小的风险或风险事件往往会引发强烈的公众关注，并对社会和经济产生重大影响？例如1979年三里岛辐射性物质泄漏事故并未导致巨大的财务损失和人员伤亡，却引发了美国历史上少有的社会关注与反响，公众以各种形式对整个核工业进行强烈抵制并采取严格的规范措施，不仅对整个世界的核事业发展产生阻碍，而且还牵连到人们对其他复杂高新技术的质疑。近年来越来越多的风险事件表明，风险事件的后果远远不止风险本身所造成的直接伤害，还会在与社会制度、文化或团体/个人行为互动的过程中得到放大与扩散，进而爆发社会风险。

风险的社会放大指的是信息过程、制度结构、社会团体行为和个体反应共同塑造风险的社会体验，从而促成风险结果的现象。① 换句话说，就是上述的个体感知风险经过某些传播渠道的宣传，影响力会被放大到整个社会上，再加上社会各类主体间持续的动态互动，会影响到个体的风险行为的选择，极易爆发出某些对社会不良影响的事件，造成社会风险。总体来说，由个体感知风险向社会风险的扩散过程主要包括了两个机制：信息的放大机制和社会的响应机制。接下来，我们会对这两个机制的具体运作机理进行解读。

（一）海湾环境风险的信息放大机制

海湾环境风险中个体对风险的感知与关注是风险社会放大的起点，只有个体关注的风险信号才能进入社会系统内部进行传递。当个体所释放的风险信号进入社会放大的信息机制内，信息系统可能会以两种方式放大风险事件：强化或者弱化作为风险信息的一部分信号；根据风险特征以及这些特征的重要性过滤大量信息。② 这种信息放大的机制被称为"社会放大器"。

现阶段的"社会放大器"主要包括新闻媒体、文化与社会团体、环保

---

① ［美］珍妮·X.卡斯帕森、罗杰·E.卡斯帕森：《风险的社会视野（上）：公众、风险沟通及风险的社会放大》，童蕴芝译，中国劳动社会保障出版社2010年版，第79—87页。

② Kasperson，R.E.，Renn，O.，Slovic，P.，Brown，H.S，Emel，J.，Goble，R.，Kasperson，J.X.，Ratick，S.J.，"TheSocial Amplification of Risk：A Conceptual Framework"，*Risk Analysis*，Vol.8，No.2，1988.

组织、政府机构、专家及舆论引导者等。这些"社会放大器"对风险信号附加以特定的社会价值（即某些特定群体的观念导向），重构个体的风险感知，引导民众的风险行为向着他们预想的方向转换。例如，对日本福岛核泄漏事故的披露，新闻媒体在报道中特别强调核具有强烈的辐射，核泄漏会导致人们生活环境的巨大破坏，其影响甚至扩展到全球。民众在这类信息的渲染下，对核的恐惧与日俱增，以致后来我国某些核电站建设遭遇了前所未有的民众反抗，阻碍了我国核事业的发展。

"社会放大器"对风险信息的放大效果在很大程度上取决于其传播渠道。传播渠道具体是指风险信号是怎样被表达出来的。风险的社会放大框架认为，作为这个传播过程的一个关键部分，风险、风险事件以及两者的特点都通过各种各样的风险信号（形象、信号和符号）被刻画出来，海湾环境风险的信息按其特性可以产生巨大的信息量，每条信息都可能包含事实的、推断的、价值相关的、象征性的意味。[①] 风险信息的传播渠道不同，其对民众传达的信息价值与效果也会有所差异，人们对风险信息所做的反应也会产生分异化结果。"污名化"效应既是站在消极立场，通过非正式途径传播风险信号的结果。因此，"社会放大器"的类型与其传播渠道的选择都会影响个体感知风险信号进入社会系统的效果。

（二）海湾环境风险的社会响应机制

在海湾环境风险的信号被放大后进入社会系统，就会形成社会对海湾环境风险的解读和反应——即社会响应机制。海湾环境风险的响应主体主要有政府、社会组织以及作为个体的社会公众，三者之间存在密切的联系。

在对政府主体的研究中，金登的"议程设置模型"强调政府政策过程的各个阶段影响社会对特定的与风险相关的事件进行社会放大的方式。[②] 换句话说，政府在面临海湾环境风险问题时，政策制定的出发点、利益分配、

---

① L.Bryson（ed），*The Communication of Ideas：A Series of Addresses*，New York：Cooper Square Publishers，2006，pp.32-35.

② Kingdon，J.W.，Agendas，*Alternatives，and Public Policies*，Boston：Little Brown，1984.

民主化程度与宣传手段等都会影响民众和社会组织对风险的信号判定。在政策制定过程中，政府能否为社会组织与公众提供积极参与的正规渠道，政府尊重接纳外来意见的程度，会影响到社会组织对政府的支持程度与公众对政府的信任程度。当政府所发布的政策与公众和社会组织的风险利益不一致，便会引起社会公众的不满情绪，形成政府危机。反之，当政策涵盖了风险利益相关者的偏好，社会组织对政府的支持度与公众对政府的信任度都会大大提高，避免了海湾环境风险引发的社会冲突。

就社会组织而言，其自身结构、功能与组织文化都会影响到对海湾环境风险信号的解读与反应。社会组织与政府、公众间关系十分微妙，一方面，社会组织作为风险事件的第三方组织力量，承担着政策宣传与推广的社会责任；另一方面，社会组织运用资源优势，将组织的思想主张灌输给民众，鼓动民众参与，与政府相抗衡。现阶段，某些社会组织是针对某一特定风险事件临时组建的，尽管此类组织缺乏存在的合法性与持久性，但却是海湾环境风险社会放大机制中不容忽视的一环。这类组织往往是由制度之外的专家精英为表达自身意愿，通过多媒体渠道结合而成，并深刻地影响着民众对风险的感知重构过程。例如，在某反核事件中，主要的发起力量就是通过新媒体联结起来的专家们，他们通过文章、论坛等方式吸引社会民众的注意力，在一定程度上提高了人们对核电风险的认知水平。

海湾环境风险的社会放大与扩散的过程实际上就是个体对海湾环境的感知风险向社会风险转化的过程。在此过程中，媒体、组织、政府机构等"社会放大器"将社会个体的风险感知信号进行不同程度的放大，进入社会系统复杂的动态互动体系，最终输出为社会风险。由上可知，海湾环境风险所包含的内容多样，既有客观的自然生态风险，又囊括了社会个体对海湾环境的感知风险，以及经过社会放大所形成的社会风险。因此，对海湾环境风险生成及扩大的复杂过程的理顺为海湾环境风险治理提供了重要的参考价值。

第三节　海湾环境风险的识别与评估

海湾因其地处海陆结合部，环境条件相对封闭，水交换周期较长，非常容易受人类活动的影响。尤其是近年来，随着城市化和现代化的快速发展，人们无法回避海湾环境问题带来的各种风险。例如，海湾交通运输、围海造地、临海工业发展以及海湾流域的开发等对海湾传统用海空间及海湾生态环境的不利影响日益凸显；赤潮、绿潮、风暴潮等可能影响海湾环境的自然灾害也频频出现。而要实现对海湾环境风险的防范和管控，第一步则是对海湾环境风险的感知与识别，进而促使人们采取行动来降低环境风险。[①]

一、海湾环境风险的识别

（一）海湾环境风险的识别基础

海湾环境风险的识别往往是以公众对海湾环境风险的感知为基础的。从学术谱系的角度来讲，风险感知（risk perception）的概念最早由鲍尔（Bauer）于 20 世纪 60 年代提出[②]，并引入到对消费者行为的心理学研究当中[③]。20 世纪 80 年代，斯洛维奇（Slovic）明确提出，所谓"风险感知"就是"在信息有限和不确定的背景下，个人或团体对风险的直观判断和主观感受"[④]。随后，不同研究者根据研究需要的不同提出了不同的定义，如 Sitkin

① Brewer, N. T., Weinstein, N. D., Cuite, C. L., & Jr, J. E. H., "Risk perceptions and their relation to risk behavior", *Annals of Behavioral Medicine*, No.2, 2004.

② Baucer, R. A., *Consumer Behavior as Risk Taking: Dynamic marketing for a changing world*: proceedings of the 43rd National Conference of the American Marketing Association., 1964, pp.389-398.

③ Wang, C. M., Xu, B. B., Zhang, S. J., & Chen, Y. Q., "Influence of personality and risk propensity on risk perception of Chinese construction project managers", *International Journal of Project Management*, No.7, 2016.

④ Paul Slovic, "Perception of risk", *Science*, Vol.236, 1987.

& Pablo（1992）指出，风险感知是决策者对风险的主观评估①。Dominicis et al.，（2015）指出，风险感知是个人对客观风险的直观印象。其他的一些研究者，例如 Klos et al.，（2005）②、Williams & Noyes（2007）③ 等也提出了相似的定义，但大都强调"风险感知"是公众面对风险的主观判断和直接感受。

　　而随着后工业社会的发展及其所带来的各种"灾难"的发生，"风险"一词逐渐被赋予更多的含义，成为现代社会的主要特征之一。在这一背景下，中国社会的巨大变迁使曾经隐匿在政治、经济、文化、生态等诸多领域的风险日趋凸显，其中尤以生态环境领域的风险最为典型。一系列环境风险（事件）的发生，不仅改变了公众对环境风险的看法，也促使学界更多关注其管控和治理，对"环境风险感知"（environmental risk perception）的研究逐渐引起学术界的关注。关于"环境风险感知"的内涵，国内外研究者给出了较丰富的阐释。且已有概念界定大多秉承了"风险感知"的既有认识，如Frewer（2004）指出，所谓"环境风险感知"就是公众对各种环境风险的态度和行为响应。④

　　我们结合海湾环境风险的一般特征，对"海湾环境风险感知"的概念内涵进行理论概括：即"海湾环境风险感知"是个体或团体对于发生在海湾及其周边地区环境风险的发生概率与后果的主观判断和直接感受。而海湾环境风险的感知主要包括三种方式：经验式感知、建构式感知与复合式感知。

　　1. 经验式感知（empirical perception）

　　所谓"经验式感知"就是人们在对海湾环境风险感知的过程中，所采

---

① Sitkin，Sim B.，and A.L.Pablo.，"Reconceptualizing the determinants of risk behavior"，*Academy of Management Review*，No.1，1992.

② Klos，A.，Weber，E. U.，& Weber，M.，"Investment decisions and time horizon：risk perception and risk behavior in repeated gambles"，*Management Science*，No.12，2005.

③ Damien J.Williams，& Jan M. Noyes.，"How does our perception of risk influence decision-making？ Implications for the design of risk information"，*Theoretical Issues in Ergonomics Science*，No.1，2007.

④ Frewer，L.，"The public and effective risk communication"，*Toxicology Letters*，No.1，2004.

取的方式主要是通过直接的听觉、视觉、触觉或间接经验对某一负面事件发生的概率与该事件后果量级的直观感受。具体来说，在海湾及其周边地区发生了赤潮、绿潮、风暴潮、海浪、海啸等环境风险时，人们往往是以客观认知为基础，通过经验或者听觉、视觉、触觉等直观感受对风险后果直接估量，在感知过程中，公众在整体环境风险中往往扮演着"信息加工者"（information processor）①的角色，它在一定程度上排除了个人的主观性干扰。

2. 建构式感知（constructive perception）

所谓"建构式感知"是与"经验式感知"相对应的一种感知方式。即人们在对海湾环境风险感知的过程中，所采取的方式主要是依据价值观、世界观、文化信仰等感知风险。具体来说，在海湾及周边地区发生了核泄漏或海湾石油泄漏等人为活动引发的环境风险时，人们对其感知不是单纯凭借听觉、视觉等直观感受，甚至往往感受不到风险的直观影响，而是在心理完成对风险的感知。在感知过程中，公众在整体的环境风险中不仅仅扮演着"信息加工者"的角色，还在价值观的指引下去进一步解释风险信息。它肯定了人的主观性和外部环境对环境风险感知的影响，承认由社会文化因素导致的群体差异和个体差异。

3. 复合式感知（combined perception）

所谓"复合式感知"就是人们在对海湾环境风险感知的过程中，所采取的方式是"经验式感知"与"建构式感知"的综合。即人们既采用直接的听觉、视觉、触觉对某一负面事件发生的概率与后果进行直观感受，又会依据个人的价值观、世界观、文化信仰等对风险信息进一步加工来感知风险。对于一些跨界的海湾环境风险而言，人们的感知方式往往采用的就是"复合式感知"。如，当海湾局部地区发生石油管道爆炸事故时，人们既通过视觉、听觉观察到的管道爆炸导致房屋倒塌、财产损失等来直观感知风险，也会担忧管道泄漏的石油污染海湾环境造成更大规模的损失，带来心理风险和社会风险。

①　Fischhoff B，Slovic P，Lichtenstein S，et al.，"How safe is safe enough? A psychometric study of attitudes towards technological risks and benefits"，*Policy Sciences*，No.2，1978.

（二）海湾环境风险的识别要素

实现海湾环境风险的有效防范和管控，第一步则是对海湾环境风险进行感知与识别。"风险识别"（risk identification）在一定程度上可以为海湾环境风险的衡量和处理提供指向和依据。风险识别是否准确和全面，也直接影响着海湾环境风险防范和管控的成果以及质量。海湾环境风险的识别是一项系统过程，它是指在海湾环境风险（事故）发生前，人们运用各种方法系统地、连续地认识所面临的各种环境风险以及分析环境风险（事故）发生的潜在原因。进一步而言，就是查找可能的风险来源，收集有关海湾环境风险的危害和损失，继而确定环境风险类别和始发诱因的过程。这一过程中常常用经验来识别，以定性分析为主要方法。由上可以发现，海湾环境风险的识别要素主要包括：风险源（risk source）、风险因子（risk factor）、风险类别（risk category）、风险等级（risk ranking）等四个核心要素（见图4-1）。

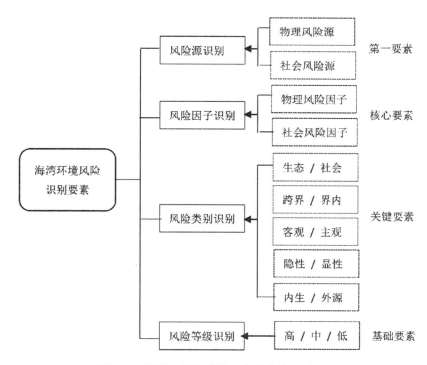

图4-1　海湾环境风险的四个基本的识别要素

其一，风险源识别。风险源的识别构成了海湾环境风险识别的第一要素。海湾环境风险的风险源是指对海湾的生态环境造成不利影响的一种或多种的化学的、物理的或生物的风险来源，包括人为活动、外来物种、自然灾害等。一般来说，海湾环境风险的风险源可包括"物理风险源"和"社会风险源"两大最基本的风险源，所谓"物理风险源"是指由于自然环境和实物条件的变化导致的损失可能的出现。比如海湾地区的赤潮、绿潮、台风、海啸等属于自然风险源；"社会风险源"则是指海湾及其周边地区生活的个体或群体的道德信仰、价值观、行为方式以及社会结构和制度变化等给海湾环境所带来的风险因素的可能。比如，海湾地区的石油开采可能造成溢油事故，继而对海湾环境造成破坏。

其二，风险因子识别。风险因子的识别构成了海湾环境风险识别的核心要素。海湾环境风险的风险因子是促使或引起海湾环境风险（事故）发生的条件，以及当海湾环境风险（事故）发生时，致使损失增加、扩大的条件。换言之，风险因子是海湾环境风险发生的潜在因素，是造成损失的内在和间接诱因。与风险源的区分近似，海湾环境风险的风险因子可以包括"物理性风险因子"和"社会性风险因子"两种类型，所谓"物理性风险因子"是指可能引起自然环境和实物条件的变化的因素。比如引起海湾地区赤潮、绿潮等现象的各种爆发性生长的藻类植物属于物质风险因子；"社会性风险因子"则是指海湾及其周边地区生活的个体或群体的行为方式以及社会结构和制度变化。比如，海湾地区的石油开采可能造成溢油事故，导致事故产生的失误的人为操作、漏洞的管理制度即属于风险因子。

其三，风险类别识别。对于风险类别的识别构成了海湾环境风险识别的关键要素。前已述及，海湾环境风险的类别大致可以分为五个类型：即"威胁生态的环境风险"与"威胁社会的环境风险"；"跨界环境风险"与"界内环境风险"；客观环境风险与主观环境风险；隐性环境风险与显性环境风险；内生型环境风险与外源型环境风险等。由于不同类型的海湾环境风险，其分析、评估、管控的方法和手段不尽相同。因此，为了更好地实现对海湾环境风险的防范和管控，风险类别的识别也就成为海湾环境风险识别的关键要素。对于那些威胁社会、主观的、隐性的、内生型的海湾环境风险，要区别于威胁生态的、客观的、显性的、外源型的环境风险。风险识别中的类别要素也就成了关键所在。

其四，风险等级识别。风险等级识别是海湾环境风险识别的基础要素。囿于不同类别的海湾环境风险对海湾地区生活的个人或社会群体的影响强度并不相同，即使同一类型的海湾环境风险在不同阶段的风险等级也会存在差别。这样，在分析和评估环境风险，继而进行防范与管理环境风险时所采取的手段和方法都有所区别。尤其值得注意的是，不同的风险等级可能涉及的风险管理机构有所差别。比如，作为风险管理主体的政府部门对待不同类型的海湾环境风险其责任和职能会有所区别，对待等级较低的威胁社会的海湾环境风险要注意保持关注，防止事态进一步扩大，而对待等级较高的威胁社会的海湾环境风险要及时通过新闻发布会等渠道公开信息，成立相关工作小组迅速处理风险。这就要求我们在海湾环境风险识别时把风险等级作为识别的要素之一。

（三）海湾环境风险的识别方法

综合国内外多年来环境风险研究的理论与实践，环境风险识别的方法可以粗略划分为质化识别方法、量化识别方法与综合识别方法。所谓质化识别方法较为直观、简明，运用人的思维进行直接识别与感知。主要方法包括：回顾性与现状识别方法、问卷调查法、主观评分法、德尔菲法、风险源清单等。对于威胁生态的环境风险、客观的环境风险、显性的环境风险、外源型的环境风险这几种类型的海湾环境风险来说，多采用质化的识别方法。所谓量化识别方法是指通过量化工具进行定量计算，从而减少一定的模糊性。主要方法包括：情景分析法、统计与概率法等。对于威胁社会的环境风险、主观的环境风险、隐性的环境风险、内生型的环境风险这几类海湾环境风险来说，多采用量化的识别方法。

需要说明的是，这些识别方法的划分也并不绝对，部分方法之间存在交叉。例如专家评判法（expert evaluation method）作为一种"半质化半量化"的研究方法，在识别过程中需要回顾性与现状识别方法作为识别与分析的基础。而回顾性与现状识别方法作为一种具体的环境风险识别与评估的技术方案，为上述各类风险识别方法的具体施行提供了参考基础，它渗透于各类海湾环境风险识别方法的具体操作当中，是上述方法应用于环境风险识别与评估的基础。下面就几种代表性的识别方法做介绍。

1. 回顾性与现状识别方法

回顾性与现状识别方法可对海湾环境这一区域内已经发生的人类活动或自然灾害所产生的环境影响以及累积性的影响进行识别。目的是为了解、掌握海湾环境风险源所产生的环境影响和历史变化的趋势，从而为研究海湾环境风险的防范和管控提供参考依据。回顾性与现状识别方法的一般步骤如下（见图4-2）：

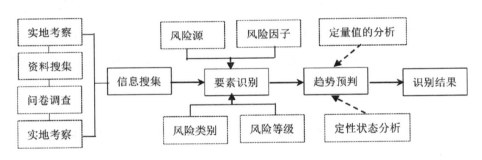

图4-2　回顾性与现状识别方法流程示意

首先，结合海湾地区的相关历史文献，通过实地考察、资料收集、问卷调查、专家访谈和比较分析等，获取和确定海湾地区关于环境风险的要素以及相关的数据信息。识别海湾及其周边地区历史上和当前所存在的主要的环境风险；其次，对于可能发生的环境风险的风险源、风险因子、风险类别等进行规整处理；最后，对已识别的各类海湾环境风险识别要素不同时期指标的定量值或定性状态进行分析，研究各个指标的年度、月度变化趋势，分析并识别出其可能造成的影响（尤其需注意累积性的环境影响），从而识别出可能的风险等级等其他要素。该方法的具体应用目前多用于对自然因素引发的各类威胁生态的、客观的、显性的、外源型的环境风险。

回顾性与现状识别方法的特点和优势在于：（1）该种识别方法能够通过历史数据和当前数据的搜集和类比来分析海湾环境风险的历史变化趋势、年度变化趋势等，并识别和判断出海湾及其周边地区主要的环境风险类别和发生概率，确定其可能造成的影响，为后续的海湾环境风险评估提供了重要的数据基础和评估依据；（2）该种识别方法以大量的历史和现有数据作为依托，更有利于将海湾环境风险识别结果的应用从单一的识别层面转变为战略性的防范和管控等决策层面，为海湾环境风险的防范和管控提供了重要的参考依据；（3）回顾性与现状识别方法对于历史与现实数据的收集和掌握一定程度上减少了其他识别方法，尤其是专家评判法中主观性因素的影响，使风险识别的结果更为准确、可信。

2. 情景分析法

情景分析法（scenarios analysis），又称脚本法、前景描述法。是由 Pierr Wark 于 1972 年提出的，最初是用来对某一项目的风险进行预测和识别，找到项目的关键风险因素和影响程度，随后在 80 年代后得到较为广泛的应用，并引入到对一般风险、环境风险的预测与识别当中。情景分析法是假定海湾环境风险在持续到未来的前提下，对预测环境风险可能出现的情况或引起的后果作出预测的一种直观的方法。该种方法尤其适用于对可变因素较多的环境风险进行风险识别，因此多用于对人为活动引发的威胁社会的、主观的、隐性的、内生型的海湾环境风险的识别。它在假定关键的风险因素可能发生的基础上，构建起多重情景，推演出多种未来的可能结果，以便于采取适当的措施进行风险的防范和管控。

情景分析识别方法的特点和问题在于：（1）该种识别方法以定量识别工具为主，并结合历史与现实数据，能够在一定程度上弥补未来环境不确定的情形下，传统的质性风险识别方法的不足，可以考虑到各种不确定因素及事件发生的可能，并根据环境风险防范和管控的目标，得出海湾环境风险未来需要决策的几种情境（包括对应后果），有利于进一步的风险评估。（2）该种识别方法在相关的数据较为缺乏，无法进行准确的质化研究时，只能适用于简单的质性描述来进行海湾环境风险的识别。但是，识别的结果又会因为缺乏质化的研究数据而进行后续的风险分析与评估。（3）该种识别方法对于风险因素较为复杂的区域，尤其是海湾地区的识别对于数据的要求质量和数量都比较高，且数据处理时间长、成本高。

3. 专家评判法

专家评判法（expert evaluation method）是在海湾环境风险回顾性和现状识别所掌握的数据和资料的基础上，通过收集专家的意见来识别海湾及其周边地区可能存在的环境风险以及风险的可能来源、风险因子、风险类别与风险等级等，目前主要采用的包括头脑风暴法、德尔菲法、智力激励法等。当前，该种识别方法主要应用于上述各类海湾环境风险的识别与评估当中，是开展海湾环境风险识别的"半质化半量化"的方法。专家评判法的一般操作步骤如下：首先，专家以匿名或背靠背的形式对海湾地区可能存在的环境风险的风险源、风险因子以及风险类别等要素进行各自识别与评估；其后，专家相互交换整理好的相关识别数据和资料等，再次进行识别、整理；最后，将一定比例的得到专家共识的海湾环境风险识别结果列出，根据事先拟定的指标分别进行等级的评估，从而得出结果。

专家评判法的特点和问题在于：该种识别方法能够在历史与现实数据不足，原始资料匮乏的情况下，应用风险专家的知识对海湾地区的环境风险作出半定量或定量的识别，在一定程度上弥补了一些难以定量的累积性风险的预测、识别与估算，从而很好地支撑起综合性和不确定性较强的海湾环境风险的识别，能为海湾环境风险的防范和管控提供数据支撑和参考依据等。但是，值得注意的是，专家评判法在海湾环境风险的识别中也存在一定的问题。比如，在参评专家数量和认知水平不理想的情况下，有时很难保证风险识别的结果能够准确而客观地反映海湾环境风险。同时，在专家的选择和专家小组的组成上，如何保证专家的权威性和专家组成的合理有效性，也是专家评判法识别海湾环境风险亟须解决的问题。

二、海湾环境风险的评估

(一) 海湾环境风险的评估内容与标准

海湾环境风险的评估是在风险感知与识别的基础上，进一步分析和判断的过程，它是实现对海湾环境风险防范和管控的关键环节。关于一般意义上的风险评估，德国学者 William D. Rowe 认为"风险评估"是指"风险分析的整个过程"，认为其包括"风险确定"和"风险评价"两个主要维度。也有研究者认为："环境风险评估是指对某建设项目的兴建、运转，或是区域开发行为所引发的或面临的灾害对人体健康、社会经济发展、生态系统所造成的风险可能带来的损失进行评估，并以此进行决策和管理的过程。"并进一步把风险评估的过程划分为"主要环境风险因子的筛选与识别"以及"环境风险综合评估"等两个阶段。① 整体上来看，无论国内学术界还是国外学术界，大都普遍认为"风险评估"包括"风险确定（或称风险识别）"与"风险评价（或称风险综合评估）"两个维度。

由此，我们可以看到，对海湾环境风险的评估也就产生了广义和狭义的区别。广义上的海湾环境风险评估是指从海湾环境风险感知、风险识别、风险评估议题的设定到风险评价和风险应对的一系列流程，其中还贯穿着不同主体的风险交流。狭义上的"海湾环境风险评估"仅指海湾环境风险的评价，即采用定性和定量分析相结合的方法，对海湾环境风险发生的可能性进行分析、排序、估算和评价的过程。笔者认为，从中观的实践层面来讲，本书的"海湾环境风险评估"应当是一个狭义上的概念，风险评估的过程主要是在海湾环境风险感知和识别的基础上，进一步地分析、排序、估算乃至评价的过程。其评估过程并不包含"风险决策"单元。因为，相对于海湾环境风险防控，风险决策是风险预防管理的独立环节。

在对海湾环境风险进行评估时，主要有四个方面的内容：其一，就是风

---

① 王鲁权：《环境风险评估制度构建的基本理论问题研究》，《大连海事大学学报》（社会科学版）2016 年第 6 期。

险因子最终转化为海湾环境风险事件的概率分布。在海湾环境风险的演化进程中，并不是所有的风险因素都能最终发展为导致损失的海湾环境风险事件。因而，可以通过判断海湾环境风险事件发生的概率，对风险因子的影响程度和严重性作出判断。其二，就是海湾环境风险事件可能造成的损失。主要是依据风险载体的状态、风险波及的范围以及风险危害可能的存续期限等因素判定。其三，就是风险因子之间以及风险事件之间的内在关联。就海湾环境风险事件而言，两个毫不相关的事件，也有必要在海湾环境风险评估过程中进行深度的比较和分析，力求保证风险评估结果的准确、有效。其四，就是未来海湾环境风险的整体规模。主要是注重未来三年、五年乃至十年，海湾及其周边地区环境风险因素和环境风险事件预测，力求为海湾环境风险的防范和管控提供有力依据。

值得注意的是，在对这四方面的内容进行评估时，应该遵循三个标准：首先，在对海湾环境风险进行评估时，应致力于反映海湾环境风险所有的不确定性和可能造成的所有的影响。不仅考虑被评估风险本身当前的情况，而且关注海湾环境风险发展变化的趋势及其可能对海湾及其周边地区的经济、社会等产生的近期和长期影响。同时，还要按影响程度等级的不同区别对待不同的海湾环境风险（事件）。其次，在对海湾环境风险进行评估时，应该遵循真实、科学的标准。具体来说，体现在两个方面：一方面，海湾环境风险评估的资料来源要保持真实性，即海湾环境风险评估所依据的资料数据并不是凭空想象和主观臆造的，而是根据相关统计数据和分析报告分析得来的；另一方面，要注意海湾环境风险评估过程的科学化，即进行海湾环境风险评估所采用的方法和模型都是利用概率论和统计学的基本知识发展演化而来的。最后，对海湾环境风险进行评估时，应该遵循可操作化的标准，即海湾环境风险评估所使用的方法必须与现有的数据资料相匹配。

（二）海湾环境风险的评估流程

一般而言，海湾环境风险的评估分为以下三个流程：（1）在确定风险评估目标的基础上进行数据资料的收集；（2）在确定风险评估指标体系的基础上进行风险模型的构建；（3）综合评估与风险事件的可能性及损失后果评估等（见图4-3）。

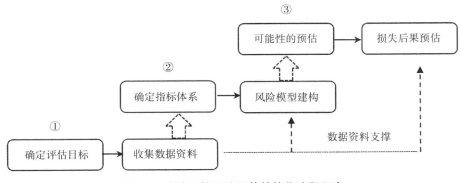

图4-3　海湾环境风险评估的简化流程示意

1. 确定环境风险评估目标的基础上进行数据资料的收集

海湾环境风险评估的目的是根据可利用的信息为风险管理者提供决策支持，制定一定社会经济条件下适宜的风险控制对策。在满足社会、经济、技术约束及最优化目标前提下，尽可能降低海湾及其周边地区的总体风险水平。[1] 事实上，在进行海湾环境风险评估之前，首先必须先确定风险评估的目标。这个目标是以后海湾环境风险评估的方向和基准，对以后的分析处理有指导作用。海湾环境风险评估目标的确定要考虑全面，既要考虑海湾及其周边地区的环境现状，又要考虑海湾环境风险的风险因子、风险（事件）的现状。[2] 然后，根据确定的评估目标收集与海湾环境风险因素有关的数据和资料。这些数据资料的来源主要包括：从海湾环境风险的感知与识别过程中获得；从过去海湾环境风险管理的历史资料、工作总结中取得。这些数据资料不仅有助于发现海湾及其周边地区存在的环境风险因素，而且有助于分析风险因素的变化，推测过去未发生的环境风险事件在未来发生的可能性。同时，原始数据资料收集后，必须对其进行整理。所谓整理就是根据海湾环境

---

① 　毕军：《区域环境风险分析和管理》，中国环境科学出版社2006年版。

② 　王枫云：《美国城市政府的环境风险评估：原则、内容与流程》，《城市观察》2013年第3期。

风险评估的目标，将收集来的所有数据资料进行加工和综合，使之系统化和条理化，成为能够反映海湾环境风险因素总体特征的综合资料。

2.确定环境风险评估指标体系的基础上进行风险模型的构建

在进行海湾环境风险评估过程中，风险评估指标体系的建构显得尤为重要。在海湾环境风险的评估过程中特别强调风险评估指标体系的系统、全面、科学。风险评估指标体系的建立包括：确定评估指标体系结构、评估指标体系的初步建立、指标体系的筛选与简化、指标体系的有效性分析、定性变量的数量化等。同时，在风险评估指标体系建立完善后，可以在此基础上进行风险模型的构建。在风险模型构建的过程中，需要取得有关风险因素的数据资料为基础，对海湾环境风险（事件）发生的可能性和可能结果进行明确的量化描述。在一般性的环境风险评估中，所采用的模型主要包括：不确定性模型和损失分析模型，分别用以表示风险因子与风险事件之间的关联以及风险事件与可能损失之间的关系。

3.综合评估与环境风险事件的可能性及损失后果评估

通过前述两个步骤，海湾环境风险的评估已经完成指标体系数据的收集、风险评估基准的确定、整体环境风险水平的确定、风险等级的判别等。最终步骤则是基于上述数据资料进行结果的分析、检验与报告。在分析、检验与报告的过程中，主要是完成以下任务：（1）对所有可能的海湾环境风险（事件）及其诱发因素进行比较和评价，确定它们的等级和先后顺次等；（2）从整体出发，厘清各个风险要素之间、风险事件之间的因果关系；（3）考虑各种不同风险因素、风险事件相互转化的条件。具体来说，就是在风险模型建立的基础上，采用适当的方法去执行。通常来说，用概率分布函数来描述海湾环境风险发生的可能性。对风险事件发生的可能性的估算主要有两种途径：一是根据大量实验结果用数理统计方法进行分析计算，即依据客观概率评估；二是由于某些环境风险无法实验，很难算出客观概率，这时就需要采取主观概率法，即依据技术专家对风险事件进行主观评估。

（三）海湾环境风险的评估方法

目前，海湾环境风险的评估方法非常多。通过对这些方法的整理，主要可以归纳为随机性的方法和确定性方法；定性评估法、定量评估法以及定性定量结合评估法。这些方法在具体使用时，各有优劣。为凸显海湾环境风险迥异于一般风险评估的特征，我们跳出传统的评估方法类别，根据海湾环境风险的类别差异，将其评估方法划分为两个新的类型：即针对物理风险因子引发的海湾环境风险的评估方法和针对社会风险因子引发的海湾环境风险的评估方法。每一种评估方法中都有定性与定量的评估方式。

1. 针对物理风险因子引发的海湾环境风险的评估方法

物理风险因子引发的海湾环境风险主要有灾害性的赤潮、绿潮、海浪、海啸和风暴潮等海湾自然灾害。这一类别的海湾环境风险的评估主要依赖于历史资料的查询来推算相关自然灾害的发生概率并且结合海湾当地的经济社会发展水平和自然条件预估其造成的后果，最后确定地区和个人应该承担的风险值。通过对比海湾自然灾害的风险与海湾地区和人民的风险承受水平来评估该灾害是否为可接受风险。虽然通过历史资料进行推演其准确性不能得到保证，但通过对于历年各种自然灾害发生的频率、时间、区域、强度等方面进行整合分析，结合对于环境的检测手段可以起到预测与预防。同时，尽管针对不同类型的海湾自然环境灾害类风险，使用的具体方法不同，但总体而言，数学方法的应用及环境风险的定量化表达已经成为一个总的趋势。在评估过程中，针对物理风险因子引发的海湾环境风险的评估方法主要有五种：即概率统计法（针对台风、暴雨、地震等）；模糊数学法（针对综合气象灾害、综合地质灾害等）；信息扩散理论（针对低温冷害、台风、暴雨等）；灰色系统（针对综合地质灾害、风暴潮、洪灾等）以及加权综合评估（针对台风、暴雨、生态灾害等）。

我们以"模糊数学法"和"加权综合评估法"为例，简单阐释其具体流程。首先，模糊数学法的数据源主要来自于历史灾情、自然地理、社会经济统计等数据。其具体操作原理是将一些边界不清而不易定量的因素定量化并进行综合评估，通过构造等级模糊子集或者说隶属度，将反应海湾环境自然灾害风险的模糊指标进行定量化，并利用模糊变换原理综合指标等。事实上，Chen K et al. (2001)[①]、Karimi & Hullermeier (2007)[②] 等研究者指出，"模糊数学法"的优势在于"能够较好地分析模糊不确定性问题，是多指标综合评估实践中应用最为广泛的方法之一"。但是，在确定评估因子及隶属函数形式等方面有一定主观性。[③]"加权评估方法"的数据源同样来自于历史灾情、自然地理、社会经济统计等数据。但其具体操作原理是根据影响海湾自然灾害多个风险因子的表现确定权重，形成加权的综合量化指标以完成对客体的评估。该种方法易于操作，运用广泛，但需要注意规避指标赋权的科学化。

2. 针对社会风险因子引发的海湾环境风险的评估方法

社会风险因子引发的海湾环境风险主要有船舶溢油污染等，在分析中事件树（ETA）方法、故障树（FTA）方法，以及"原因—结果"（CC）分析法是最为常用的几种方法。我们以"事件树"和"故障树"方法为例，简单阐释其具体流程。首先，事件树分析法（ETA）是由决策树分析（DTA）演化发展而来，谭钦文等（2015）认为事件树分析法（ETA）是一种按照事故发展的时间顺序，由初始事件开始推论分析各类事件向前发展的过程中各个环节事件成功与失败的结果，从而进行危险源辨识的方法。[④] 胡二邦将事件树分析（ETA）步骤分解如下：①确定或寻找可能导致系统严重后果的初因事件，并进行分类，对于那些可能导致相同事件树的初因事件可划分为一类；②建造事件树，先建功能事件树，然后建造系统事件树；③进行事件树的简化；④进行事件序列的定量化。[⑤] 其次，故障树分析（FTA）较为适

---

① Chen K，Blong R，Jacobson C.，"MCE-RISK：integrating multicriteria evaluation and GIS for risk decision-making in natural hazards"，*Environmental Modelling & Software*，No，4，2001.

② Karimi I，Hüllermeier E.，"Risk assessment system of natural hazards：A new approach based on fuzzy probability"，*Fuzzy Sets & Systems*，No.9，2007.

③ 叶金玉、林广发、张明锋：《自然灾害风险评估研究进展》，《防灾科技学院学报》2010年第3期。

④ 谭钦文等：《基于可靠性理论的事件树分析方法研究》，《中国安全生产科学技术》2015年第6期。

⑤ 胡二邦：《环境风险评价：实用技术、方法和案例》，中国环境科学出版社2009年版。

合大型系统的安全性与可靠性的分析，尤其在精密复杂的大型工程的安全风险分析中不可缺少。故障树分析（FTA）用图形来表示系统失效的逻辑关系。罗云等认为故障树分析（FTA）从要分析的特定事故或故障开始层层分析其发生的原因，一直分析到不能再分解为止。将特定的事故和各层原因之间用逻辑符号连接起来，得到形象、简洁地表达其逻辑关系的逻辑树图形，即故障树。① 故障树分析（FTA）主要包括确立顶事件、建造故障树、量化分析、定性分析等步骤。故障树分析（FTA）由于其操作的复杂性，会消耗大量人力物力，但是通过故障树分析可以发现系统的缺陷，建立系统的安全链条。

第四节　蓝色海湾整治的环境风险管控

一、建立海湾环境风险的政府勤勉行动机制

海湾环境风险的涉及面广、不确定性强。其防范和管控涉及政府、企业、公众、社会组织等不同治理主体在内的多方参与，而政府在其中扮演着核心的角色。对于海湾环境风险的防范和管控，首先应该建立起政府的勤勉行动机制，主要包括三个方面的内容：即事前预防机制、事中响应机制以及事后处置机制。所谓事前预防机制是指在海湾环境风险发生前，政府采取主动的预防举措，避免海湾环境风险的生成或减轻风险可能带来的损失；所谓事中响应机制则是指在海湾环境风险发生时，政府采取相应的应急措施转移或减轻损失，包括风险事故报告制度、应急处理制度和生态补偿制度等；所谓事后处置问责机制是指根据引发环境风险各方的职责进行相关处理，旨在通过"治"达到"防"的目的。上述三个机制的共同作用，形成了以政府为核心主体的海湾环境风险管控的政府勤勉行动机制。

---

① 罗云：《风险分析与安全评价》，化学工业出版社 2009 年版。

（一）政府事前预防机制

政府的事前预防机制主要从三个方面分别着手。首先，从宏观层面上，政府部门要积极引导、开展、重视海湾环境风险的产生、扩散和防控体系研究，完善海湾环境风险的相关法律、法规、政策制度体系，比如海湾环境风险防控管理体系、海湾环境风险全过程评估管理体系，区域海洋环境风险优化等，并选择典型海湾区域进行试点。其次，海湾及其周边地区的各级地方政府要结合前期海湾环境风险识别的数据和资料积极开展环境风险源的定期排查和识别。例如，应该重点加强可能产生溢油污染的海湾石油开采和可能产生海湾水体污染的倾废活动等的监督和排查。还可以根据风险类别、风险等级的差别来优先选出重大的环境风险监测预防点。最后，海湾及周边地区的地方政府部门要积极通过报纸、电视、网络等媒体，加强公众对海湾环境风险危害和防范教育，对重大环境风险源附近公众开展应急逃生和自我救护培训。同时，促进有关政府部门对海湾环境风险信息的及时、准确的公开。

（二）政府事中响应机制

政府的事中响应机制要求政府部门在海湾环境风险因子释放后形成风险事故时要进行及时有效的处理，启动海湾环境风险的应急预案，以最快的时间应对风险因子的释放，最大限度地降低海湾环境风险，其内容主要包括三个方面：海湾环境风险的应急监测、风险事故报告以及应急处置等。具体来说，就是根据突发的海湾环境风险的类别、特征进行有针对性的监测，查清风险原因、危害、影响后，高效合理地调配资源减少海湾环境风险的危害。其内容举措如下：在海湾环境风险发生后，针对应急预警，尽快出台准确的海湾环境风险危害报告，严判环境风险的扩散模式，对于威胁生态的、客观的、显性的、外源型等由自然活动引发的海湾环境风险，要完善重要应急物资的储备、调拨、配送和质量监管，利用海湾环境风险防控的应急联动制度（包括环保、安监、公安、消防等相关部门内或部门之间的协调联动制度）将风险控制。而对于威胁社会的、主观的、隐性的、内生型等由人为活动引发的海湾环境风险，一方面政府要及时通过新闻发布会、网络、电视、广播等覆盖不实信息对公众的影响；另一方面，政府需要及时成立相关的工作小组查明事故，有针对性地进行处理。

（三）政府事后处置机制

政府的事后处置机制的重点在于对海湾环境风险发生后的影响，并采取有针对性的环境治理与修复。其具体举措包括两个方面：其一，当海湾环境风险发生后，政府应当及时准确地根据海湾环境风险的等级及危害程度，科学地预测此次海湾环境风险可能造成的中长期影响，并有针对性地提出保护方案。政府应当排查此次环境风险应急机制是否有疏漏，应急决策的制定是否恰当等，并及时加以改进和完善。另外，对于威胁社会的、主观的、隐性的、内生型等由人为活动引发的海湾环境风险，要查明导致海湾环境风险的责任人，及时启动问责处理程序。而对于威胁生态的、客观的、显性的、外源型等由自然活动引发的海湾环境风险，由于其没有直接的责任人，因此事后处置机制主要聚焦于对海湾及周边地区受灾民众的补偿和心理疏导等。其二，无论是哪种类别的海湾环境风险，往往都会导致海湾环境和风险受体带来一定时期的影响，这时需要根据海湾环境风险的等级来制定合理的修复和生态补偿方案，例如当海上溢油污染事故发生后，要根据受损渔民的损失、水体的变化提出相应的生态补偿方案。

总而言之，通过政府事前预防机制、事中响应机制和事后处置机制的建设和完善，最终可以为海湾环境风险的防范和管控搭建起有效的政府勤勉行动机制。这一机制的形成旨在从国家层面通过系统化的制度体系设计统筹考虑解决海湾环境风险问题，建立起海湾环境风险的识别和评估制度、预警监测制度、应急联动制度、应急责任问责制度、环境风险应急与信息公开制度等，以保障海湾地区生活的公众的生命财产健康安全和海湾生态环境安全。这一机制的建设需要系统考虑海湾环境风险防范管控的主体、对象、过程、标准等要素以及法律、法规、政策及相关基础研究等保障和支撑措施。一言以蔽之，政府勤勉机制建设的核心在于明确政府的职责，充分发挥其在海湾环境风险管控过程中监督、协调、引导作用。

二、建立海湾环境风险的有效沟通机制

有效的沟通机制对海湾环境风险的管控具有巨大的影响，是协调整个风险管控过程的重要工具。民主的、公正的、畅通的沟通机制能够化解风险管控过程中的央地矛盾、政民矛盾，充分发挥第三方中介组织的功能，顺利推进海湾环境风险管控行为。相反，风险管控的沟通机制不健全，政府各职能机构之间沟通不顺畅、民众表达意见的渠道阻塞，则会造成整个风险管控过程中不同主体的紧张关系，产生社会摩擦，影响整个管控行为的进程与效果，甚至产生新的风险。

对于海湾环境风险的管控来说，其风险沟通的主体主要有政府、社会环保组织以及民众。政府在整个过程中扮演着风险信息知情者的身份，在沟通时处于主导地位；而民众却是整个海湾环境风险的承受者与利益相关者，民众对知情权的需求和公民参与的期望都对海湾环境风险的沟通机制提出了新的、更高的要求。王琪指出，由于海洋环境的联动性及区域的濒临性，相邻行政区域海洋环境不可避免要相互影响，各地方政府的互不合作，分散运作，往往会因沟通不畅、信息不对称而引起海洋环境利益的外溢甚至矛盾冲突，各方均受损。① 张光辉认为正是依赖沟通而进行持续不断的信息输入输出的政治生活的交互作用的过程才是政治发展进步的生命力源泉。② 也就是说，有效的沟通机制对于保障海湾环境风险管控的协调运作以及避免由此引发的其他领域风险具有十分积极的意义。

（一）信息供给：风险沟通的传导原质

建立有效的海湾环境风险沟通机制需要政府机构拥有强大的情报职能和必需的专家及信息来实施沟通，即海湾环境综合管理与信息机构。严格地说，地方政府之间尤其是地域相近的地方政府之间毫无关联、没有交流的现象是没有的。不过，地区相近的地方政府不积极采取相互竞争、相互合作的

---

① 王琪、丛冬雨：《中国海洋环境区域管理的政府横向协调机制研究》，《中国人口·资源与环境》2011 年第 4 期。

② 张光辉：《政治沟通机制：一种构建和谐社会的必备设施》，《求实》2006 年第 6 期。

策略，而仅与各自的上级政府或者共同的上级政府产生关系的"自然无关联"现象，在我国仍然存在。① 这就需要上级政府拥有强大的信息调节与分配能力。一方面，在不同地域的地方政府之间协调分配信息，实现地方政府之间的合作治理；另一方面，实现宏观协调，确保海湾环境风险的整体整治效果。而且在蓝色海湾整治的过程中央地矛盾持续升级，地方政府依附于对政绩观的崇拜，再加上我国对海湾环境风险整治的规定并不完善，由此导致地方的机会主义行为严重，造成恶劣的社会影响。例如，我国围填海政策的实施就存在明显央地不协调的症状，中央政府处于宏观考虑，出台了《中华人民共和国海域使用管理法》，明确规定了围填海应注意的相关事宜，然地方政府处于短期的利益考量，偏向有利于围填海的政策，造成海域的大面积缩减，给人们生活造成极大不便，引发社会民众的不满。因此，就需要一个综合信息部门来对政策实施情况进行详细的搜集，并及时将信息公布。这一方面防止地方政府机会主义的蔓延对社会造成的危害；更重要的是可以保障民众的知情权，向民众传达政府的治理能力与决心，提高政府信任度，并利用民众的力量来规制地方政府的不良行为。

（二）沟通渠道：风险沟通的传导脉络

建立有效的海湾环境风险沟通机制需要先进畅通的沟通渠道。先进畅通的沟通渠道是有效沟通机制的必备设施，决定了沟通的质量与效果。选择合适的沟通渠道也可以有效地避免海湾环境风险的社会放大。前已述及，人们对海湾环境风险的社会感知会在现实社会中得到映射，影响其行为方式。谢晓飞在总结实验数据的基础上，得出结论：个体的风险感知水平具有相对稳定性，风险沟通方式与信息呈现形式对公众的风险感知有很大的影响。② 也就是说，风险的沟通渠道是否合适是决定公众对风险的社会感知的重要因素，也是规避风险引发社会问题的关键环节。目前，我国海洋环保组织、海洋行业协会等团体作为第三方中介组织，可以起到很好的信息传递的功能。

① 安建增：《府际治理视野下的区域治理创新》，《四川行政学院学报》2009 年第 2 期。
② 谢晓非、李洁、于清源：《怎么会让我们感觉更危险——风险沟通渠道分析》，《心理学报》2008 年第 4 期。

对于传统社会团体，在综合地表达利益，控制和实现利益的过程中，具有极重要的功能，特别是涉及人们大量的社会具体利益这个层面时，更是发挥重要作用。各类社会组织有其自身所代表的群体的利益诉求，可以代表公众发声，向政府部门表达意见，也可以作为政府政策的宣传者，调动民众的积极性，扮演好上传下达的角色。另外，我们在选择沟通的方式时也存在单一性，由于信息技术的发展，互联网经常成为人们首推的沟通方式。然而，在海湾环境风险的管控过程中，涉及主体多样化、沟通空间广、沟通网络复杂，基于上述这些特性的考量，如果单纯依赖互联网沟通是不足以达到预期的效果的。因此，应将互联网沟通方式与传统的沟通手段结合起来，构建起完善的海湾环境风险沟通的渠道，保证信息传递的畅通快捷。

（三）公众参与：风险沟通的传导结点

建立有效的海湾环境风险沟通机制需要具有代表性的公众参与。风险沟通机制的目标不仅仅是实现信息的传播，也不光是促进启蒙和行为改变，这些都过于局限。鉴于会存在对信任某些或全部维度的质疑——承诺、能力、关注和可预测性——风险沟通应该寻求宽泛的公众参与。特别是，他们应该定位于调动风险承担者及其他利益相关者的个人和机构经验与判断。[①]海湾环境风险的管控应吸纳治理理念的养分，顺应现阶段大的社会环境才能事半功倍。治理理念的本质之一即是实现治理主体的多元化，将政府、社会、个体都纳入到治理的过程中，鼓励公民参与到海湾环境风险的管控中，主动表达意见与利益诉求。

目前，在海湾环境风险管控领域，我国主要的公民参与包括听证会、民主座谈会、信访等途径，且形式化参与居多，尤其是弱势群体的利益表达处于"失语"的状态。我国的公民参与存在两大问题：一是公民参与方式相较民众多样化的利益诉求滞后，导致民众对政府和管理者的不满，危及社会

---

① Sorensen.J.H.，*Evaluating the effectiveness of warning system for nuclear power plant emergencies：Criteria and application*. In M.J.Pasqualetti and D.Pijawka（eds），Nuclear Power：Assessing and Managing Hazardous Technology. Boulder，Co：Westview，1984，pp.259-277.

安定。美国社会科学家科赛在《社会冲突的功能》中提出了社会安全阀的概念，既是指为社会或群体的成员提供某些正当渠道，将平时积蓄的敌对、不满情绪及个人的怨恨予以宣泄和消除。二是参与政府海湾环境风险管控的公民大部分并不是生活在沿海地带或深受海湾环境恶化影响的人，即并不是海湾环境风险的首要承担者与第一利益相关者，缺乏代表性。真正具有利益诉求的公民参与不到实际的决策中，这种不合理的公民参与情势，必然会导致利益相关方的利益诉求上达不通，政府的整治措施下达不畅的情况，对海湾环境风险的管控造成不小的挑战。因此，开发新的公民参与途径、激发民众——尤其是与风险有关的利益相关者——的参与热情，选取最具代表性的公民，切实保障政府与民众的双向沟通达到最佳效果。

三、建立海湾环境风险的社会有效介入机制

在海湾环境风险的管控中，政府一直扮演着主导角色，然而海湾随着人、财、物的高度聚集以及海湾经济的快速发展，政府既没有必要也没有充足的精力全面管控海湾环境风险，一方面是因为政府自身在资源分配、人员结构、组织体系等方面的局限，不可避免地存在着失灵现象[1]，使得政府的全面管控造成大量资金和人力资源的浪费；另一方面，海湾环境风险的突发性、不可控性，使得政府在管控海湾环境风险时难以全面监控、反应及时、高效处理。

在海湾环境风险管控过程中，社会力量发挥着十分重要的作用。在海湾环境风险监测阶段，国家机构进行风险的日常监测，然而除了国家专业人员，一些高校实验室、海湾专家、海湾社会组织也为风险监测提供数据和资料。在海湾环境风险的预防阶段，政府部门出台预防政策，建设防护工程，需要专家学者的专业分析，也要民众的意见，更需要从事海洋经济工作的群众的理解和支持。在海洋环境风险的应对阶段，政府主导着风险的应对，但

---

① 臧雷振、黄建军：《减灾救灾社会参与机制的国际比较及启示》，《中国应急管理》2011 年第 10 期。

是也需要社会力量的硬件支持、智力支持、人力支持、后勤保障，社会组织以及公众的作用不可小觑。在海湾环境风险的恢复阶段，社会为海湾工程的恢复重建提供捐款，民众心理的恐慌需要疏导，有的民众在此过程中也会产生不满情绪，媒体可以在此过程中在帮助政府传递信息、平复谣言、提升政府在公众心目中的形象、为政府提供"外脑"和帮助政府赢得社会支持[①]，专业医疗团队对民众进行心理疏导等。政府需要建立海洋环境风险的社会有效介入机制，该机制主要包括社会介入主体力量的积蓄、社会介入制度环境的构建、社会介入渠道领域拓展三个方面的主要内容。

（一）社会介入主体力量积蓄

社会有效介入机制建立的首要任务在于社会介入主体力量的积蓄壮大，这主要包括两方面：一方面，大力扶持社会力量，使其有能力介入海洋环境风险的管控过程之中，构建多元化的社会介入主体，政府在社会有效介入机制中的主导作用仍然不变。目前我国社会力量薄弱，公民社会很不成熟，需要强有力的政府调动各方力量进行社会动员。对于一些特别重要、但是发展缓慢甚至陷入困境的民间公益组织，政府在立法、财政、准入、舆论引导、制度构建等方面为充分发挥减灾救灾功能创造良好条件[②]，需要提供资源进行扶持，需要资金拨款、需要对专业人员进行技术培训，充分发挥社会组织的协同作用。对于有助于管控海湾环境风险的个人行为，借助媒体的力量进行宣传鼓励，从政府层面对这种行为进行赞赏并且提供实质性的鼓励，发出真诚的邀请将其纳入海湾环境风险管控体系中来，对社会成员进行激励，提高公民在参与海湾环境风险管控的积极性。另一方面，要提高社会介入主体的专业化程度，提高社会介入的有效性。海湾环境风险专业针对性强，但并非只限于一个海洋专业。海洋环境风险涉及到船舶业、旅游业、海洋渔业、海洋化工业、海洋交通运输业、海洋油气业、海洋综合利用与电气业等行业，必须由专业化的社会介入队伍才能科学地进行海湾环境风险的管控。专

---

① 王国华、武国江：《新闻媒体在政府危机管理中的作用》，《云南行政学院学报》2004 年第3 期。

② 孔新峰：《英国减灾救灾社会参与机制分析》，《社会主义研究》2011 年第 4 期。

业化的建设并不排斥民主，反而建设专业化的社会介入队伍的措施之一就是非专业化的民众通过教育和培训使其变得专业化，从而扩大专业化的社会介入队伍。

（二）社会介入制度环境构建

构建制度化的社会介入环境，促进社会有效介入机制的全面建立。对于海湾环境风险的社会有效介入机制的制度环境来说，一般可将其分为正式制度环境和非正式制度环境。其中，正式制度环境由有关海洋的法律法规、规章制度等文件，还有政府组织部门等硬件设施来构成。上有法律支持海湾环境风险的社会介入机制，下有机构承接落实海湾环境风险的社会介入机制，这能够保证将社会介入机制长久地运行下去，而不是突发事件的临时选择。非正式规则，通常是指传统的政治文化观念（如官本位思想等）对社会参与影响，以及执政党和政府对公民进行社会参与的态度和对社会组织进行社会参与的看法。[①] 为保证非正式规则朝着支持社会介入机制建立，需要进行宣传教育来改正落后的想法。

（三）社会介入动力支撑机制

海湾环境风险管控中社会介入并不是完全自动自发的，社会介入除了是社会团体、公民等公民参与意识驱动下的行为，社会介入同时也是需要参与成本的行为，因此，要想真正鼓励社会介入海湾风险的管控除了要提高公民意识，最为关键的是要建立社会介入的动力支撑机制，此机制旨在通过资金支持来达到公民参与度的提高。具体而言，为鼓励海湾环境风险管控的社会介入，可以设立海湾风险管控专项基金，此专项基金用途有二：通过专项基金资金拨付，专项用于社会介入海湾环境风险管控的活动，降低社会团体与公民的参与成本。另一方面，通过专项基金实施鼓励手段，对于在海湾环境风险管控中，社会团体、民间智囊团、公民等的贡献不仅要给予精神上鼓励，更要有经济上的奖励。社会介入有了经济动力支持，自然能够使民众快

---

① 汤宇杰：《社会管理创新视域下建立合理社会参与机制的探索》，硕士学位论文，吉林大学，2012年，第25页。

速响应海湾环境风险的治理，尤其对于海湾沿岸公民而言，介入风险管控本身就是风险治理效果的受益者，再辅以资金支持动力，动力支持机制与快速相应机制二者互为因果，又互为增进。

四、建立海湾环境风险的有效补偿机制

海湾环境风险的有效补偿机制即海湾突发性事故对于海湾环境的危害造成之后，对环境风险事后的补救措施。作为海湾环境风险治理的最后一环，海湾生态补偿机制不仅仅是环境风险后的收尾与终结，更重要的是作为防止海湾环境风险的再次发生的预防机制。虽然对于海湾环境而言，事前的有效预测与防治远比事后补偿要经济实效，但是有效的事后补偿机制的存在是对具有公共物品性质的海湾环境的必要的补救措施。海湾环境风险的有效补偿机制可以从多元循环补偿机制、同等替代补偿机制、因果溯源补偿机制三方面来建立有效的生态补偿机制。

（一）多元循环补偿机制

生态效益与社会效益相互关联，利益作为连接生态效益与社会效益的连接搭扣，二者组成利益循环链条。生态损害造成的后果，从表面而言，主要表现为环境污染、水土流失、土地荒漠化、森林锐减、物种灭绝等；而从根本而言，生态损害是生态效益与社会效益之间的利益链条的薄弱甚至断裂，而生态损害的补偿机制也是对于生态效益与社会效益之间循环链条的利益补偿，生态效益与社会效益的利益链条属于利益循环链条，生态效益与社会效益之间互为增进，互为补偿。由于利益循环链条的存在，与此相对应，生态补偿也应该体现出其紧密衔接与循环增进的特点，形成补偿循环链条。

对于海湾而言，海湾生态效益和海湾社会效益同样组成海湾利益循环链条，而在此利益链条上的相关参与者具有多元性，包括政府、社会团体、公民个体在内生态补偿的提供者，包括企业工业、海湾公民等在内的受益者，以及包括项目建设者、排污者等在内的破坏者。除了多元性，海湾生态利益循环链条上的相关参与者也具有多重性，即在海湾生态项目建设的过程中，政府既有可能是破坏者也会是海湾生态设施的提供者；作为海湾当地居

民，既有可能是污染环境的破坏者，也有可能是环境保护的提供者；而几乎每个相关参与者都是受益者。因此海湾生态补偿机制既需要具有循环性，又具有参与者的多元性，多重性。多元循环补偿机制即通过利益补偿来保持利益链条的连续性、循环性、稳定性，维持海湾利益循环链条的动力循环，该机制并不是只针对生态损害的某一点来实行赔偿，而是要掌握利益循环的系统性，以此达到避免环境效益与社会效益链条的利益流失，增进海湾效益的目的。

（二）同等替代补偿机制

在生态补偿的常用补偿手段中，对于生态破坏者采取的措施主要就是通过罚款等措施，其主要流程包括政府相关部门对于生态环境监测、评估生态损害程度、明确补偿责任人，根据评估结果确定补偿金额，责任人补偿损害，政府修复或维护生态环境。当前的补偿机制对于政府的依赖极高，而且政府在获得补偿责任人的赔款之后，还是要通过相关专业机构企业、专业技术人员来完成生态修复的责任，而且当政府作为破坏者本身时，该补偿机制无法发挥补偿功能。

同等替代补偿机制的主要相关者是补偿责任人，而政府是相对次要的，主要包括两方面，一方面是指环境破坏修复结果与原环境生态的同等替代；也包括环境补偿责任人的同等替代。前者不难理解，即根据政府的环境生态监测，环境破坏者承担起生态补偿责任人的角色，将生态环境恢复到生态破坏之前的原本状态，而对于不可逆转的生态损害，对于生态的恢复要达到基本的生态标准，以及运用经济方式进行其余部分的补偿，针对海湾环境而言，类似于海湾环境污染对于海湾环境的破坏就是不可逆转的，不可能恢复到原本的自然状态，但是相关责任人可以通过技术措施等辅助海水的净化，以达到基本海湾海水标准；而后者环境补偿责任人的同等替代是指生态补偿的进行可以由赔偿责任人亲自负责进行恢复，或者通过外包的方式，通过专门的生态保护企业或专业技术人员进行恢复，赔偿责任人可以通过这种市场方式进行任务的同等替代。

同等替代补偿机制的优势在于减轻政府的负担，在此过程中政府相关部门主要任务在于环境监测、明确环境补偿责任人、环境恢复结果验收等，此补偿机制也是为了预防政府在收取生态补偿金后的不作为。同等替代补偿机制最大的特点在于其对于结果的重视，同时也是更加偏向于市场补偿方式的一种，生态补偿最重要的在于环境恢复、如何有效地恢复生态环境才是生态补偿最终的关注点。对于海湾而言，注重结果的同等替代补偿机制显然更加有利于海湾环境的修复与保护。

（三）因果溯源补偿机制

在生态补偿机制中明确生态赔偿责任人是最为关键的一环，也是生态赔偿难度最高的一环。由于生态系统的环境复杂性，尤其对于海湾环境而言，水环境是其最重要的生态环境。造成海湾生态损害的因子众多，如何通过追根溯源找到造成某种生态损害的主因，理清海湾生态补偿的因果关系，需要借助许多量化计算检测，包括排污量计算、污染计算、风险计算等，而对于生态的测量与计算大多是可能性与概率计算，并不具有高精度，这无疑增加了确定海湾赔偿责任划分的难度。因果溯源补偿机制主要体现两个特点：一方面在于追根溯源，理清因果，明确责任；另一方面在于落实补偿，根源追踪，长期监督。前者在于确定生态补偿责任时，应理清责任归属，厘清主因与主要赔偿责任人；后者在于，在落实补偿责任之后，严格跟踪监督履行补偿责任的过程，以及实行保证赔偿责任人长期履行补偿义务，赔偿责任终身负责。

第五章　我国蓝色海湾整治的综合执法研究

海湾开发与保护并存，两者处于一定的矛盾中，应妥善处理。但海湾整治主体受部门利益影响，彼此妥协，盲目开发，甚至违法开发，而出现问题却相互扯皮，不利于海湾健康发展。通过分析蓝色海湾整治综合执法的理论脉络、海洋环境保护的联合执法及条块执法，指出在蓝色海湾整治中的综合执法协同机制，加大海湾综合执法力度，促进海湾可持续发展。

第一节　蓝色海湾整治综合执法的理论脉络

一、问题与理论困境

我国是幅员辽阔、人口众多的大国，有一种治理悖论长期为学者们所关注，即表现为权力的"一放就乱、一抓就死"。周雪光将这种治理悖论表述为"权威体制与有效治理"之间的矛盾，即"前者趋于权力、资源向上集中，从而削弱了地方政府解决实际问题的能力和这一体制的有效治理能力，而后者又常常表现为各行其是，偏离失控，对权威体制的中央核心产生威胁"①。

---

① 周雪光：《权威体制与有效治理：当代中国国家治理的制度逻辑》，载周雪光等《国家建设与政府行为》，中国社会科学出版社 2012 年版，第 7—32 页。

在海洋管理领域，上述矛盾同样突出。20世纪90年代中央政府陆续将我国海岸带和近海海域的部分使用管理权下放于各级地方政府。自此之后，各地海岸带和近海海域的开发规模快速膨胀，这使得中央政府按照既定功能区划有序开发海洋的目标长期处于临界状态。2002年，全国人大通过实施了《海域使用管理法》，强调了按照国家海洋功能区划规范用海的原则，并对各级地方政府的审批权限进行了明确限制。2008年，为了继续控制沿海地区海洋开发的无序状态，监察部、人力资源和社会保障部、财政部、国家海洋局又联合颁布了《海域使用管理违法违纪行为处分规定》，并指出颁布实施该规定的主要原因在于"一些地方未能全面贯彻落实科学发展观，片面追求经济利益，违法批准使用海域、非法占用海域、侵犯海域使用权人合法权益等海域使用管理违法违纪行为时有发生，严重破坏了局部海域的资源、生态和环境"①。

尽管如此，周雪光认为，中央政府对于这种紧张状态并非无能为力，相反。为了达到这种平衡状态，三种应对机制被运用于实践，分别是"逐级代理制""政治教化礼仪化"以及"运动型治理机制"②。

首先，条块联合执法模式本身并不是一种行政发包制，而且也并非行政发包制的衍生品。实际上，新中国成立以来我国海洋管理体制从未实行过典型的行政逐级发包制，尽管20世纪90年代中央将一部分海岸带和海域管理权下放地方政府。虽然国家海洋局经历了多次机构改革调整，但在条条层面一直保留了完整且垂直到底的管理机构，即海洋局体系，因而形成了基层管理"条块并行"的局面，联合执法其实是这种体制安排的一种结果。对于国家海洋局各机构和地方政府管理机构的描述有助于加深我们对此的理解。国家海洋局方面，在全国沿海下设三个区域管理机构：北海分局、东海分局与南海分局，北海分局驻青岛，主管辽宁、河北、天津、山东四地；东海分

---

① 杨璇：《〈海域使用管理违法违纪行为处分规定〉自4月1日起施行》，2008年4月1日，见 http://www.oceanol.com/jingji/chanyejingji/325.html。

② 周雪光：《权威体制与有效治理：当代中国国家治理的制度逻辑》，载周雪光等《国家建设与政府行为》，中国社会科学出版社2012年版，第7—32页。

局驻上海，负责江苏、上海、浙江、福建四省市；南海分局驻广州，管辖广东、广西、海南沿海海域。三个分局的日常管理由直属的海监总队实施，海监总队下设海监支队，负责更为细分的辖区。地方政府方面，各省、直辖市、自治区均设有海洋管理部门，拥有直属海监总队，地级市拥有直属海监支队，区县一级则拥有直属海监大队。

2013年，《国务院关于部委管理的国家局设置的通知》规定国家海洋局及其下属中国海监总队、原农业部中国渔政、原公安边防海警和原海关总署缉私警察整合为新的国家海洋局。重新组建的国家海洋局，以中国海警局名义开展海上维权执法，同时接受公安部业务指导。中国海警局设"海警司令部"和"中国海警指挥中心"，之下设立了北海分局、东海分局和南海分局三个直属海警分局，以及滨海各省的海警总队。2018年新一轮的国家机构改革，国家海洋局划归自然资源部，同时对外保留国家海洋局的牌子。根据第十三届全国人民代表大会常务委员会第三次会议通过的《全国人民代表大会常务委员会关于中国海警局行使海上维权执法职权的决定》，海警队伍整体划归中国武装警察部队领导指挥，调整组建中国武装警察部队海警总队，称中国海警局，中国海警局统一履行海上维权执法职责。

由此可见，无论是条条还是块块，都拥有一定的基层执法力量和管理权。另外，在涉及到海岸与近海海域的项目审批权上，中央政府也并没有全盘发包给地方政府，而是采取了分级审批制度。根据《海域使用管理法》的规定，填海50公顷以上的项目用海、围海100公顷以上的项目用海、不改变海域自然属性的用海700公顷以上的项目用海、国家重大建设项目用海以及国务院规定的其他项目用海，均应当报国务院审批，而这留给地方政府的自由裁量空间其实已经非常有限了。在"基层管理条块并行"与"用海项目分级审批"的制度背景下，条块联合执法这样一种特殊的管理模式成为海洋管理的常规化形态。

其次，条块联合执法也并不具有典型的政治教化礼仪化特征。原因在于，教化活动是一种"虚活"，"与人们的实际工作和行为却关系甚微"①。如前所述，政治教化的礼仪化强调政府政治话语，注重仪式的的象征性意义。而条块联合执法更表现出治理的专业化与技术理性特征，其管理活动与结果认定主要依靠专业的海监船、侦查机、测量设备与检验设备完成，即使在执法中存在仪式化的程序，也往往就事论事，以达到治理效果为目的。

最后，运动型治理机制也不能概括条块联合执法的主要特征。联合执法是被我国《海洋环境保护法》认可的一种常规治理模式，其实施并不需要像运动型治理那样通过叫停科层制的常规过程实现，因为其本身就是常规过程的一部分。运动型治理机制往往时间短暂，侧重政治动员，而在海洋管理领域联合执法频繁且侧重于行政机制的运用。

对于这一机制的存在，另一种理论似乎也难以有效解释。该理论认为，在我国当前体制下，中央政府对于高社会风险的全国性公共产品倾向于采用地方分权的供给方式，目的是由地方政府承担相应的社会风险，从而尽可能降低中央政府自身承担的风险。这类高风险的全国性公共产品包括全国性食品安全监管、跨地区的江河水质保护等。② 根据这一理论，海洋管理，尤其是涉及海洋环境保护的管理活动作为一种公共产品，与跨区域的江河水质保护没有本质区别，因而是一种高社会风险的全国性公共物品，所以中央政府应该会交由地方政府承担，进而降低自身承担的社会风险。

然而事实并非如此。条块联合执法作为海洋环境保护的主要管理手段，其形式本身就说明了中央部门并不是简单的放权者，实际上同时是放权者、监督者与直接参与者。此外，条块联合执法的普遍推行是基于"基层管理条块并行"和"用海项目分级审批"体制，"基层管理条块并行"表明中央政府仍然通过国家海洋局系统垂直到底的一套管理机构直接对海洋环境进行日常监管，而且当我们比较海洋分局与各省份海洋管理部门的机构职责时会发

---

① 周雪光：《权威体制与有效治理：当代中国国家治理的制度逻辑》，载周雪光等《国家建设与政府行为》，中国社会科学出版社 2012 年版，第 7—32 页。

② 曹正汉、周杰：《社会风险与地方分权——中国食品安全监管实行地方分级管理的原因》，《社会学研究》2013 年第 1 期。

现，双方在事权上并不存在严格划分，众多职责描述是模糊或者重叠的，而"用海项目分级审批"使得规模项目审批权基本为国务院所包揽，"国家重大建设项目用海以及国务院规定的其他项目用海"方面的规定使这一特征更为明显。

鉴于既有的试图一统化的理论对于条块联合执法这一特定领域的治理机制欠缺充足解释力，因此，本书试图通过对该领域 2008 年至 2015 年多个案例的分析回答以下问题：首先，条块联合执法是如何运作的？其次，其缓和治理悖论的内在逻辑是什么？最后，其特殊性在哪里？对于同类管理领域是否具有普遍意义？

二、一种新的理论视角

本书根据央地关系领域的既有研究范式和研究成果，提炼出一个适用于研究治理悖论应对机制、涉及央地部门间互动的分析框架，以便于我们对条块联合执法的运行过程和功能逻辑进行阐释。这个分析框架由三个维度构成，分别是信息调节维度、集分权调节维度和治理有效性调节维度。其中信息的调节是集分权调节和治理有效性调节的中介，在面临权威体制与治理有效性之间的刚性矛盾时，信息调节机制发挥着缓冲矛盾与增强体制弹性的作用。在信息调节的支持下，集分权调节和治理有效性调节才能够保持一种良性互动。

（一）信息调节

既有研究表明，由于中央政府与地方政府之间存在显著的信息不对称，在多重任务压力之下，地方政府倾向于选择不合作与策略性应对[1]，这就可

---

[1]　张闫龙：《财政分权与省以下政府间关系的演变——对 20 世纪 80 年代 A 省财政体制改革中政府间关系变迁的个案研究》，《社会学研究》2006 年第 3 期；欧阳静：《压力型体制与乡镇的策略主义逻辑》，《经济社会体制比较》2011 年第 3 期；周雪光：《基层政府间的"共谋现象"——一个政府行为的制度逻辑》，《社会学研究》2008 年第 6 期；周雪光、练宏：《政府内部上下级部门间谈判的一个分析模型——以环境政策实施为例》，《中国社会科学》2011 年第 5 期；艾云：《上下级政府间"考核检查"与"应对"过程的组织学分析——以 A 县"计划生育"年终考核为例》，《社会》2011 年第 3 期。

能为治理风险预留空间，产生政策的"非意图性后果"，如激励扭曲[1]、"逆向软预算约束"[2]、土地财政风险[3]，等等，而地方性权力的滥用最终将损害和威胁中央权威。因此，央地关系中的信息对称化机制对于确保改革成果至关重要。在海洋环境保护方面，信息不对称问题同样不可避免，因此在分析央地间的互动模式时，考察其对信息不对称的调节能力十分必要。一般而言，信息不对称的调节分为两个向度，分别是信息输入与信息输出向度：中央政府通过机制设计，获取充分的地方信息输入，对于适时调整集分权策略非常关键；而将中央政府的态度及时准确输出于地方政府，影响着治理有效性平衡状态的达成。

（二）集分权调节

关于我国政府调整集分权的模式，学界已经形成相当数量的研究成果，其中，"保护市场的联邦主义"理论[4]认为 M 型分权带来了地方竞争效应和

---

① 周黎安：《晋升博弈中政府官员的激励与合作——兼论中国地方保护主义和重复建设问题长期存在的原因》，《经济研究》2004 年第 6 期；周黎安：《中国地方官员的晋升锦标赛模式研究》，《经济研究》2007 年第 7 期；傅勇、张晏：《中国式分权与财政支出结构偏向：为增长而竞争的代价》，《管理世界》2007 年第 3 期。

② 周雪光：《"逆向软预算约束"：一个政府行为的组织分析》，《中国社会科学》2005 年第 2 期。

③ 周飞舟：《分税制十年：制度及其影响》，《中国社会科学》2006 年第 6 期；周飞舟：《生财有道：土地开发和转让中的政府和农民》，《社会学研究》2007 年第 1 期；周飞舟：《大兴土木：土地财政与地方政府行为》，《经济社会体制比较》2010 年第 3 期。

④ Montinola G，Qian Y，Weingast B R，"Federalism，Chinese Style：The Political Basis for Economic Success in China"，*World Politics*，Vol.48，No.1，1995；Qian Y and Weingast B R，"China's Transition to Markets：Market-Preserving Federalism，Chinese Style"，*Journal of Policy Reform*，No.1，1996；Qian Y and Weingast B R，"Federalism as a Commitment to Preserving Market Incentive"，*Journal of Economic Perspectives*，Vol.11，No.4，1997；Qian Y and Roland G，"Federalism and the Soft Budget Constraint"，*American Economic Review*，Vol.88，No.5，1998；Qian Y，Roland G，Xu C，"Why is China Different from Eastern Europe？ Perspectives from Organization Theory"，*European Economic Review*，Vol.43，1999；Qian Y，"The Process of China's Market Transition (1978—98)"，*Journal of Institutional and Theoretical Economics*，Vol.156，No.1，2000；Olivier Blanchard and Andrei Shleifer，"Federalism With and Without Political Centralization：China Versus Russia"，*Palgrave Macmillan Journals*，vol.48，No.4，2001.

制衡效应，促使地方政府具有了保护市场的动力。"内核—边层可控式放权"则指出，对于具有结果不确定性的改革，中央政府往往从权力的边层和外围启动，同时权力的内核在与边层的互动中调控改革风险，这在府际关系中表现为基层试点，进而在横向维度和纵向维度上扩展。有学者发现，伴随着分权化改革，我国的地方政府逐渐从科层制底端的政权代理者转变为"谋利型政权经营者"[①]，地方政府的厂商化[②]、公司化[③] 特征日益显著，这些转变都重塑着原本高度集权化的央地关系。沿着这一思路，有学者用"行政发包制"概念对集分权理论进行了拓展，认为分权实质上是一种作为激励系统的委托—代理机制[④]，也有学者称之为"压力型体制"[⑤]、"目标管理责任制"[⑥]。当纵向的"行政发包制"与横向的"晋升锦标赛"[⑦] 相结合时，地方政府在压力与动力的共同作用下，便产生了完成中央任务的强激励。在本书中，集中管理与分权并不仅仅体现在成文的制度安排层面，为了能够更确切反映权力运行的现实逻辑，本书中的集中管理和分权还表现在组织互动中的相互影响

① 徐勇：《内核—边层：可控的放权式改革——对中国改革的政治学解读》，《开放时代》2003 年第 1 期。

② Walder A G，"Local Governments as Industrial Firms：An Organizational Analysis of China's Transitional Economy"，*American Journal of Sociology*，Vol.101，No.2，1995.

③ Oi J C，"Fiscal Reform and the Economic Foundation of Local State Corporatism in China"，*World Politics*，Vol.45，No.1，1992. Oi J C，"The Role of the Local State in China's Transitional Economy"，*China Quarterly*，Vol.144，1995.

④ 周黎安、王娟：《行政发包制与雇佣制：以清代海关治理为例》，载周雪光等《国家建设与政府行为》，中国社会科学出版社 2012 年版；周黎安：《行政发包制》，《社会》2014 年第 6 期。

⑤ 欧阳静：《压力型体制与乡镇的策略主义逻辑》，《经济社会体制比较》2011 年第 3 期；荣敬本、崔之元：《从压力型体制向民主合作型体制的转变——县乡两级政治体制改革》，中央编译出版社 1998 年版；欧阳静：《运作于压力型科层制与乡土社会之间的乡镇政权——以桔镇为研究对象》，《社会》2009 年第 5 期。

⑥ 王汉生、王一鸽：《目标管理责任制：农村基层政权的实践逻辑》，《社会学研究》2009 年第 2 期。

⑦ 周黎安：《晋升博弈中政府官员的激励与合作——兼论中国地方保护主义和重复建设问题长期存在的原因》，《经济研究》2004 年第 6 期；周黎安：《中国地方官员的晋升锦标赛模式研究》，《经济研究》2007 年第 7 期。

力，它受到互动双方信息、资源以及态度的影响。

（三）治理有效性调节

在既有研究中，中央政府采取的维护治理有效性的调节机制有以下代表：（1）"中央治官、地方治民"①。这一模式赋予不同区域地方政府差异化治理的自由，从而达到因地制宜的效果。（2）从总体性支配转为技术治理②。计划经济时代国家采取了全面垄断重要资源的模式，并通过政治动员的形式开展国家运动，这在一定程度上将风险上升到举国层面。改革以来中央的工作重心转为激发基层活力，并围绕指标体系和考核制度形成了细分化和专业化的技术治理模式，有助于提升治理绩效。（3）运动式治理。面对多重任务中的激励扭曲问题，运动式治理在短时期内使任务单一化，从而达到整合上下资源，突击达到治理目标的作用。③ 在分析央地政府间的互动机制时，可以将治理有效性的调节分为两个维度，即对人的维度和对事的维度。在对人的维度上，一种机制的设计往往重在使地方官员自觉控制偏向性政府行为，而在对事的维度上，调节机制主要聚焦于纠正已经发生的错误行为及其影响。

第二节　海洋环境保护联合执法：法律与现实

一、法律基础

海洋环境保护联合执法的法律认可来自于 2000 年颁布实施的《中华人民共和国海洋环境保护法》，该法第十九条规定："依照本法规定行使海洋环

---

① 曹正汉、周杰：《社会风险与地方分权——中国食品安全监管实行地方分级管理的原因》，《社会学研究》2013 年第 1 期；曹正汉：《中国上下分治的治理体制及其稳定机制》，《社会学研究》2011 年第 1 期。

② 渠敬东、周飞舟、应星：《从总体支配到技术治理——基于中国 30 年改革经验的社会学分析》，《中国社会科学》2009 年第 6 期。

③ 周黎安：《行政发包制》，《社会》2014 年第 6 期。

境监督管理权的部门可以在海上实行联合执法，在巡航监视中发现海上污染事故或者违反本法规定的行为时，应当予以制止并调查取证，必要时有权采取有效措施，防止污染事态的扩大，并报告有关主管部门处理。"需要说明的是，"行使海洋环境监督管理权的部门"共有五个，对于这五个部门的分工，该法第五条作出了具体解释：

国务院环境保护行政主管部门作为对全国环境保护工作统一监督管理的部门，对全国海洋环境保护工作实施指导、协调和监督，并负责全国防治陆源污染物和海岸工程建设项目对海洋污染损害的环境保护工作。

国家海洋行政主管部门负责海洋环境的监督管理，组织海洋环境的调查、监测、监视、评价和科学研究，负责全国防治海洋工程建设项目和海洋倾倒废弃物对海洋污染损害的环境保护工作。

国家海事行政主管部门负责所辖港区水域内非军事船舶和港区水域外非渔业、非军事船舶污染海洋环境的监督管理，并负责污染事故的调查处理；对在中华人民共和国管辖海域航行、停泊和作业的外国籍船舶造成的污染事故登轮检查处理。船舶污染事故给渔业造成损害的，应当吸收渔业行政主管部门参与调查处理。

国家渔业行政主管部门负责渔港水域内非军事船舶和渔港水域外渔业船舶污染海洋环境的监督管理，负责保护渔业水域生态环境工作，并调查处理前款规定的污染事故以外的渔业污染事故。

军队环境保护部门负责军事船舶污染海洋环境的监督管理及污染事故的调查处理。

根据上述规定，海洋环境保护工作分属原环保部、原海洋局、原海事局、原国防部和原农业部。2018年国家机构改革调整后，负责海洋环境保护工作的国家机构相应有所变化，自然资源部和生态环境部管陆源海洋污染、海洋工程和倾废污染，交通运输部、国防部和农业农村部对应普通船

舶、军事船舶和渔业船舶造成的海上污染。在必要的情况下，五部门可实施
联合执法。

这一规定并没有指出联合执法是否限定于部门横向之间，其表述较为
宽泛，因此可以认为凡涉及五部门的联合执法均受此法认可。值得注意的
是，该法对于五部门横向职责划分有清楚界定，但对于中央、省、市、县之
间的职责划分并没有直接给出。仅在第五条提及"沿海县级以上地方人民政
府行使海洋环境监督管理权的部门的职责，由省、自治区、直辖市人民政府
根据本法及国务院有关规定确定。"亦即同一部门在省、市、县之间的职责
划分由省级政府确定，这就赋予省级政府相当程度的自由裁量权，而在中央
部门与省的职责划分方面，该法并未明确说明。

作为我国海洋环境保护方面的基础性法律，《中华人民共和国海洋环境
保护法》为各地出台相应的地方法规提供了指导。沿海省级地方政府中，辽
宁、山东、江苏、浙江和广东也在其海洋环境保护类法规中涉及到联合执
法。《山东省海洋环境保护条例》第五条提及"海洋与渔业、环保、海事等
部门应当相互配合，密切协作，共同做好海洋环境保护工作。对海洋污染事
故或者污染损害海洋环境的违法行为，可以进行联合调查、联合执法"。《辽
宁省海洋环境保护法》第十条要求"行使海洋环境监督管理权的部门在海上
实行联合执法的，应当相互配合、密切协作，共同做好海洋环境保护工作"。
《江苏省海洋环境保护条例》第十七条要求"沿海县级以上地方人民政府可
以组织环保、海洋、渔业部门和海事管理机构建立联合执法制度，实行联合
执法。"《浙江省海洋环境保护条例》第九条规定"沿海县级以上人民政府可
以组织行使海洋环境监督管理权的部门实行海上联合执法"。《广东省实施
〈中华人民共和国海洋环境保护法〉办法》也规定"沿海县级以上人民政府
可以根据需要，组织海洋、渔业和海事等行政主管部门实行海上联合执法"。
不过各省相关法规在语义上更加侧重于多部门横向联合执法，而没有对同部
门纵向联合执法作出区分和特别说明。

由上述分析可知，海洋环境保护联合执法的法律基础来自于《中华人
民共和国海洋环境保护法》以及各省同类法规，在相关法律法规中，横向部

门职责划分是确定的，但纵向层级间职责划分尚不明确，这种安排可能赋予高层级部门更多自由裁量权，较易于形成纵向联合执法的上级主导特征。换言之，较为宽松的法律约束为中央部门实施条块联合执法提供了空间，进而为央地集分权和治理有效性平衡状态的调节提供了制度基础。

二、概念界定

在我国政府组织结构的相关研究文献中，"条"一般指代的是由中央部委及其各级地方对口单位组成的、以职能为划分依据的纵向组织体系。"块"则指以管辖区域为划分依据的、由地方政府及其直属部门组成的组织体系。地方上的某一个部门，往往既受中央对口部委的监督指导，又受地方政府领导，因而处于条块权力交叉的节点上。新中国成立以来，中央部委和地方政府对于地方职能部门的争先支配现象循环往复，因而条块矛盾长期存在。

在海洋环境管理中，条块关系兼具普遍性与特殊性。特殊之处在于，中央层面的国家海洋局在地方上的对口职能单位有两"条"。一条为省海洋厅、市海洋局、县海洋局组成的纵向体系，另一条则为海区分局、直属海区支队组成的纵向体系。两个体系的主要区别在于，省海洋厅、市海洋局与县海洋局的干部管理、经费来源主要由地方政府负责，因此实质上属于块块的一部分，其管理活动代表块块的意志。而海区分局、直属海区支队的干部管理、经费来源由国家海洋局负责，其管理活动代表国家海洋局的意志，是真正意义上的条条。

基于以上原因，本书所使用的"条块联合执法"指的是这样一类执法活动：代表条条的海区分局（海区总队）、直属海区支队中至少有一方参加，同时代表块块的省海洋厅（省总队）、市海洋局（市支队）、县海洋局（县大队）中至少有一方参加。在图 5–1 中，条块联合执法即虚线框内左右两个职能体系联合形成的执法活动。括号内的注释为各单位执法活动的直接执行者，即相应的中国海监执法队伍（2013 年后更名为中国海警），其中的隶属关系为：省海监总队隶属于省海洋厅，市海监支队隶属于市海洋局，县海监大队隶属于县海洋局，海区海监总队隶属于海区分局，海区海监支队隶属于

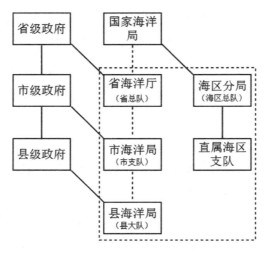

图 5-1 条块联合执法示意图

海区海监总队。

三、分布特征：纵向执法以条块联合执法为主

依据上述标准，本书对 74 个纵向维度上的联合执法案例进行了划分。所有案例均来自于中国海洋在线网站，该网站为国家海洋局主管，收录了 2008 年至今《中国海洋报》和各级地方海洋管理机构对于海洋管理的新闻报道，在涉海类公共管理新闻报道方面具有权威性和全面性。案例的获取方式为在该网站内搜索"联合执法"主题词，对于信息不全无法识别的案例进行剔除后，共保留类型可辨别的纵向联合执法案例 74 个，具体时间跨度为 2008 年 2 月至 2015 年 7 月。

表 5-1 纵向联合执法分布

类型	频数	所占比重
条块联合执法	38	51.4%
省级部门领导的执法	24	32.4%
市级部门领导的执法	12	16.2%
总计	74	100%

资料来源：根据 2008 年 2 月至 2015 年 7 月中国海洋在线网站所报道的 74 个案例整理。

如表5-1所示，纵向联合执法呈现出以条块联合执法为主的特征。在74个纵向联合执法案例中，条块联合执法38个，占51.4%，其次为省级部门领导的执法，占32.4%，再次为市级部门领导的执法，占16.2%。这一分布也从宏观上印证了本书的一个观点，即在海洋管理领域，化解权威体制与有效治理之间矛盾的主要机制是条块间的联合执法机制。下文将借助既有分析框架从行为模式、作用逻辑方面对这种治理悖论的应对机制进行微观层面的阐释。

第三节　条块联合执法的行为逻辑

一、治理悖论与信息输出

20世纪90年代以来，为了鼓励地方发展海洋经济，中央政府将原本属于国家海洋局的一部分海岸带和近海海域使用管理权下放于地方政府。为了防止权力的滥用，中央采用了"基层管理条块并行"与"用海项目分级审批"的制度，并要求地方政府按照国家整体的功能区划有序开发海洋。但是，即使在这种有限放权的前提下，地方权力滥用的形势还是快速蔓延开来：

> 《海域使用管理法》施行6年多来，海域使用管理工作取得了显著成效，但同时也出现了一些问题：违法批准使用海域、非法占用海域、侵犯海域使用权人合法权益等海域使用管理违法违纪行为时有发生，不仅严重破坏了局部海域的资源、生态和环境，还导致信访数量呈上升趋势，影响了社会和谐稳定。[1]

---

[1] 海洋新闻编辑组：《四部门负责人就公布〈海域使用管理违法违纪行为处分规定〉答记者问》，2008年4月1日，见http://www.oceanol.com/jingji/chanyejingji/331.html。

地方权力滥用的一个直接后果是，跨区域性的海洋环境风险与日俱增。乌尔里希·贝克在其《风险社会》一书中指出，环境风险"不仅是对健康的威胁，而且是对合法性、财产和利益的威胁"①。大量事实告诉我们，环境风险一旦转变为突发性灾难性事件，将极大程度上考验一国政府的公信力和合法性。因此，对环境风险进行管控是各国政府维护其合法性的重要基础。但是困难在于，环境风险控制与经济增长之间存在张力。正如贝克所言，"与对现代化风险的认知相联系的，是生态的贬值和剥夺，它们经常而系统地与推动工业化进程的利益和财产权利相矛盾"②。

这种形势迫使中央政府必须出台相应办法控制地方政府的行为偏向，条块联合执法成为应对机制之一，而行动的第一步便是将开展条块联合执法的信息通过中央媒体向地方输出，媒介主要为《中国海洋报》、中国海洋在线等。例如，2008 年是国家海洋局大规模联合执法行动的起始年份，而这一时期《中国海洋报》也频繁刊登文章强调海洋环境风险加剧以及联合执法的必要性。《中国海洋报》2008 年 7 月 21 日一篇题为《开展北海区联合执法是落实科学发展观重要举措》的报道着重指出了以下事实：

> 北海区有辽宁、河北、天津、山东三省一市，包括沿海 19 个市（区），大陆岸线 5946 公里，岛屿岸线 1473 公里，管辖海域面积 45.7 万平方公里。随着我国海洋经济的迅速发展，海洋对沿海各省市经济发展的重要作用日趋凸显。环渤海经济圈作为我国经济发展的第三极，各省市都规划了重大的海洋开发工程。随着辽宁"五点一线"、河北"渤海新区"、天津"滨海新区"以及山东重大建设项目的实施，北海区用海需求与日俱增，管理压力日趋增大。国家经济的快速发展对能源的需求日益增大，渤海作为中国重要的石油基地，海洋石油勘探开发速度加快，溢油污染给海洋生态环境造成损害的可能性加大，对海

---

① 　[德] 乌尔里希·贝克：《风险社会》，何博闻译，译林出版社 2004 年版。
② 　[德] 乌尔里希·贝克：《风险社会》，何博闻译，译林出版社 2004 年版。

洋环境保护也提出了更高的要求。随着海洋行政执法工作在深度和广度上的全面推进，中国海监执法队伍之间的协调和配合需要探索、建立有效的协调机制。①

文章认识到海洋环境风险源自海洋经济的迅速发展以及相应的能源需求，通过限制海洋经济增长的手段防范风险并不现实，因而需要做的是不断提高执法队伍的协调和配合能力。但其困难性可想而知，因为地方政府在现有考核体制下必然将可量化的经济增长置于重要性排序的首位，一旦中央的调控目标与地方经济增长发生冲突，自然会衍生出地方保护主义。② 地方保护主义令央地之间的信息获取更加不对称，使本来就严峻的环境风险继续膨胀。这一问题海洋管理部门也很清楚，在《中国海洋报》另一篇题为《联合执法应成为海监工作长效机制》（2008 年 8 月 5 日）的报道里，作者指出"各地海洋开发与环境保护中存在地方保护主义，特别是在处理海洋开发与保护的矛盾上问题较多，地方海监部门执法难度增大"③，因而建议建立联合执法检查的长效机制，以应对地方政府的不作为。

总之，已有资料显示，条块联合执法的逻辑起点，是中央部门面对治理悖论，对于一种风险应对机制的迫切需要，其行动的第一步是通过中央媒体输出信息，为条块联合执法的开展造势。

二、风险控制与信息输入

风险识别与信息输出之后，执法行动便正式启动。整个执法过程主要对事而不对人。所谓"对事"，是指执法行动直接面向高风险用海区域和用

---

① 　王志远：《开展北海区联合执法是落实科学发展观重要举措》，2008 年 7 月 28 日，见 http://www.oceanol.com/redian/renwu/7.html。
② 　周黎安：《晋升博弈中政府官员的激励与合作——兼论中国地方保护主义和重复建设问题长期存在的原因》，《经济研究》2004 年第 6 期。
③ 　中国海监青岛市支队：《联合执法应成为海监工作长效机制》，2008 年 8 月 5 日，见 http://www.oceanol.com/redian/jujiao/8256.html。

海项目，目的在于通过整合条块力量、查办重点案件来控制环境风险，提升治理有效性；"不对人"则指该阶段执法活动并不面向那些对违法审批等地方保护主义行为负有责任的地方官员。这一过程中条块联合执法发挥两种作用。其一，通过条条出面调动地方政府的执法积极性，或者可以说，通过强制性的行政命令迫使地方执法力量参与案件查办，进而纠正其面对海洋环境违法的不作为状态。其二，在共同办案过程中海洋局可以获取地方用海违法具体形势、地方海监队伍执法意愿、执法能力等信息，为海洋管理方面的集分权调整提供信息支持。下面的案例描述了国家海洋局在温州市的一次大规模条块联合执法行动：

历时5天的中国海监东海区2008联合执法行动圆满地完成了在温州五县（市）一区沿海开展的海陆空执法任务，在温州市苍南县落下帷幕。本次联合执法行动是根据国家海洋局的要求和中国海监总队的统一部署，由中国海监东海总队会同中国海监浙江省总队共同组织开展的联合执法行动。行动中，共动用1架海监飞机、5艘执法船（艇）、14辆执法车；出动执法人员50余人，采取海陆空立体巡查、四级海监机构联合检查的方式，重点对温州市沿海区域的各类用海行为、海洋工程建设项目、废弃物海洋倾倒活动、无居民海岛保护与利用、海底电缆管道和海洋自然保护区管理制度执行情况等进行全面检查。行动中，联合执法队伍各行动小组分别对温州市所属的龙湾区、洞头县、乐清市、瑞安市、平阳县和苍南县的部分用海单位及其用海项目，依法进行了实地调查、勘测核对和登记存档，共对33个项目进行了检查。其中，检查重点项目20个，例行检查项目13个。检查结果表明，温州市的海洋管理工作总体上正朝着规范、有序的方向发展，海洋环境保护工作卓有成效，污染损害海洋环境的行为得到了有效遏制，海域使用管理工作在一定程度上得到了推进，依法用海的观念基本树立。但是，同时也存在着"未批先用""边批边用"和不按规定用海的现象；在涉嫌违法用海的项目中，未按照规定使用海域，尤其是超出审批范围使用海域的情况还比较普遍，个别项目超面积用海严重，另外还存在一些无证用海项目。……其后，联合执法行动领导小组立即组织召开了总结表彰会，在对行动进行总结回顾的基础上，对被检查的 33 个用海项目进行了分类和梳理；对其中 17 个大案、要案和被当地群众称为"疑难案""通天案"的涉嫌违法用海单位，根据调查取证所掌握的材料，作了进一步的分析研究；对涉嫌违法用海项目下一步的立案查处工作，进行了部署，明确了分工。①

案例中，联合执法重点对象为温州市沿海区域的"各类用海行为、海洋工程建设项目、废弃物海洋倾倒活动、无居民海岛保护与利用、海底电缆管道和海洋自然保护区管理制度执行情况"，"检查重点项目 20 个，例行检查项目 13 个"，说明行动并非具有普查性质，而是以重点领域的重点项目为主。根据案例描述，在被检查的 33 个项目中，有 17 个为"大案""要案"和"疑难案""通天案"，占被检查项目的比重高达 51.5%，足以反映出当地海洋环境违法现象之普遍。在这种普遍性违法问题的背后，往往是地方政府的不作为和保护主义。在我国，地方上拥有相对完备的海洋环境执法队伍，包括市海监支队和县海监大队在内，任何一级执法队伍如果能够正常履行职责，那么出现如此普遍违法现象的几率是微乎其微的。在该案例中，地方上严重的保护主义被当地群众描述为"疑难案""通天案"，这自然使当地被纳入高风险区域类别，进而成为条块联合执法的重点对象。通过联合执法，浙江省本省的海监力量不得不参与到其中，在条条的监督下一同查办案件，也就无法以不知情等借口放任地方性风险膨胀；同时，国家海洋局系统也对地方上的违法态势有了动态而精确的掌控。

下面的案例为东海分局在福州市实施的一次条块联合执法，该执法为期 5 天，对象覆盖福州沿海的 6 个区、县（县级市），涉及 46 个项目：

---

① 董立万：《东海区 2008 联合执法行动鸣金收兵》，2008 年 11 月 4 日，见 http：//www.oceanol.com/zfjc/zhifa/5520.html。

检查结果表明，有21个项目手续齐全、行为规范，符合法律规定；10个项目已取得海域使用权证、尚未开工；新发现涉嫌违法项目3个；前期海监机构已立案查处、但尚未结案的项目5个。此外，检查中发现4个项目尚未取得海域使用权证，1个项目取得国家海洋局用海预审批复、但尚未取得海域使用权，1个海洋工程项目的环保设施滞后于主体工程，1个项目待查。新发现的3个涉嫌违法用海项目是：福州港罗源湾港区狮歧3万吨级多用途码头平台与港池工程涉嫌无证用海；福州港罗源湾港区碧里作业区5号泊位工程涉嫌超面积用海；福建远大船业有限公司修船7万吨、造船3万吨船坞和配套工程涉嫌不按规定用海。罗源碧里至将军帽港区疏港交通战备公路水泥砼拌合站工程、福州港松下港区防波堤工程、连江县黄歧中心渔港防波堤工程、江阴工业区集中区东部路堤一期工程填海造地工程、福建利亚船舶工程三期扩建用海工程均涉嫌违法用海，在前期已分别由有关海监机构立案调查。①

案例显示，该次行动主要针对码头工程、造船工程、防波工程等大型沿海工程项目，在所有的46个项目中，发现新的涉嫌违法项目3个，占比为6.5%，仍在可控范围内。但是，"前期海监机构已立案查处、但尚未结案的项目5个"，"尚未结案"的含义值得思考。既然违法事实清楚，前期已经立案查处，未结案是否意味着执法中来自地方的阻力？此外，新涉嫌违法项目和已立案查处项目总共8项，占比达到17.4%，也反映出较高的海洋环境治理风险。借助条块联合执法，此类具体的地方性信息在案件查办中源源不断地输入到条条之中，成为控制地方风险，化解治理悖论的重要依据。

以下案例为北海分局在连云港实施的一次条块联合执法，执法主要针

---

① 汤忠民：《福建联合执法行动鸣金收兵》，2009年5月26日，见 http://www.oceanol.com/zfjc/zhifa/5765.html。

对建设用海、海洋环境、海岛保护和海底电缆管道等领域的 28 个重点项目进行检查。在内容上，执法着重强调了要对项目审批情况进行核实，例如海岛围填海项目审批、区域用海规划审批等。这其实表明在现实中审批环节更易于滋生地方保护主义，往往成为风险扩散的源头。目前，中国的用海审批实行分级管理制度，规模较小的项目市级政府可以自行审批，达到一定规模的项目根据情况需上报省级政府或中央政府审批。制度设计尽管严格，但事实上在地方政府权限之内的用海项目，审批往往过于宽松灵活；而需上级政府审批的项目，地方政府出于自身利益的考量常默许用海单位虚报项目内容，审批过后，中央部门受制于监督成本无法获得全面信息，地方环境风险便得以滋长。而通过条块联合执法，国家海洋局执法队伍可以与违法企业以及地方执法力量进行互动，进而对审批环节的具体风险形势进行评估，这也是信息输入的一种方式。

> 5 月 23—27 日，中国海监东海总队、江苏省总队在江苏省连云港市开展了联合执法行动……对连云港市沿海灌云县、灌南县、赣榆县、连云区区域建设用海、海洋环境、海岛保护和海底电缆管道等 28 个用海项目进行重点检查。其中，海上执法小组对连云港海域海岛进行环岛巡查，对秦山岛、竹岛等进行登岛巡查，重点核查无居民海岛开发利用活动审批情况，海岛周边填海、围海及填海连岛项目审批情况，海岛周边海域生态、环境保护情况等；空中执法小组每日沿预定航线，对连云港市近岸海域实施 1 架次空中飞行监视；陆上 4 个执法小组按区域分工，重点核实区域用海规划的审批与落实情况、用海项目用途是否与批准文件一致、海洋环境影响报告是否核准，以及在建海洋工程污染物排放与处置情况等。①

---

① 孙莉等：《四级海监联合执法规范海洋管理》，2011 年 5 月 23 日，见 http://www.oceanol.com/zfjc/tantaojiaoliu/12914.html。

三、集分权的动态调节

在我国，集中管理与分权除了受机构设置、机构职责、审批权限等静态制度影响外，还受到中央部门对地方性事务动态介入行为的影响。在当前职责同构化的国家管理体系中，制度并没有对中央介入地方事务的边界进行硬性约束。因而即使大量事权下放到地方，中央部门也可以在日常管理中深度介入，进而造成集中管理的事实。鉴于上述原因，条块联合执法作为一种动态的执法模式，其领导部门层级、执法时机等因素都会对央地之间实质上的集中与分权管理产生影响。笔者就此对 74 个案例中主要的条块联合执法案例的领导部门层级进行了梳理。

在所有条块联合执法中，具体领导者分为两类：第一类为国家海洋局分局直属总队，即中国海监北海总队、中国海监东海总队和中国海监南海总队三个部门；第二类为国家海洋局分局直属支队，包括隶属于北海分局的中国海监第一、二、三支队，隶属于东海分局的中国海监第四、五、六支队和隶属于南海分局的中国海监第七、八、九、十支队。在实际执法中，二者均代表国家海洋局行使权力，但第一类较为常见。例如，2013 年 5 月 22 日中国海监东海总队在浙江启动海岛联合执法行动，该项执法联合了中国海监浙江省总队、宁波市海监支队和宁波下属各县的海监大队，各部门联合对违规用岛和排污问题进行了登岛排查。据案例统计，在 2008 年 2 月到 2015 年 7 月间中国海监东海总队共领导此类联合执法 14 次，执法地点覆盖从江苏北部到福建南部的所辖区域。

第二类出现频次较少，其原因在于，尽管国家海洋局直属支队在执法活动中代表海洋局行使权力，但受限于其行政级别，难以得到地方执法部门响应。即使行动得到配合，各省海监总队也往往不参与其中，这从一个侧面反应出我国科层体制中潜在的行政级别导向型合作观念。例如，2014 年 11 月 3 日中国海监第六支队所领导的海岛联合执法，参与者为宁德市海监支队和霞浦县海监大队，而福建省总队并未参加；2012 年 12 月 2 日由中国海监第九支队领导的海上非法采砂联合执法行动，仅有北海市和合浦县的相关部门配合。

这样一来，国家海洋局派出海监总队还是海监支队领导联合执法，就能够反映出其对此次联合执法行动的重视程度。国家海洋局可以依据前期执法过程中地方信息输入内容，对形势严峻性进行评估，适时改换派出部门，维持一种集分权的动态平衡。主要案例执法主体情况汇总见表 5–2：

表 5–2　主要案例执法主体情况汇总

时间	中央领导部门	省级参与部门	市级参与部门	县级参与部门
2014 年 10 月	中国海监第六支队		宁德市海监支队	霞浦县海监大队
2013 年 8 月	中国海监北海总队	辽宁省海监总队	辽宁各市海监支队	辽宁省各县海监大队
2013 年 5 月	中国海监东海总队	浙江省海监总队		
2013 年 5 月	中国海监东海总队	浙江省海监总队	宁波市海监支队	宁波各县海监大队
2013 年 5 月	中国海监东海总队	福建省海监总队	泉州市海监支队	泉州各县海监大队
2012 年 12 月	中国海监第五支队	上海市海监总队	金山区海洋局	
2012 年 11 月	中国海监第九支队		北海市海洋局	合浦县政府
2012 年 5 月	中国海监东海总队	福建省海监总队	宁德市海监支队	宁德各县海监大队
2012 年 5 月	中国海监东海总队	浙江省海监总队	舟山市海监支队	
2011 年 11 月	中国海监北海总队	天津市海监总队	塘沽海监支队、汉沽海监支队、大港海监支队	
2011 年 6 月	中国海监第五支队	上海市海监总队、上海市公安边防总队海警支队		

续表

时间	中央领导部门	省级参与部门	市级参与部门	县级参与部门
2011 年 5 月	中国海监北海总队	天津市海监总队	塘沽海监支队、汉沽海监支队、大港海监支队	
2011 年 5 月	中国海监东海总队	江苏省海监总队	连云港市海监支队	连云港各县海监大队
2011 年 4 月	中国海监东海总队	福建省海监总队	莆田市海监支队	莆田各县海监大队
2010 年 6 月	中国海监北海总队	天津市海监总队	塘沽海监支队、汉沽海监支队、大港海监支队	
2010 年 6 月	中国海监东海总队	浙江省海监总队	宁波市海监支队	宁波各县海监大队
2010 年 5 月	中国海监东海总队	江苏省海监总队	南通市海监支队	
2010 年 4 月	中国海监东海总队	福建省海监总队	厦门市海监支队	
2010 年 4 月	中国海监北海总队	辽宁省海监总队	辽宁各市海监支队	
2010 年 4 月	中国海监北海总队	河北省海监总队	河北省各市海监支队	
2010 年 4 月	中国海监北海总队	天津市海监总队	天津各区海监支队	
2010 年 4 月	中国海监北海总队	山东省海监总队	各市海监支队	
2010 年 2 月	中国海监第一支队			崂山海监大队、崂山公安边防大队
2009 年 7 月	中国海监第三支队	辽宁省海监总队	辽宁各市海监支队	
2009 年 7 月	中国海监南海总队	海南省海监总队	海南各市海监队伍	海南各县海监队伍
2009 年 6 月	中国海监东海总队	浙江省海监总队	台州市海监支队	台州各县海监大队

续表

时间	中央领导部门	省级参与部门	市级参与部门	县级参与部门
2009 年 5 月	中国海监第一支队	武警山东总队海警第二支队	青岛市海监支队	
2009 年 5 月	中国海监东海总队	福建省海监总队	福州市海监支队	福州各县海监大队
2009 年 5 月	中国海监东海总队	江苏省海监总队	盐城市海监支队	盐城各县海监大队
2008 年 11 月	中国海监南海总队	广西海监总队	北海市海监支队	
2008 年 11 月	中国海监东海总队	浙江省海监总队	温州市海监支队	温州各县海监大队
2008 年 6 月	中国海监北海总队	辽宁省海监总队	葫芦岛市海监支队	
2008 年 5 月	中国海监北海总队	山东省海监总队	青岛市海监支队	

资料来源：根据 2008 年 2 月至 2015 年 7 月中国海洋在线网站所报道的 74 个案例整理。

四、信息互动：仪式化的地方首长表态制

联合执法行动将以何种形式收尾？一种备选项是直接按照法定程序处理。根据 2002 年 12 月 25 日公布的《海洋行政处罚实施办法》第三条规定，县级以上各级人民政府海洋行政主管部门是海洋行政处罚实施机关。也就是说，有权依法实施处罚的机关包括国家海洋局和沿海省、市、县相关海洋行政主管部门。第三条同时还规定，实施机关设中国海监机构的，海洋行政处罚工作由所属的中国海监机构具体承担；未设中国海监机构的，由本级海洋行政主管部门实施。中国海监机构以同级海洋行政主管部门的名义实施海洋行政处罚。

因此，按照法定程序，领导纵向联合执法的国家海洋局海监执法队伍可以直接以海洋局的名义对发现的违法问题进行处罚。但是，仅仅依照法律进行处罚对于控制海洋环境风险而言往往收效甚微，也并非国家海洋局实施

联合执法的意图所在。一个原因在于法律许可的处罚金额上限较低，例如，根据《中华人民共和国海洋环境保护法》第八十三条，违法进行海洋工程建设项目，或者海洋工程建设项目未建成环境保护设施、环境保护设施未达到规定要求即投入生产、使用的，由海洋行政主管部门责令其停止施工或者生产、使用，并处 5 万元以上 20 万元以下的罚款。对于用海单位而言，20 万元以内的罚款相比于违法收益而言往往是微不足道的，因此违法行为难以得到实质性遏制。第二个原因在于执法成本较高，国家海洋局的执法队伍还承担着 12 海里之外专属经济区的管理任务，因而无力将执法范围覆盖沿海所有县市，更难以承受按部就班查处所有违法案件的执法成本。最后，具体案件的查处主要是地方海洋执法队伍的职责所在，尽管存在地方保护主义，但国家海洋局如果过度干预，还是会影响整个科层体制的正常运作，引起地方对于上级越俎代庖行为的抵制。

基于上述原因，在实际执法中，国家海洋局为了使有限的执法行动发挥最大影响力，采取的是一种"仪式化的地方首长表态制"收尾策略。在执法行动结束之时，一般召开总结大会或表彰大会，并要求地方领导出席。各次会议的内容虽各有侧重，但一般而言都包括三个主要环节：执法队伍通报执法情况、地方领导对结果进行表态、海洋局领导给出整改建议。这种策略是一种既对事又对人的策略，"对事"是指为了保证执法效果，针对执法过程中发现的问题要求地方政府在规定时间内整改，不流于形式；而"对人"则是指条条方面的领导通过面对面地向地方首长指出问题，表达出对其工作的批评态度，是对地方首长的一种警示。以下几个案例给出了具体说明：

案例一：

　　历时 5 天的中国海监东海区 2008 联合执法行动圆满地完成了在温州五县（市）一区沿海开展的海陆空执法任务，在温州市苍南县落下帷幕。……行动结束后，联合执法行动领导小组向温州市市长赵一德、副市长黄德康以及温州市有关委办局的主要负责人、沿海六县（市、区）的县（市、区）长，通报了本次联合执法的任务背景和基本情况，并针对本次检查中存在的问题，向温州市政府提出了建议。赵一德市长代表温州市委、市政府对联合执法行动各行动小组卓有成效的执法工作表示感谢，并表示，针对联合执法行动小组所反映的问题，一定认真研究，正确对待，严肃追究；另外，各级政府要发挥综合协调作用，努力推进海洋工作的进一步发展，使温州市海洋管理工作走上更为法治化、规范化、科学化和可持续发展的道路。……本次联合执法行动的顺利实施，较好地完成了国家海洋局和中国海监总队本年度在东海区的行政执法任务，也是对东海区海区级与地方级海监队伍积极依法行政、履行监督职责和文明执法的一次重要检验；另外，还进一步提高了用海人的法律意识，教育和震慑了极少数置海洋法律于不顾、肆意违法用海的单位。①

案例二：

为期 5 天的中国海监 2009 年度福建省联合执法行动鸣金收兵。此次行动对福州沿海 6 个县、市（区）的 46 个项目进行了检查，圆满完成执法任务。……东海总队常务副总队长叶敏通报执法情况时表示，福州市的海洋管理工作总体上是规范、有序的。但依然存在"边申请边开工"、超面积用海和无证用海、海洋工程环保制度落实不够、海监工作发展不平衡等问题。福州市副市长徐铁骏听取执法情况通报后表示，要责成有关部门对用海存在的问题限期整改，总结经验教训，进一步规范、完善用海管理制度，加强海洋法律法规宣传，提升全民依法用海意识。②

---

① 董立万：《东海区 2008 联合执法行动鸣金收兵》，2008 年 11 月 4 日，见 http：//www.oceanol.com/zfjc/zhifa/5520.html。

② 汤忠民：《福建联合执法行动鸣金收兵》，2009 年 5 月 26 日，见 http：//www.oceanol.com/zfjc/zhifa/5765.html。

案例三：

　　中国海监东海总队移师浙江台州，会同中国海监浙江省总队开展了为期 4 天的浙江省联合执法行动，共检查了台州沿海 6 个县、市（区）的 42 个项目……行动结束后，联合执法行动领导小组在台州市召开了浙江省联合执法行动情况通报会。台州市副市长李跃程，椒江、路桥、临海、玉环、温岭、三门等 6 个县市（区）的主要领导以及分管海洋工作的领导共 40 人出席了会议。①

案例四：

　　经过 2 天的集中检查，5 月 18 日，中国海监 2012 年度福建海岛联合执法行动圆满结束。此次联合执法行动覆盖宁德海域的蕉城区、霞浦县、福鼎市及福安市。……行动结束后，联合执法行动领导小组在宁德市召开 2012 年度福建省海岛联合执法行动情况通报会。宁德市副市长陈辉和各县、市（区）主要领导以及分管海洋工作的领导共 26 人出席会议。国家海洋局东海分局副局长、中国海监东海总队常务副总队长刘振东在对检查情况进行总结通报后，提出了 5 条具体建议，要求宁德市和有关县、市（区）政府落实好海岛保护规划，维护海洋管理秩序。②

　　对于中央部门而言，执法行动真正取得成果，并不在于一次查处的案件数量，而在于引起地方主政官员的重视，所以要求主政官员列席就成为了必要步骤。各个案例中，地方政府均有副市长以上官员出席，在案例一里，

---

① 吕宁：《浙江省联合执法行动圆满结束》，2009 年 6 月 2 日，见 http：//www.oceanol.com/zfjc/zhifa/5779.html。

② 吕宁：《浙江省联合执法行动圆满结束》，2009 年 6 月 2 日，见 http：//www.oceanol.com/zfjc/zhifa/5779.html。

温州市正、副市长以及有关委办局的主要负责人、沿海 6 县（市、区）的县（市、区）长都出席了会议；案例二中福州市副市长出席；案例三中台州市副市长、椒江、路桥、临海、玉环、温岭、三门等 6 个县市（区）的主要领导以及分管海洋工作的领导共 40 人出席；案例四中，宁德市副市长和各县、市（区）主要领导以及分管海洋工作的领导共 26 人出席。

　　在大会的进程中，信息互动分为输出和输入两个层面，输出的是表达中央态度的信息，目的是使地方政府感受到权力使用偏向的严重后果；输入的是地方首长的表态，在这种公开场合服从性的表态强化了中央权威，同时也使地方长官的承诺具有了军令状的性质。正如周雪光① 指出的那样，地方官员为了避免政治风险，在仪式上表现出保持与中央权威一致的姿态尤为重要。例如在问题通报之后，温州市"赵一德市长代表温州市委、市政府对联合执法行动各行动小组卓有成效的执法工作表示感谢，并表示，针对联合执法行动小组所反映的问题，一定认真研究，正确对待，严肃追究"；"福州市副市长徐铁骏听取执法情况通报后表示，要责成有关部门对用海存在的问题限期整改，总结经验教训，进一步规范、完善用海管理制度，加强海洋法律法规宣传，提升全民依法用海意识"。实际上，执法查处的重大问题可能都是为地方首长所熟知的，甚至是直接经办的，但在这样一种仪式化的流程中，感谢、听命甚至自我检讨成为表达服从中央权威的理性选择。

五、央地共治型综合执法机制：特殊性与普遍意义

　　分析至此，一个重要的问题是，条块联合执法作为一种治理悖论的应对机制，是否仅在海洋管理这一特殊领域适用？换言之，以条块联合执法为代表的央地共治型管理机制对于我国各个管理领域具有何种普遍意义？

　　首先应当承认，条块联合执法的运用的确具有其特殊背景。如前所述，尽管 20 世纪 90 年代中央将一部分海岸带和海域管理权下放地方政府，但在

---

① 周雪光：《权威体制与有效治理：当代中国国家治理的制度逻辑》，载周雪光等《国家建设与政府行为》，中国社会科学出版社 2012 年版，第 7—32 页。

条条层面一直保留了完整且垂直到底的管理机构，即海洋局体系，因而形成了基层管理"条块并行"的局面。或者说，中央层面的国家海洋局在地方上的对口职能单位有两"条"，一条为省海洋厅、市海洋局、县海洋局组成的纵向体系，另一条则为海区分局、直属海区支队组成的纵向体系。在涉及到海岸与近海海域的项目审批权上，中央政府也并没有全盘发包给地方政府，而是采取了分级审批制度。而条块联合执法其实是这种特殊体制安排下的一种结果。

这种特殊的体制安排源于管理对象的特殊性，即海洋事务具有跨区域、多目标等属性。海洋具有天然流动性，一地的环境污染可以快速扩展到邻近沿海地区甚至更远，一地的海洋环境治理也可以惠及邻近地区，对海洋环境的管理就随之具有了溢出效应。因此，如果将海洋环境保护视为一种正外部性公共物品，那么由跨区域的全国性管理部门管理更符合效率原则。但是，海岸带和近海海域也是一种重要的经济资源，在经济开发方面再由中央政府进行具体管理就会违反效率原则，而海洋环境保护与沿海经济开发又是紧密联系在一起的。这种复杂的内在的张力使得双重管理体制得以存在，这种体制下条条与块块之间必然产生职责划分与部门利益上的矛盾，这就对条块联合执法产生了现实需求。

但另一方面，与海洋事务具有类似属性的管理领域并不少见。例如食品药品安全监管、河流污染防治、大气污染防治、金融业监管等等。周黎安将这一类管理活动称为"统治风险溢出范围"较广的公共服务。他认为在中国的现行体制下，作为理性决策者，对于此类公共服务一般会尽可能降低行政发包程度，从而避免完全放权带来的风险失控。① 因此，本书认为，在此类公共服务领域，一种与海洋管理领域"基层管理条块并行"与"分级审批"类似的"双轨制"同样适用，在此基础上针对体制弊端，可以采用条块联合执法模式应对集中管理过度或地方政府行为偏向等问题，这就是其具有普遍意义的一面。

① 周黎安：《行政发包制》，《社会》2014 年第 6 期。

第四节　蓝色海湾整治的综合执法协同机制

在中国蓝色海湾整治的过程中，针对海域使用违法乱象，执法手段的协同运用发挥着重要作用。在法律法规层面，《海域使用管理法》和《海域使用管理违法违纪行为处分规定》等法规明确了公职人员的权力使用规范，在全国范围内为控制海域使用管理中的地方保护主义提供了法律依据。但是，法规在地方上的遵守程度如何需要信息的反馈，处理违法行为更需要以事实为基础的证据。由于央地政府之间关于地方事务存在着天然的信息不对称，因而设法将地方海域违法使用的信息以及地方政府保护违法行为的信息传递到中央部门就成了关键性问题。就现有资料来看，中央政府采取了全面性与针对性相结合的信息获取手段，主要包括遥感监控、建立全国统一的举报制度、建立央地信息共享平台以及单独执法介入几种方式。

一、遥感监控

遥感技术的运用极大地降低了央地之间的信息不对称程度，使得中央部门不必完全通过省、市、县级地方政府的层层汇报来获取信息。相反，通过卫星、飞机等载体实现的遥感探测，使海岸带和海岛的可见变化尽收眼底，这就提高了地方政府对于违法用海和排污企业进行默许和保护的难度，增加了"共谋"的成本，因而提升了中央部门的控制力。根据资料，笔者总结出 2007 年以来，遥感监控发展的两个趋势，其一是监控内容越来越全面细致，其二是监控技术快速更新。

在监控内容方面，2007 年以来，通过遥感技术的运用，国家海洋局逐渐实现了我国全部海岸带和海岛高分辨率信息的获取。2007 年的一则报道显示，在"908 专项"的支持下，国家海洋局第一研究所负责"完成了高分辨率遥感影像几何精校正，建立了山东、江苏海岛海岸带首套高分辨率遥感解译标志库，为后续的遥感信息提取工作奠定了坚实的基础"①。2008年，广东、浙江、河北、辽宁、天津这四省一市基本完成了高精度遥感监测工作②。2011年，国家海洋局制定了计划，目标在三年内完成全国所有海岛的遥感数据采集工作：

> 国家海洋局海岛管理办公室、中国海监总队联合印发了《海岛航空监视监测专题会议纪要》。该纪要指出，2011年~2013年期间，将有计划、分步骤地完成全国海岛航空遥感数据的获取工作，各级海洋行政主管部门和海监机构将通过专网共享海岛遥感信息，以对海岛开发、利用、执法管理提供数据支持。据悉，此次将采取点面结合的方式获取遥感数据，全国海岛航空遥感数据应不低于1∶10000成图比例尺的要求，第一批开发利用无居民海岛、整治修复项目所在海岛和领海基点所在海岛等重点监管海岛的遥感数据应不低于1∶5000成图比例尺的要求。我国有海岛1万多个，2019年将完成首批30%的海岛的遥感信息获取工作。该纪要还对海岛监视监测的组织管理、数据管理、经费保障等工作进行了规范。③

以东海区为例，在《海岛航空监视监测专题会议纪要》的指导下，到2012年，中国海监东海航空支队已经"获取了1238个福建海岛的航空遥感数据，约占东海区海岛航空监视监测年度任务的71%"④；到2014年初，整个东海区民用航空器可到达海岛的99.8%的遥感工作已经完成：

---

① 崔廷伟：《"908专项"WY02区块卫星遥感调查完成外业踏勘》，2007年8月16日，见 http://www.oceanol.com/keji/kjdt/4817.html。
② 耿文颖：《海域使用动态卫星遥感监测工作成效显著》，2008年12月13日，见 http://www.oceanol.com/guanli/zhencefg/3705.html。
③ 郝冬：《全国海岛航空遥感数据采集工作将于三年内完成》，2011年6月14日，见 http://www.oceanol.com/guanli/haidaoguanli/13123.html。
④ 张华明：《中国海监东海航空支队完成福建海岛遥感调查任务》，2012年10月19日，见 http://www.oceanol.com/zfjc/zhifa/21831.html。

东海航空支队透露，目前，东海航空支队 2013 年海岛内业数据处理工作完成。经过 3 年努力，东海航空支队已掌握东海区 8912 个海岛的航空遥感数据，其中领海基点所在海岛，列入第一批开发名录、整治修复、保护专项等重点海岛的遥感数据覆盖率达到 100%，标志着东海区海岛航空监视监测任务取得决定性胜利。数据显示，2013 年，东海航空支队共实施航空遥感监测 47 架次，采集 4800 个海岛的遥感数据，对 3192 个海岛进行了航空巡查和拍照取证，超额完成了覆盖江苏、浙江、上海、福建等省市的 17954 平方公里的计划海岛监视监测工作。……据悉，根据国家海洋信息中心提供的海岛名录，东海区民用航空器可到达海岛 8931 个，经过东海航空支队 3 年努力，现在已掌握 8912 个海岛的航空遥感数据，占东海区民用航空器可到达海岛的 99.8%，其中领海基点所在海岛，列入第一批开发名录、整治修复、保护专项等重点海岛的遥感数据覆盖率达到 100%。[①]

在全国海岛信息遥感监测进入收尾阶段的同时，2013 年，根据国家海洋局印发的《2013 年海域动态监视监测重点工作安排》，针对我国全部近岸海域的高精度遥感监测又在抓紧筹备中：

国家海洋局印发的《2013 年海域动态监视监测重点工作安排》确定，国家海洋局将对我国全部近岸海域开展两次 30 米分辨率卫星遥感监测，并对我国管辖海域范围内的钓鱼岛、黄岩岛等热点海域开展一次 2.5 米分辨率卫星遥感监测，对近岸重点海域开展一次分辨率优于 1 米、面积不少于 2 万平方公里的航空遥感监测，基本实现管辖海域遥感监测全覆盖。[②]

① 张曼祺、付宪明：《东海区 8912 个海岛有了航空遥感数据》，2014 年 3 月 21 日，见 http://www.oceanol.com/shouye/yaowen/2014-03-21/32680.html。

② 刘川：《今年将对近海开展两次卫星遥感监测》，2013 年 3 月 25 日，见 http://www.oceanol.com/redian/kuaixun/24712.html。

随着遥感监测信息的全面和细致化，众多引起地貌变化的海域使用违法问题被中央部门发现，相关部门也相应提高了执法的针对性和效率。例如2008年初，中国海监东海航空支队完成了福建海域航空遥感调查飞行，"在此次历时53天的福建海域航空遥感调查中，中国海监飞机先后飞行19架次，共完成约4700平方公里面积的调查工作。期间，还发现围填海工程24处、填海新建码头9个、海洋污染现象8起，获取调查取证照片956张"①。而在2013年的遥感监测中，"东海航空支队先后发现存在填海连岛现象的海岛73个，地形地貌严重破坏的海岛63个。按照一岛一档的要求，对全部3192个海岛的航空摄影照片进行了甄别、命名和分类归档整理，并将执法情况填写入《2013年东海区海岛航空监督检查与调查统计表》"②。

在监控技术方面，遥感技术的快速更新使得国家海洋局的监控能力日益增强，主要表现在遥感监控手段的多元化、便捷化以及遥感精度的不断提升两方面。

在2013年之前，遥感监测主要依靠有人驾驶飞机和卫星完成，但各有局限性。卫星距离地表较远，而有人驾驶飞机的使用受到人员、航空管制和气象条件限制较多，使用成本较高，这在相关资料中多有体现。例如2012年福建省海岛遥感调查中，"东海航空支队副支队长戴春山带领4名海监执法人员与机组人员协同配合，克服任务重、人员少、飞行空域协调复杂等困难，抓住中秋国庆长假期间有利的气候条件，坚守岗位，连续作业，辗转福州长乐机场和厦门高琦机场，相继完成了福建省海岛遥感调查、福建省海域与岸线巡查以及可门电厂温排水监测3项航空飞行作业任务"③；2013年福建海域动态遥感监视行动中，"由于正值春夏之交，福建地区降水频繁，这对

---

① 董立万等：《"908"专项福建海域航空遥感调查任务完成》（http：//www.oceanol.com/keji/kjdt/4780.html）。

② 张曼祺、付宪明：《东海区8912个海岛有了航空遥感数据》，2014年3月21日，见http：//www.oceanol.com/shouye/yaowen/2014-03-21/32680.html。

③ 张华明：《中国海监东海航空支队完成福建海岛遥感调查任务》，2012年10月9日，见http：//www.oceanol.com/zfjc/zhifa/21831.html。

于气象条件要求极高的航空遥感飞行极为不利。执法队员们克服困难，抢时机，抓效率，合理安排飞行计划，于近日完成了长乐机场飞行任务"[1]；2013年整个东海区的海岛航空遥感监测行动中，"面对海岛测区多而零散、南方梅雨季节可飞行天数少、机载遥感设备故障、空域协调困难等不利因素，东海航空支队克服困难，实施航空遥感监测 47 架次（有效 41 架次），采集了4800 个海岛的遥感数据"[2]。为了克服上述种种困难，提升遥感监测的便捷性与效率，2013 年以来无人机遥感开始得到推广：

> 国家海洋局将重点推进辽宁省、江苏省和海南省海域无人机监测基地建设，完成飞行平台、传感器、控制系统、传输系统、数据处理系统的购置，开展技术队伍和监测基地场所建设。加强实时远距离视频传输、长航时飞行平台、无人机监测数据后期处理等方面的技术研发和引进。与此同时，各地还将推进海域远程视频监控系统建设与集成，将视频监控系统纳入统一的监控平台，实现统一管理、信息共享，建立视频监控台账制度，利用远程视频积极开展海域使用现状监视监测。[3]

在遥感精度的提升方面，航空高光谱遥感的应用探索可能大幅度提高航空遥感精度：

> 日前，南海航空支队与广东海洋大学开展利用航空高光谱遥感，快速监测分析沿岸水质和植被健康状况试验的外业数据采集工作全部

---

[1]　王冰：《中国海监东海航空支队对福建海域进行遥感监视》，2013 年 5 月 10 日，见 http：// www.oceanol.com/zfjc/dwjianshe/25560.html。

[2]　张曼祺、付宪明：《东海区 8912 个海岛有了航空遥感数据》，2014 年 3 月 21 日，见 http：//www.oceanol.com/shouye/yaowen/2014-03-21/32680.html。

[3]　刘川：《今年将对近海开展两次卫星遥感监测》，2013 年 3 月 25 日，见 http：//www. oceanol.com/redian/kuaixun/24712.html。

完成。这是南海航空支队将航空遥感技术应用在海洋行政管理上的新探索。航空高光谱遥感技术是指通过装在飞机上的特殊照相机记录地面对紫外线、可见光和近红外连续波段的电磁反射，以达到细致和量化分析监测对象的目的。对于近岸海水，通过肉眼只能感性地判断其是否清洁，污染程度是否严重，但不能准确说出其水质级别以及酸碱度、重金属含量等是否超标，而利用航空高光谱遥感技术就能实现大范围、高精度量化分析，并可将分析结果根据需要绘制成专题图。①

与此同时，卫星遥感的精度也在不断提升，在2016年东海分局进行的浙江大陆海岸线卫星遥感调查工作中，"高分一号""资源一号02C"和"资源三号"国产卫星的高分辨率遥感技术得到应用：

> 此次浙江省大陆海岸线卫星遥感调查，相继完成42个岸线标志点测量登记、14个遥感控制点测量和50个巡视点的外业调查，以及106处遥感解译岸线类型的现场验证。使用"高分一号""资源一号02C"和"资源三号"国产卫星的高分辨率遥感数据源，形成3颗卫星、5类传感器数据的技术处理流程，并在统一的遥感图像处理软件中完成了40余幅影像处理，最终得到勾绘岸线的高质量遥感工作底图。不同于以往简单的遥感水边线提取，本次遥感调查获取的岸线，无论清晰度还是精度，均有一定提升，是传统海岸线测量的补充。②

二、举报制度

2006年，国家海洋局印发实施《海洋违法行为举报处理程序暂行规

---

① 石先高：《南海航空支队探索航空遥感技术新应用》，2014年12月19日，见http://www.oceanol.com/redian/ptsy/yaowen/2014-12-19/38525.html。

② 吴祥贵：《东海分局完成浙江大陆海岸线卫星遥感调查》，2016年2月16日，见http://www.oceanol.com/redian/difang/2016-02-16/56480.html。

定》，标志着用海违法举报制度的初步确立。该项制度据称收效甚好，"中国海监总队通过组织各级海监机构开展举报事件现场核实，违法行为发现率达79%。随着举报件不断增多，举报受理工作成为中国海监一项重要的日常工作"①。为了巩固举报制度，2009年8月中国海监总队又印发了《关于加强海洋违法行为举报处理工作的通知》，细化了受理举报工作的程序性规定，通知要求，"各级海监机构不仅要严谨处理每一个举报件，还要定期对举报信息进行统计、分析，对突出的用海矛盾及其发展态势有所研究、判断，从而在执法工作中形成应对措施，防止矛盾升级而引发影响社会稳定的问题发生"②。该文件显示出中央部门在信息对称化方面的两种努力方向：首先，及时获取当前违法动态信息，进而快速化解地方性风险；第二，通过对既有信息的统计、归纳，预测其发展趋势，进而防止地方性风险上升为全国性风险，影响社会稳定。

在上述规定和通知的基础上，全国统一举报电话作为一种提高信息集中度的工具性手段得以运用。2012年7月22日，全国海洋违法举报电话12323开通，"全国沿海地区用户可直接拨打12323举报海洋违法行为"③。根据笔者的试拨，以山东省为例，举报者既可以选择向国家海洋局直属的中国海监北海总队举报违法事实，也可以向山东省海洋与渔业厅所属中国海监山东总队举报，这就使得信息向中央层面的输入更为顺畅，同时也兼顾了不涉及地方保护主义的案件的处理效率。据报道，12323举报电话开通后的4个月内，共接到有效举报35件，在受理的举报中，涉及海域使用违法的占62.8%，涉及海洋环境违法的占34.3%，涉及海岛违法的占2.9%④，可见

---

① 宋婷婷：《中国海监总队印发通知加强海洋违法行为举报处理工作》，2009年8月4日，见 http：//www.oceanol.com/zfjc/zhifa/5889.html。

② 宋婷婷：《中国海监总队印发通知加强海洋违法行为举报处理工作》，2009年8月4日，见 http：//www.oceanol.com/zfjc/zhifa/5889.html。

③ 王秋蓉：《全国海洋违法举报电话12323开通试运行》，2012年12月28日，见 http：//www.oceanol.com/redian/difang/20160.html。

④ 王秋蓉：《全国海洋违法举报电话12323开通试运行》，2012年7月23日，见 http：//www.oceanol.com/redian/difang/20160.html。

在控制海域使用违法方面该机制已经成为中央部门行之有效的地方信息收集手段。

三、央地信息共享平台

举报电话的开通保证了地方用海违法信息能够不受干扰地直接上传到中央部门，进而确保其立案，对地方政府能够起到一定的震慑作用。但是，由于中央部门的直接管理成本较高，因此难以在后续处理中对地方案件全覆盖，此外央地部门之间对于不同规模和涉案主体的案件有内部分工，因而过度干涉难免有越俎代庖之嫌，因此仍有较多案件交由地方政府相关部门处理，由中央部门负责督办。在这种现实状况之下，海域使用管理中的违法问题即使被举报甚至立案，地方政府在处理的过程中仍有可能采取拖延、消极办案、弱化问题等方式对涉案主体加以保护，这就使得中央部门有必要获取关于案件查办过程和结果的信息。央地信息共享平台的建设体现的就是这样一种信息对称化努力。

2012年3月，经过半年的试运行，中国海监违法案件立案报备系统正式投入使用，该系统依托互联网，在技术手段上实现了全国各级海监机构所负责案件信息的在线检索，这样，对于已经立案的海域使用违法行为，中央部门可以实时远程掌控办案进度，进一步限制了地方保护主义的作用空间，并且降低了督办成本，其推动单位正是国家海洋局及其所属中国海监总队：

> 中国海监总队副总队长肖惠武对该系统的作用给予了高度肯定，并要求各海监队伍通过该系统及时进行海洋行政执法工作信息交换与共享，促进海区海监机构与省、市、县海监机构海洋行政执法工作的协作开展，提高工作效率，进一步加强执法工作监督，促进中国海监海洋行政执法工作的顺利开展。[①]

---

① 赵颖翡：《中国海监违法案件立案报备系统通过验收》，2012年3月30日，见http://www.oceanol.com/zfjc/dwjianshe/18150.html。

四、单独执法

由于单独执法所查处违法行为的主体多为地方政府主导型企业，因而相关公开资料多隐去具体的涉事企业和单位名称，下面的案例是少数透露违法主体的报道之一：

> 由中国海监第三支队立案调查的某市工业区东扩围海工程、某铁路客运专线海湾大桥工程填海建筑构造物等 4 起重大海域使用违法案件，全部被列为该支队"海盾 2008"案件。经会审，4 起案件罚款总额达 1072 万元，处罚决定均已全部下达。这 4 起案件均属于地处经济开发热点区、案件疑难多、处罚难度大的海域使用案件。4 起案件的当事人全部书面表示承认错误，放弃听证，接受处罚。①

从报道中可知，单独执法由中国海监第三支队实施，共立案 4 起，皆为重大海域使用违法案件。已知涉案项目中的两项分别为某市工业区东扩围海工程、某铁路客运专线海湾大桥工程，皆为明显的政府工程，因而其违法行为具有典型的地方保护主义特征；另外报道中指出，4 起案件"地处经济开发热点区、案件疑难多、处罚难度大"，也从一个侧面印证了这一点。下面的案例更加清楚地反映了单独执法应对地方保护主义的特征：

> 11 月 5 日，中国海监第六支队对福建某大桥有限公司海洋环保设施未建成即投入使用的海洋工程案件作出了行政处罚决定。5 月，该公司施工建设的跨海大桥在环境保护设施未建成的情况下通车投入使用。6 月，有关海洋行政主管部门要求该大桥业主单位 3 个月内完成整改。期满后，该业主单位仍未落实相应环保设施建设，其行为涉嫌

---

① 丁金钏：《中国海监第三支队查办四起重大违法案件》，2008 年 12 月 2 日，见 http：//www.oceanol.com/zfjc/dwjianshe/5561.html。

违反《海洋环境保护法》。10月22日，第六支队对该行为进行了立案查处。①

　　案例中，执法主体为国家海洋局东海分局直属海监第六支队，违法主体为福建某大桥有限公司，从名称上看，属于明显的地方政府主导型企业。海洋行政主管部门6月份即责令其整改，但3个月整改期满后该公司依旧拒不落实。面对地方保护主义特征显著的违法行为，在其他手段失效之后，中央执法机构最终选择通过单独执法对其立案查处。

　　在有些情况下，即使中央部门单独对地方违法项目开出了罚单，违法的地方国企也依然置之不理。例如，天津、河北的4家国有企业未经中央批准非法占用海域进行围填海活动，先后于2009年和2010年受到北海总队查处，但始终不缴纳罚款。无奈之下，北海分局通报了天津市政府并且约谈了4家国企的负责人，说明后果：

　　　　中国海监北海总队和第二支队相关领导，对2009年和2010年受到行政处罚且尚未按期缴纳罚款的4家用海单位主要负责人进行了约谈。随着天津市滨海新区和河北沿海的开发建设，天津、河北附近海域围填海工程越来越多，违法围填海的现象屡屡发生。此次约谈的4家单位在围填海项目未经批准的情况下，非法占用有关海域，违反了《中华人民共和国海域使用管理法》相关规定，受到了相应处罚，且未按期缴纳罚款。北海总队行政执法处领导向4家单位负责人阐述了国家关于海域使用管理的法律法规及政策，说明了国有企业违法的性质、影响以及拒不执行行政处罚的责任和后果。4位负责人都表示，要在此次约谈的规定期限内缴纳罚款，并保证今后加强与海洋行政主管部门的沟通，认真学习海洋行政法律法规和国家出台的相关政策，依

---

① 吕宁：《中国海监第六支队查处一起海洋环保违法案件》，2008年12月2日，见http：//www.oceanol.com/zfjc/yixianchuanzhen/29639.html。

法开发利用海洋。据悉，此次约谈是继 2 月 22 日国家海洋局北海分局向天津市政府通报天津地区违法用海案件查处情况后的又一举措，使海洋行政违法案件处罚执行工作向前迈出了一步。这对于贯彻国家海洋局近期出台的一系列关于加强围填海管理的规范性政策和措施、维护国家海洋法律法规的严肃性和提高用海者依法用海意识具有重要意义。①

---

① 毕磊：《北海总队约谈四家受罚用海单位》，2011 年 4 月 12 日，见 http：//www.oceanol.com/zfjc/wqxunhang/11991.html。

第六章　蓝色海湾整治中的政府能力重塑

　　海湾是复杂而敏感的生活区、居住区、旅游区，也是产业区、养殖区、经济区，同时也是生态区。具有如此复杂性质的同时，它又不属于传统国家治理的行政区。基于此，海湾治理不同于由刚性行政区基础上形成的闭合式"行政区行政"加"条块组织经济"的管理范式，因此必须谋求管理创新，提升政府治理能力。在党的十九大陆海统筹整体治理的背景下，环境问题的一体性、经济问题的区域性、海洋资源的空间复合性以及开发利用的冲突性，要求政府必须采取有力的措施实行陆海统筹规划。在统筹规划中，政府治理能力至关重要，在海湾整治中的政府能力主要表现为海湾生态环境建设的能力、政府协调能力、综合执法能力以及着重长远利益的海洋软实力建设。

第一节　海湾生态环境建设的能力重塑

　　我国社会经过三十年的高速发展，已经成为世界第二大经济体，是国际社会不可忽视的力量。但是我国发展模式饱受国内外质疑，认为我国的高速发展是以资源和环境为高代价的粗放型发展模式。[①] 这样的观点尽管有些

---

① 王锐：《中国地区生产活动的环境效率评价》，硕士学位论文，重庆大学，2015 年。

偏颇，但在一定程度上切中了我国发展的痛处。近十几年来，中国环境问题有越发严重化的趋势，当前环境问题的显著特征是：环境问题涉及范围广，环境污染程度严重，无论政府领导人还是普通民众关注程度高。① 尽管我国并不是典型的"海洋国家"，随着"海洋强国战略"和"一带一路战略"的出台与实施，人口迁徙东部沿海化倾向明显，东部沿海地位日隆，随之海洋环境问题也日渐严重。《2017 年中国海洋生态环境状况公报》显示，近岸局部海域污染依然严重，冬、春、夏、秋四个季节劣于第四类海水水质的近岸海域面积各占近岸海域面积的 16%、14%、11% 和 15%。在枯水期、丰水期和平水期，多年连续监测的 55 条河流入海断面水质劣于第 V 类地表水水质标准的比例分别为 44%、42% 和 36%，入海河流水质状况仍不容乐观。渤海滨海平原地区海水入侵和土壤盐渍化依然严重，砂质海岸局部地区侵蚀加重，粉砂淤泥质海岸侵蚀有所减弱。② 海洋环境治理的迫切性和重要性成为各级沿海地方政府的重要议题。

　　环境问题的日益严峻化也引发了环境规制政策领域发生了重大变化。第一，国家层面高度重视。党的十八大之后，国家领导人多次多个场合就"绿色发展理念""生态文明建设"阐明观点。如"良好生态环境是最公平的公共产品，是最普惠的民生福祉"，"宁要绿水青山，不要金山银山"，"在生态环境保护问题上，就是要不能越雷池一步，否则就应该受到惩罚"等等。党的十九大报告更是提出"像对待生命一样对待生态环境，统筹山水林田湖草系统治理，实行最严格的生态环境保护制度"。第二，绩效考核推动。地方政府是治理环境的重要主体，在 GDP 政绩观、财政分权、"晋升锦标赛"多种因素作用下，地方政府很难将注意力转向环境治理。目前，中央政府已经把地方政府环境治理绩效纳入官员考核体系，环境监察机构法律地位逐步加强，地方环保迎来中央督察，党政"一把手"面临"约谈"窘境，"党政同责""一岗双责"等生态文明绩效评价考核和责任追究制被提上日

① 王彩霞：《环境规制拐点与政府环境治理思维调整》，《宏观经济研究》2016 年第 2 期。
② 中华人民共和国自然资源部：《2017 年中国海洋生态环境状况公报》，2018 年 6 月 6 日，见 http://gc.mnr.gov.cn/201806/t20180619_1797652.html。

程。① 在民众呼吁和上级政府的双重压力下，地方政府开始主动谋求破解环境困局。第三，治理资金大量涌入。在生态文明国家战略的指引下，财政资金、社会资金、绿色金融支持等涌入环境产业。② 第四，有效的制度推进。2015 年被称为"史上最严环保法"的新《环境保护法》实施。同年 9 月《生态文明体制改革总体方案》颁布实施。2014 年，针对当年 12 月份全国大面积的雾霾围城，制定了《大气污染防治行动计划》；为应对水污染恶化问题，出台了《水污染防治行动计划》；为推动土地生态修复，颁布了《土壤污染防治行动计划》。大量配套制度安排出台，是环境治理的重要保证。在多项举措密集出台之后，陆域环境拐点显现。

以上的措施只是针对于陆域环境的治理，鉴于海洋环境治理与陆域环境治理存在的巨大差异，又由于中国海洋经济刚刚起步，人口有东部聚集的倾向，对于海洋环境治理还不能盲目乐观。在海洋环境保护方面，为落实党的十八大以来党中央、国务院对海洋生态环境保护的新要求，也为了与新修订的《环境保护法》等法律衔接，加大违法处罚力度，2016 年 11 月 7 日第十二届全国人大常委会第 24 次会议，修订了《海洋环境保护法》。2017 年 11 月 4 日第十二届全国人大常委会第 30 次会议，第三次修订了《海洋环境保护法》。随着中央对于海洋环境问题的关注以及公众对于环境治理的压力，海洋环境执法强度的提升，海洋环境生态建设呈乐然预期。当然，乐然预期需要建立在政府强有力作为的基础之上。

一、海洋环境治理完成两个转变

第一，观念转变。资源决定发展道路，纵观历史上的任何一个国家和地区，其发展道路的主要影响因素就是资源，资源决定进路，同时也塑造了一个国家和民族的文化。《全球通史》的作者斯塔夫里阿诺斯认为：对一个国家或民族产生重要影响的资源，可以概括为三个方面：一是广袤肥沃的耕

---

① 　张纪：《经济发展方式转型与政绩观转变》，《中州学刊》2014 年第 7 期。
② 　王彩霞：《环境规制拐点与政府环境治理思维调整》，《宏观经济研究》2016 年第 2 期。

地，二是发达的水系，三是齐全的矿产。我国历史上长期缺乏对于海洋的重视，海洋意识的缺乏是有原因的。对于古代中国而言，这三个至关重要的资源相对于西方都是丰富的。我国古代汉民族居住的中原及长江中下游地带，气候温和、地势平坦，拥有华北平原和长江中下游平原两大平原，从而使得供养大量人口的粮食生产有了保障，这是我国能够实现自给自足的小农经济最为重要的基础因素，它使得历代的国家管理者在避免与海外交流的状况下，可以做到"丰衣足食"，长而久之，形成一种"重农抑商"的文化传统也就不足为奇。由于对资源稀缺性观念的认识不足，以及对于道德力量的过分推崇，我国历史上缺乏以制度建构，施行社会治理以及推动经济社会发展的传统。西方发达国家的发展史用制度经济学的语言"稀缺性＋理性人，制度建构"来概括。及至今天的海洋管理理念，我们很少找到不出现"海域资源丰富，有着 18000 多公里的海岸线，内海、领海面积辽阔，拥有 300 万平方公里的管辖海域"描述的海洋类著作和教程。观念影响行动，在我国进入海洋之初，开发、使用海洋过程中的"无序、无度、无偿"现象大量存在，海域使用者的合法权益得不到有效保护，海洋生态环境遭到严重破坏，严重影响了海域综合效益的发挥和海洋资源的可持续发展。

正如经济学家所注意到的，特定物的稀缺性是在该物上设定所有权的客观基础。"若是一种东西预期会非常富裕，人人可以取得，不必请求任何人或者政府同意，它就不会成为任何人的财产。"古代社会之所以没有产生建立有效的海洋管理体系，不是因为海域没有使用价值，也不是因为人们没有学会利用海洋，当然更不是因为那时海洋里可利用的资源比今天少，而是因为在人类低下的生产力水平条件下，在人类还无力给海洋以较明显的开发性影响的情况下，海洋对于人类仍然是一个可以供人们尽情享用而绝不会枯竭，不会发生短缺的对象。近代工业文明不仅带来了陆地上的经济繁荣，同时也引发了人类开发利用海洋的高潮。海洋对资源的保有或赋存，海洋对航运的承载能力，海洋的某些特殊区位作为港口码头的特殊用途，海洋的其他空间价值等等，都吸引人们投身开发利用之中。随着陆地开发强度的增大而引起的资源不足，更把人们寻找商机、开发资源的注意力吸引到海洋，主要是近岸海域上来。这一切，彻底改变了海洋原有的"取之不尽，用之不竭"地位。海域逐渐成了人们争夺的对象，成了多种利用形式之间，多个利用主体之间矛盾的焦点。可以说，几乎所有人类社会的管理制度的建构都是为了解决利益冲突或者是潜在的利益冲突而生成，造成这些冲突的原因都归结为资源的稀缺性。

基于以上的分析和判断，政府管理者以及决策者必须进行第一个转变，即观念的彻底转变：海洋不是取之不尽用之不竭的渔场和粮仓，海洋资源是稀缺的，至少在近海海域资源是稀缺的，人们在沿海的经济活动严重影响到了海洋生态系统平衡和安全，不加限制的海洋经济活动，必然会引发海洋公地悲剧。因此，政府必须承担责任，进行制度建构，运用有效的、协调的制度体系来管理海洋、善治海洋。

第二，注意力转变，即海洋资源开发利用到海洋生态环境保护转变。仅仅是观念转变还不足够，还需要一系列的政策体系、制度体系实行有效的海洋治理。什么导向的政策体系？这与新时代大多数普通公众的关注与呼吁相关。党的十九大准确地把握了公众的普遍关切，重新界定了中国社会的主要矛盾，不再是"人民日益增长的物质文化需要与落后生产力之间的矛盾"，而是"人民日益增长的美好生活需要和不平衡不充分的发展之间的矛盾"。显然，中国经济和产业转型到了关键时期。改革开放以来，我国经济一直处在快车道、超车道。特别是党的十八大以来，从国家领导人高度重视到普通公众普遍呼吁，从宏观环境政策到微观治理技术，可以说环境治理问题上升到前所未有的高度。我国经济发展并没有沿承着传统经济发展所依赖的"高消耗"路径一路狂奔。我国政府包括地方政府在生态环境治理上从"忽视"到"重视"进行了一系列的转变。一些研究者通过文本分析方法揭示了地方政府"生态环境治理注意力随焦点事件具有某种程度的波动但持续稳定提升"这一现象。事实上正是近十年来，国内民众对于环境恶化问题的焦虑、对环境治理问题广泛呼吁，我国各级政府积极回应，在经济发展上倡导"生态文明""绿色发展""可持续发展"，即从"粗放型、高消耗"的快速经济增长向"集约型、生态型"的低速经济增长转变。

但是总体而言，我国海洋生态文明建设水平仍滞后于经济社会发展，海洋生态环境恶化趋势尚未得到根本扭转，海洋生态文明与海洋经济发展的"两难"悖论还没有从根本上破解，海洋经济越发展，海洋生态环境反而越恶化。以牺牲海洋生态资源和环境为代价换取眼前经济利益的现象依然突出。如工业和民用污水在绵长的海岸线上肆意蔓延；屡触海洋生态保护法律红线、大肆污染环境的行为屡禁不止；陆地排放的温室气体及其他污染物导致海洋酸化越来越严重，海洋生态环境敏感脆弱；重金属在食物链中逐级传递积累，海洋产品安全令人堪忧。任由此种状况发展，沿海地区将成为不适合人类居住的地区。所幸人类社会理性与智慧并存，无论是高层领导还是普通百姓，都意识到生态环境的重要性。党的十八大以后，党和国家高度重视并积极推动海洋生态文明建设，把海洋生态环境保护作为工作重点，从理论、规划、制度、监管等方面进行一系列顶层设计与安排。"蓝色海湾整治"就是落实中央政府完成注意力转变，由关注海洋资源开发与利用到海洋生态环境保护实施海洋生态治理的一个重要措施。

注意力转变为行动力，首先体现在财政责任上。环境问题是一项重要的公共服务，提供高质量的环境服务是政府义不容辞的责任和义务。财政投入是政府进行环境治理的一个极为重要的基础，透过政府在环境保护领域的支出，可以看出政府对环境保护的重视程度和关注的方向。在经历了几十年的稳定的财政收入增长之后，地方政府投入环境治理的预算规模是否也呈现了类似的增长，是衡量地方政府治理的注意力转向到生态环境的关键，也可以看出地方政府承担环境治理责任的信心和能力。

从中央政府和地方政府的环境支出分担比例来看，中央政府有理由承担更大份额的比例。其中的原因在于蓝色海湾整治的区域集中在跨界、跨海区等需要中央政府进行协调的领域当中，中央政府在蓝色海湾整治中的支出显得尤为重要。这也与我国的财税制度分税制的设定原则相吻合。

蓝色海湾整治取得较好的成效，在很大程度上依赖于一个比较稳定的政府投入机制予以保障。此种保障机制可以使得蓝色海湾整治不会因为地方政府领导人的更替，地方政府财政收入的波动而受到冲击。无论是中央政府还是地方政府都必须将蓝色海湾整治资金投入能力作为关键考核指标，研究并确定中央和地方新增财政收入按照一定的比例用于生态环境治理，至少生态环境治理的投入增长率应该高于本级财政支出的增长率。在这一点上，中央政府的态度是明确的。财政部联合国家海洋局下发了《关于中央财政支持蓝色海湾整治行动的通知》（财建〔2016〕262号文件），明确提出"中央财政对实施蓝色海湾整治行动的重点城市给予补助，补助资金总额：计划单列市4亿元，一般市、区（地市级）3亿元，资金分两年安排，第二年将根据工作考核结果拨付。中央补助资金由地市政府统筹安排，用于蓝色海湾整治行动。"① 毫无疑问，中央政府和地方政府的财政支持甚为关键，但也不能够无视社会资金的运用，各级地方政府可以尝试构建"激励共容"机制，并通过财政资金引导其他社会资金投入到蓝色海湾整治过程之中，从而形成以财政投入为基础社会资金支撑，中央和地方政府互为补充的蓝色海湾整治资金投入的格局。

二、建立海湾生态环境标准以及共享环境数据库

2000年《中华人民共和国海洋环境保护法》颁布；2012年、2013年、2014年连续三年又更加严厉地对其中的条文进行了修订。但是法律规定仍然极具原则性和一般性，使得生态环境的治理没有标准可循，也使得实际执法困难重重，《海洋环境保护法》的有效执行，不仅仅需要细致的法律解释，而且还需要有关于海洋生态环境的一系列标准。

海洋生态环境标准至少在以下方面存在着重要的价值：第一，海洋生态环境标准既是环境保护和有关工作的目标，又是环境保护的手段。它是制定环境保护规定和计划的重要依据。第二，海洋生态环境标准是判断环境质量和衡量环保工作优劣的准绳。评价一个地区环境质量的优劣、评价一个企业对环境的影响，只有与环境标准相比较才能有意义。第三，海洋生态环境标

---

① 财政部：《关于中央财政支持蓝色海湾整治行动的通知》，2016年5月12日，见 http://www.mof.gov.cn/mofhome/jinjijianshesi/zhengwuxinxi/tongzhigonggao/201605/t20160513_1989162.html。

准是执法的依据。不论是海洋生态环境问题的诉讼、排污费的收取、污染治理的目标等执法依据都是海洋生态环境标准。

在前期的研究中发现，海洋环境概念模糊，有关海洋环境数据存在着历史短、分类粗糙、详细度差、标准缺乏等严重制约定量研究和有效治理的短板。借此蓝色海湾整治的机会，也是推动海洋生态环境数据标准化建设的有利时机。考虑到海洋环境相关概念的抽象性、多个概念之间的交叉与重叠，科学地选取代表性指标，运用合适的综合方法用指数化的形式描述海洋环境是开展海洋治理的关键。可以考虑以"海水质量、生态区面积、入海污染物、保护区健康比例"等指标，运用定量方法构建海洋环境指数，用于描述海洋环境质量之"度"，使海洋环境治理进入精细化阶段，奠定政府规制政策，包括实施海洋生态红线制度的可操作性基础。

海洋环境指数仅仅是生态环境建设能力中的基础性的一环，生态环境能力建设的关键还在深刻理解海洋环境内涵的基础上，围绕"哪些人"的"哪些行为"在"多大"程度上影响了海洋环境质量等核心问题，以更好地实现管理目标和实施政府规制制度为导向来提升政府生态环境建设能力。毫无疑问，海洋生态环境问题的严重化，与现代工业社会发展存在着相关性，为了进一步解释这种相关性，进一步确认工业社会进步和经济发展与近海海洋环境破坏之间的因果关系，需要建立以定量为主要内容的海洋生态环境标准，利用跨学科的知识，运用数量模型，回答这些因果关系，为实施海洋生态政策奠定基础。

海洋生态环境标准的制订与其工具价值的实现还有赖于海洋生态环境数据库的建设以及共享上。信息时代以来，信息的开发和利用，取得了巨大的成功，之所以取得成功，一方面是互联网的广泛应用，另外一个方面是因为采集后的信息、开发和创造的信息产品属于某个人，信息的拥有者在传播交换的过程中使之收益最大化。信息不仅具有可共享性，而且具有私密性和交互性。但由于海洋边界的模糊性，如海洋地理区界领海界限、大陆架、海洋经济开发区、养殖区等无法像陆地那样的精确和清晰，海洋具有流动性的特点，海洋信息获取难度较大，同时，海洋信息的获益性不高。因此，私人采集、探知海洋信息的积极性不高，海洋信息的开发与利用处于相对较低的水平。正是因为海洋信息的公益性，需要政府来收集、监测海洋信息数据并提供共享。

20 世纪 50 年代后期，人们开始尝试用计算机为各种管理功能提供信息服务，管理信息系统的概念随之问世。由于政府在运行的过程中，业务活动大多数以"数据和信息"为原材料，以信息流作为工作流。这样的特征适合计算机系统来替代人工完成。又由于政府管理的科学化、透明化和规范化的管理诉求，充分利用计算机系统来实现政府管理过程，成为信息时代的不二之选。在海洋生态环境治理中，海洋信息、数据等监测能力、收集能力、传递能力、处理能力以及信息共享能力，成为一个沿海地方政府拥有现代化治理能力等必备选项。但由于我国缺少专门的海洋信息资源管理法律和法规，涉海部门间缺乏有效的协调机制，导致海洋环境信息资料共享程度较差，利用率不高等现状。因此，接下来海洋环境信息工作的重点是按照海洋生态环境标准，建设包含海洋生态环境要素，种类齐全，覆盖我国管辖海域的海洋生态环境基础信息库，并基于跨沿海行政区治理的开展"有权限、有角色"的信息共享。

三、全面推行并继续完善生态红线制度

毫无疑问，我国的环境问题已经成为影响公众安居乐业的重要因素，也已经成为中央高层议事日程中的重要内容。今天的环境问题，有逐渐恶化的倾向，公众对环境问题以及环境治理越来越关注。

建立海洋生态红线制度的必要性无需多说，在海洋环境问题日益突出的今天，就是"旨在通过建立实施海洋生态红线制度，牢牢守住海洋生态安全根本底线，建立起以红线制度为基础的海洋生态环境保护管理新模式，逐步推动海洋生态环境起稳转好。"[①]2016 年，原国家海洋局在总结渤海生态红

---

① 中华人民共和国中央人民政府：《国家海洋局全面建立实施海洋生态红线制度　牢牢守住海洋生态安全根本底线》，2016 年 6 月 16 日，见 http：//www.gov.cn/xinwen/2016-06/16/content_5082772.htm。

线制度的经验基础上，出台了《关于全面建立实施海洋生态红线制度的意见》（以下简称《意见》），《意见》对海洋生态红线划定工作的基本原则、组织形式、管控指标和措施作出明确规定。海洋生态红线划定的基本原则是保住底线、兼顾发展、分区划定、分类管理、从严管控；组织形式是国家指导监督、地方划定执行，由各沿海省（区、市）按照国家下达的指标和要求，划定红线并制定管控措施，报原国家海洋局审查通过后发布实施，2016年年底前完成划定和发布工作。

海洋生态红线制度管控指标包括海洋生态红线区面积、大陆自然岸线保有率、海岛自然岸线保有率、海水质量4项；管控措施包括严控开发利用活动、加强生态保护与修复、强化陆海污染联防联治3类。具体的指标是：（1）海洋生态红线区面积占沿海各省（区、市）管理海域总面积的比例不低于30%；（2）全国大陆自然岸线保有率不低于35%；（3）全国海岛保持现有砂质岸线长度；（4）到2020年近岸海域水质优良（一、二类）比例达到70%左右。

为配合《意见》的全面落实，从技术上保障全国海洋生态红线划定工作的规范性、客观性、科学性，原国家海洋局同时印发《海洋生态红线划定技术指南》，对海洋生态红线的划定原则、控制指标确定、划定技术流程、红线区识别和范围确定等进行了全面详细的规范。应当说，划定海洋生态红线制度不是目的，全面落实付诸实施才是目的。但是，在海洋生态红线划定以及实施过程中，还有相当多的困难。

首先，海洋生态红线制度与海洋环境质量之间的关系还不明确。显然，制定严格的海洋环境管制制度，可以明显地提高海洋环境质量，但这样的说法仅仅是定性的。海洋生态红线制度从宏观层面有四个指标，这四个指标与海洋环境质量提高之间的关系还需要进一步的定量研究。沿海海洋环境质量关键取决于两个因素：人口规模与经济规模。但是沿海地区人口生产与消费习惯、消费结构、环境意识、沿海区市产业结构、海洋环境研究与开发投入、海洋环境执法强度等都对海洋环境质量有不同程度的影响。"哪些人"的"哪些行为"在"多大"程度上影响了海洋环境质量等核心问题，以及诊断海洋环境问题逐渐恶化的深层次原因。探求海洋环境治理与影响因素之间的数量关系，特别是海洋环境指数与生态红线制度之间的关系研究成为海洋生态红线划定技术的关键。但在目前阶段，还有生态红线的划定，仍然有"摸着石头过河"的嫌疑。

其次，海洋生态红线制度一定会损害一部分人的利益和发展机会，甚至是沿海地方政府的发展机遇。以山东省为例，山东省海洋生态红线制度一共划定红线区 73 个，其中禁止开发区 23 个，限制开发区 50 个，红线区总面积 6534.42 平方公里。山东省海洋局根据原国家海洋局《渤海海洋生态红线划定技术指南》，征求地方政府划定意见时，潍坊市提出将莱州湾单环刺蝤近江牡蛎渔业资源限制区取消。其理由是"由于受海洋环境的影响，单环刺蝤近江牡蛎种群已经发生迁移"。山东省海洋局的回复是，"部分采纳。水产种质资源保护区位置的调整要按规定的程序报批，种群发生迁移的证据不足，故不取消该资源限制区，在管控措施中适当调整管理要求"。烟台龙口市提出"屺坶岛景观遗迹限制区位于龙口市屺坶岛港口规划范围，已经开发利用，建议去掉"。原山东省海洋与渔业厅的回复是，"部分采纳。根据《烟台港龙口港总体规划》，该红线区位于龙口港规划建设区以北，未在规划港区范围内；屺坶岛有海蚀平台与海蚀崖等重要自然地质景观需要保护，在《山东省海洋功能区划》中该区域为海洋保护功能区，故区划范围未作调整，调整部分管理措施"。在海洋生态红线划定中，工作人员普遍反映"压力大、阻力大"。阻力的关键依然是保护与开发的矛盾。"有些地方政府已经做好了港口规划，但我们觉得是在脆弱区和敏感区，希望能划进生态红线区，这时沟通就比较困难了。"①

更加关键的是，海洋生态红线制度的实施需要多个部门协同，才能实现制度目标。海洋生态红线制度由原国家海洋局牵头并负责组织落实，到省级，则由山东省海洋局牵头并组织海洋环境保护，海洋生态红线制度实施是

---

① 《中国海洋报》：《为了划定渤海保护这条红线——山东省海洋与渔业厅以制度保障海洋生态纪实》，2014 年 4 月 15 日，见 http://www.oceanol.com/guanli/shengtaihuanbao/2014-04-15/33237.html。

一个系统工程。需要完成的主要工作是：加强红线区内保护区管理和典型生态系统保护，实施生态整治修复工程，开展海岸带综合治理，坚持集中集约用海，严格红线区用海管控；加强入海河流和排污口管理，加强污染物排放管控，调整优化产业布局；构建、完善监视监测网络与评价体系，加强红线区环境监督执法，加强赤潮等灾害防治和溢油污染事故应急处置。这些目标的达成，需要严格监管污染排放，加强执法监督，保护与修复并重。但事实上，陆源污染排放，区域限批、企业限批、项目限批等审批环节，一旦与海洋红线制度冲突，海洋部门难以作为。因此下文提及的区域海洋委员会以及联席会议制度必须有效组织并运行起来。

红线制度的实施还必须依托区域海洋委员会和各级联席会议机制，与各涉海部门协调推进，落实实施目标和任务的责任主体——沿海各级政府，将海洋生态红线目标和任务分解到具体单位，推进制度有效实施，逐步建立海洋生态红线区生态评价制度，突显红线区的保护价值，希望能将红线区主要指标落实情况加入县级以上政府主要负责人的考核列表，鼓励、引导企业和民间资本投入，完善公众参与机制。

四、展开生态修复工程

2016 年财政部和原国家海洋局决心开展蓝色海湾整治行动，目的是遏制生态环境恶化的趋势，改善海洋环境质量，提升海岸、海域和海岛生态环境功能，逐步实现"水清、岸绿、滩净、湾美、岛丽"的海洋生态文明建设目标。为促进这一目标的实现，蓝色海湾整治的重要工作就是"生态修复"，修复受损的海岸线，保护好自然岸线；修复滨海湿地，保护好国家划定的生态区；修复退化的海岛岛体，保护好海岛生态系统的完整性。应该说蓝色海湾整治的效果，在很大程度上取决于生态修复的效果，因此开展生态修复工程建设显得至关重要。

当然，生态修复工程建设也迎来了极好的发展机遇。从宏观层面而言，国内资源过度消耗、环境污染、生态破坏等问题日益突出，生态环境问题成为普遍关注的问题。从 1992 年起住房和城乡建设部开始评选"国家园林城市"，2004 年为进一步推动"国家园林城市"的阶段性目标实现，决定增加"环保、节能"等生态环境领域有很多控制性指标的基础上评选"国家生态园林城市"。在湿地的保护政策上，《全国湿地保护工程规划》（2004 年—2030 年）确定湿地保护的总体目标为：到 2030 年，使全国湿地保护区达到713 个，国际重要湿地达到 80 个，使 90% 以上天然湿地得到有效保护；完成湿地恢复工程 140.4 万公顷，在全国范围内建成 53 个国家湿地保护与合理利用示范区。2015 年《中央关于制定国民经济和社会发展第十三个五年规划的建议》明确提出，坚持保护优先、自然恢复为主，实施山水林田湖生态保护和修复工程，构建生态廊道和生物多样性保护网络，全面提升森林、河湖、湿地、草原、海洋等自然生态系统稳定性和生态服务功能。

随着我国环境保护和生态意识的逐步加强，将有越来越多的城市和地区加入到创建"园林城市"和"生态园林城市"的队伍中去，将加速生态修复与景观建设投资增速。事实上也是如此，从国家投入而言，因为生态危机的频发，国家在生态修复、环境治理领域投资加速明显，考虑当前政府和全社会在对抗生态恶化上的坚决态度以及持续的资金投入，生态修复能力必须水涨船高。

在蓝色海湾整治过程中，生态修复与海岸景观建设可以合二为一。从公共产品供给的角度上来讲，沿海地方政府有责任提供。其主要内容有：从绿化苗木种植、景观设计到景观工程施工、养护的完整业务结构，为社会提供生态修复与海岸景观建设基础服务。当然这是个系统工程，政府在提供基本服务的基础之上，重点需要培育生态修复和海岸景观建设产业。

尽快研究并出台海洋生态修复与海岸景观建设产业政策，在政府产业政策的引导下，使得苗木种植、绿化养护、园林景观设计、园林绿化工程施工和生态修复五大领域密切联系，形成联动和互补优势，提升中国沿海地方政府生态修复的综合能力。

我国海洋生态修复起步较晚，尽管目前迎来迅速发展机遇，但总体来说仍然处在较低水平。制约海洋生态修复能力的首先是人才问题。我国海岸线约 18000 公里，蓝色海湾整治工程特别是海洋生态修复工程分布于全国各地，其地理环境差别大、植物习性差异大，要求从业技术人员深入了解各地的自然地理环境、植物习性，同时涉及水环境治理、水土保持、土壤修复等不同学科领域的知识与技术，且要求专业人员能够熟练掌握并应用施工技术，提高施工工艺。缺乏拥有丰富经验的生态技术人才是行业发展的障碍之一。

其次是生态修复技术问题。海洋生态修复研究起步较晚，科学技术人才少，对生态修复技术研究重视程度不够，投入不足，相关研究成果少。另外，海洋南北地域环境复杂，产业缺乏规模，生态修复难度大，成果不容易显现，使得生态修复技术进展缓慢。借此蓝色海湾生态治理专项行动，增加财政资金的拨付，以项目的形式支持海洋生态修复技术研究，引导相关研究成果应用到生态环境修复的实践中去。

海洋生态环境修复难度大周期长，资金投入更是巨大。只有政府的财力必然难以实现良好的治理效果。政府作为社会治理的重要主体，应充分发挥其他社会参与主体的重要作用，吸引社会资金，用于支持海洋生态环境修复。通过 PPP 协议的方式是一个可取的选择。海岸生态环境修复和景观建设所产生的巨大外部性收益，是吸引 PPP 模式多方参与主体进入此领域，进而提供良好环境的重要激励。政府在引入这些投资主体之时，应该让其充分看到沿海生态环境修复的长期收益，并可以通过长期合同让其分享到这些长期收益。2014 年 9 月 21 日《国务院关于加强地方政府性债务管理的意见》［国发（2014）43 号］提出，对地方政府债务实行规模控制和预算管理、控制和化解地方政府性债务风险等；同时推广使用政府与社会资本合作模式。PPP 模式的推广使用将有助于吸引社会资本，减轻政府的债务压力和资金瓶颈，有利于政府主导的生态修复与景观建设的可持续发展。

在海洋生态环境建设上，确定"修复是标，保护是本"的原则。蓝色海湾整治虽然看起来是一专项治理行动，但由于生态环境建设的复杂性和长期性，各级地方政府应该充分认识到其周期性。蓝色海湾整治不是短期行为，生态环境建设更是百年大计，如果有 10—20 年的海湾生态环境治理的坚持，生态文明建设成果可以预期。但整体推进中，先行沿海地方政府有其先行优势：可能的资金优势，尽可能早地享受到良好环境正外部性的收益。但也有其先行劣势：也有可能因为不了解海洋生态环境损害与影响因素之间的关系，生态修复效果低于预期，不了解海洋生物多样性与海洋生态系统平衡的关系，一些整治行动可能会破坏它们的平衡。但是不管怎样生态修复仍然需要坚持和落实如下原则：第一，严格保护国家划定的海洋自然保护区；第二，严格保护未被破坏的自然岸线；第三，在保护中逐步因地制宜地推进海洋生态修复工程，不贪多、不贪大、不贪快。

第二节　海湾整治中的政府协调能力重塑

海洋是一体的、流动性的，海洋属性本身决定了其特殊管理需求：其一，海洋的流动性、连通性使得海洋事务相互关联、相互影响；其二，海洋空间资源利用的复合性引致海洋事务的多行业、立体化；其三，海洋区界难以准确地划定或分割，使得海洋的开发与利用容易产生较多的矛盾和纷争。海洋的以上属性决定了海洋产业相互交叠、相互影响的复杂关系，也决定了海洋治理具有跨行业、跨部门、跨地区的系统性、综合性的特征。因此海洋治理应该上升到国家层面进行统筹治理。一旦流动的海洋出现海洋污染、台风、海冰等问题时，远非单凭某一个省或某一个部门可以解决。例如黄海的海洋污染，随着海水的流动，污染物可能会流动到东海，"行政区行政"模式不适应海洋流动性和整体性的自身特点，更容易造成利益集群效应，损失规避现象，增加了海洋治理的难度。

陆海环境问题的一体性，海洋资源的空间复合性以及利用的冲突性，要求政府必须采取有力的措施统筹规划。以上三个特点是政府对海域使用进行综合管理所考虑的基本特征。海洋尽管是"蓝色国土"，但是与传统意义上的国土还是有很大区别。"海洋的空间构成更加复杂，它由海面、水体、海床、岛屿、礁石以及生存在海水中的各种动物资源所构成的共同体，具有高度的系统性、复合型。"① 与传统土地的地面利用为主不同，海洋的各个层面均可以作为不同的利用客体加以利用。就理论而言，海面航行、旅游利用，海水水体的养殖，海洋生物捕捞，海底海床的矿产开发，海底工程等用海行为均有在同一海域空间内进行的可能性。就实践而言，不加控制地混合利用又是不可能的。因为各种海洋资源利用方式对海洋的影响范围、程度各不相同，一些利用行为并不相互冲突，如海底工程与海面通航；但多数利用行为则是相互具有负外部性的影响，如渔业养殖、捕捞与海洋矿产开发。在实践上造成海洋使用管理上的诸多困难。"海洋空间的这一特点决定了海洋资源利用必须未雨绸缪，依计划进行，我国目前实施的海洋功能区划制度正是统筹谋划的重要一环。"②

在陆域治理的视域中，行政区行政以其明确的技术化、理性化和非人格化的官僚体制而表现出它的合理性和高效率。但随着区域经济一体化等复杂社会生态所引发的行政区划内大量社会公共问题的日益"外溢化"和"区域化"，传统行政区行政的治理模式已越来越陷入"治理失灵"的困境。海湾的治理需要把海湾中海域和陆域作为一个系统通盘考虑，显现出海湾的"跨行政区"性。府际协调能力在海湾整治中必须谋求各行政区人、事、财之间的合理匹配，剔除权能分立阻隔与科层惯性干扰，提升政府府际协同治理能力。

一、从"行政区行政"到"区域治理"，理论先行

一直以来，在刚性行政区基础上，"行政区行政" + "条块职能分工"相结合，成为我国一种位居主流和成熟的社会治理范式。③ 我国的海洋治理长期以来也呈现出以上范式所概况的典型特征："行政区行政 + 行业管理"。

---

① 崔鹏：《中国海洋功能区划制度研究》，硕士学位论文，中国海洋大学，2009 年，第 48—52 页。

② 徐祥民、梅宏：《中国海域有偿使用制度研究》，中国环境科学出版社 2009 年版。

③ 金太军：《从行政区行政到区域公共管理——政府治理形态嬗变的博弈分析》，《中国社会科学》2007 年第 6 期。

一方面，沿海各级地方政府成立海洋行政主管部门，在原国家海洋局的业务指导下行使所辖行政区内的海域使用管理、海洋环境管理、海岛管理及海岸带管理等涉海行政事务；另一方面，农业部、交通部、公安部从条块职能入手，强化了中国涉海行业管理。然而，近年来，随着全球化、信息化，特别是区域经济一体化等复杂社会生态所引发的行政区划内大量社会公共问题的日益"外溢化"，传统"行政区行政"的治理模式已越来越陷入"治理失灵"的困境。① 海洋治理范式凸显了"行政区行政"和"行业管理"的双重特征：从纵向看，海洋某一领域的治理依赖于国家部委业务指导下的职能部门实施行业管理；从横向看，海洋作为一个动态的软体，各省市自然而然地在行政区管辖的陆域或海岸带向外延伸，施行"行政区行政"。此治理范式因其在行政区内的效率优势，有相当长的时间在海洋治理中处于主导地位。其范式特征表现为：

第一，从治理主体来看，国家海洋主管部门是海洋事务的"权威"中心，但由于缺乏足够的海洋事务执行机关，并且从事海洋开发和利用活动的主体（个人、法人和企业）均以户籍地为依托，登记、注册或者是申领与海洋活动相关的证件，使得地方政府海洋行政部门基于行政区利益更具有权威和权力管理海洋事务。但不管怎样，政府是海洋事务管理的关键主体。第二，从治理价值导向看，此范式面对的是行政区域内部的海洋问题和海洋事务，以行政区的利益为出发点，各自为政，较少关注行政区划边界或跨行政区域的区域公共问题。在"晋升锦标赛"制度的长期实践中，进一步僵化了行政区的边界，也因此被称为"内向型行政"或者"闭合型行政"模式。第三，从治理机制看，行政区行政惯用官僚制机制，排斥和拒绝多元机制的合作治理。行政区内的组织形态、结构设计中，坚持"下级服从上级，地方服从中央"的政治原则。

---

① 尽管一直以来，中国地方政府海域的划界并没有清晰完成，但是由于海洋管理的对象是从事海洋开发与利用的人、企业和社会组织，以上的管理客体均在行政区内登记注册。其活动的起点为行政区内的海港、码头，半径为默认的行政区管辖的海岸带向海域延伸。基于此，海洋管理体现了典型的行政区行政的特征。

但随着海洋区域公共问题的凸显，"行政区行政"范式的弊端渐露。首先，具有整体性、流动性的海洋出现海洋污染等区域性突发事件时，单凭某一个地方政府难以解决。① 其次，地方政府关注的重点在于如何"以海富省、以海富市"，而对于海洋公共问题普遍漠视回避，不愿分担区域海洋治理成本，地方保护主义丛生。再次，地方政府官员"晋升锦标赛"制度更使得地方政府以 GDP 为导向展开恶性竞争，地方政府个体理性与区域集体理性相冲突，结果便是近海渔业资源枯竭、水质恶化，海洋"公地悲剧"现象严重。

2000 年之后，随着环境议题国际化，中央政府、公众以及主流媒体也随之将关注的焦点由海洋开发与利用转向海洋环境问题。海洋环境的治理更依赖于集体的行动，这给行政区行政提出了严峻的挑战。海洋自然属性的整体性、开发与利用活动的外部性、海洋环境治理的协同性，要求建构一种既区别于传统范式、又补益于传统范式的新型海洋治理形态，进而催生了区域治理范式。陈瑞莲认为："区域公共管理是指以区域政府组织和非政府组织为主体的区域公共管理部门，为解决特定区域内的公共问题，实现区域公共利益而对区域公共事务进行现代治理的社会活动。"② 与传统治理范式相比，海洋区域治理范式展现了蓝色海湾整治中的优势。

第一，在治理主体选择上，区域治理主体是多元化的。尽管目前多元化表现在地方政府的合作中，但在海洋突发事件和海洋环境治理中，社会组织和公众参与已渐成趋势。如 2008 年青岛浒苔事件中的公民参与，以及天津成立首个民间海洋搜救中心——蓝天应急救援志愿服务中心等等。第二，从治理价值导向看，区域治理范式以区域公共问题和公共事务为利益诉求，打破了行政区行政范式以行政区划为出发点的刚性约束，变"内向型行政"为"区域性行政"，把区域性公共事务纳入自身的管理范围之内，从而实现了对区域公共事务的综合治理和协同分治。第三，在治理机制上，区域治理范式认为区域公共问题的治理不能仅仅依靠政府"单中心＋科层制"，以行

---

① 　王印红、王琪：《海洋强国建设背景下海洋行政管理体制改革的思考与重构》，《上海行政学院学报》2014 年第 4 期。

② 　陈瑞莲：《区域公共管理导论》，中国社会科学出版社 2006 年版。

政命令的方式对区域公共问题分地区、分层次地解决，此种解决方式必然会导致"搭便车"行为。区域治理机制需要在中央政府的支持下，斩断地方政府与市场经济主体的利益链关系，强化上级调控职能，借助中央政府与地方政府之间的"科层制"，运用市场机制、合作机制、信誉机制、拍卖机制、委外机制、信息披露机制以及协商机制，来解决区域公共问题。

区域治理范式在上级政府的主导下，通过建立区域公共治理的协调机制、激励机制和保障机制，使地方政府相互配合、协调和合理分工，展现了在海洋区域公共产品供给和区域公共问题解决上的有效性。其合法性在一定程度上来自面对突出的区域公共问题有较高的治理意愿，对区域治理绩效有较好的预期，对权力的让渡有较高的认知。如2008年青岛浒苔事件的应急处理、渤海湾环境治理、禁渔期间区域联合执法等事件中表现了较好的协同性。但另一方面，如何将跨区域公共治理的区间溢出效应内部化，使地方政府在治理过程中能够获益，是解决地方政府参与跨区域公共治理动力机制问题的核心。①

更为重要的问题在于，我国海洋治理的重心由近海资源的开发与利用转向海洋环境保护以及国家海洋权益保护。通过"海域法"制定的三个核心制度②，近海资源的开发和利用问题得到了一定程度的解决。但是海洋环境问题愈加突出，成为当前海洋治理的首要问题，原因在于海洋环境问题的整体性无法通过"行政区行政范式"有效解决，区域治理也就成为必然。

二、完善区域海洋委员会权责体系，发挥组织作用

临时性的协议很难有效地控制地方政府蓝色海湾整治中的不作为或者虚假作为，如果依赖上级政府的强力监督，监督措施难完备，且成本无疑是巨大的。最好的制度安排能够避免"搭便车"的行为，又能实现地方政府间

---

① 马丽：《跨区域公共治理中的地方政府行为模式：一个理论框架》，《福建行政学院学报》2015年第4期。

② 《海域法》全称为《中华人民共和国海域使用管理法》，2002年正式颁布实施。通过本法，海域使用3个核心制度，即海域权属制度、海域功能区划制度、海域使用有偿制度建立。

协作治理的目标。对此奥尔森的"共容"利益提供了理论思考，奥斯特洛姆则在其自治理论中，提出了组织结盟的形式。又因为蓝色海湾整治具有跨行政区性质，地方政府联盟应该是蓝色海湾整治府际协调机制中最有效的组织形式。近年来兴起的跨域治理理论也正是依托于政府间联盟的这种组织形式的支持。

地方政府间的协调机制同样需要地方政府间联盟的达成。联盟可以作为地方政府间合作治理机制的组织形式在地方政府间发挥独特的协调职能，既尊重地方政府的自主利益诉求，同时亦通过积极磋商，彼此取得谅解和妥协，共同着眼于海洋环境污染治理的长远利益，进而实现海洋资源的公平开发和海洋环境的合作治理。实际上，通过地方政府间"协议、协会、联合会、联席会议等方式建立沿海地方政府间联盟的做法，早已经成为各国实现海洋环境污染合作治理的普遍经验。比如日本在濑户内海环境污染的治理过程中，濑户内海所属各个县市成立了海洋环境保全知事、市长联络会，配合中央政府的环境主管部门，共同担当治理濑户内海环境污染治理的领导和协调工作，使得濑户内海环境污染治理过程中存在的问题及时得到反馈和解决。"① 如美国俄亥俄河水治理协定在8个州之间达成协议，由相关政府间的27人组成委员会，其预算由各成员单位议会拨款，这一协定下产生的执行局在实施环境保护规制和环境污染治理时很好地充当了协调单位的角色。

与蓝色海湾整治类似，河流污染治理也涉及到跨界跨区域问题。跨界政府间以协议和会议等形式缔结的联盟，在解决跨界河流污染纠纷方面发挥了巨大的作用，为蓝色海湾整治提供了经验借鉴。如为了解决鲁苏边界跨界河流污染纠纷，山东省临沂市与江苏省徐州市、连云港市建立了污染防治磋商协调机制，建立联席会议制度，实行轮流牵头，定期召开会议，加强信息交流与沟通，及时通报河流环境质量。联席会议制度通过多年的努力，先后制订了鲁苏边界环境污染联合处理机制、跨界污染联合防治机制，逐步形成

---

① 顾湘：《海洋环境污染治理府际协调研究：困境、逻辑、出路》，《上海行政学院学报》2014年第3期。

了鲁苏边界的联合污染防治机制、应急预警机制、信息共享机制、边界污染纠纷调解解决机制、环境监察互动机制五个合作机制，被认为能够破解当前水环境管理垂直分级负责造成的职责权限制约和利益本位弊端，调动同一流域跨行政区的各级政府站在流域整体的高度开展污染治理工作的有力措施。我国知名环境法学家徐祥民教授也一直在提倡"设立渤海综合管理委员会"。他认为：

> 以往的渤海治理及环境保护从总体上来说是不成功的，主要原因之一就在于没有一个一体化的专门的管理机构对渤海实施综合管理，渤海已经和正在遭受的多重损害不仅非单一行政部门或单一执法部门所能阻止和弥补，也非多个分头行动的部门靠分别的执法活动所能救治，只有通过综合管理才能奏效。这种综合管理主要包括三方面内容：一是对渤海、海岸带、近岸陆域管理做一体化的思考，渤海海陆之间存在着依存关系，脱离这种依存关系的单纯的陆上活动和海洋活动都难以解决渤海环境问题。渤海水体覆盖的空间与海岸带、近岸陆域这三部分的集合构成了一个完整的渤海生态系统，必须把渤海视为一个环境整体，按照生态系统完整性的要求，管理这个环境整体。二是对渤海的污染防治、资源可持续利用、生态保护实施综合管理。三是环渤海省市的协调行动。不管是部门之间的协调、地方之间的协调，还是部门之间、地方之间的双重协调都比分头行动更有利于渤海环境治理。现行管理体制下的任何一个部门都无法在自己的管理活动中把渤海连同海岸带、近岸陆域等当成一个整体来对待。对渤海实施综合管理的组织形式只能是建立具有综合管理功能的渤海综合管理委员会。由这个组织机构统一安排发展与保护两类事情，发展与保护的矛盾才能得到妥善的解决。①

---

① 徐祥民、张红杰：《关于设立渤海综合管理委员会必要性的认识》，《中国人口资源与环境》2012 年第 12 期。

2013 年国务院重组了国家海洋局，成立中国海警局，海洋行政管理体制改革在宏观层面取得了重大进展。从那时起，成立"国家海洋委员会"作为海洋治理的协调组织就成为共识。海洋委员会的设想是作为我国最高层次的海洋事务议事和协调机构，应该直接接受党中央、国务院的领导，其委员会的最高领导例由国家最高领导人兼任。国家海洋委员会负责研究制定国家海洋发展战略，并统筹协调海洋重大事项。其成立意味着海洋事务可以较为迅捷地进入国家高层次的决策议程之中，同时也为相关机构之间在海洋事务上的沟通协调提供了平台。

事实上，国家海洋委员会成立后，有关国家海洋委员会成员、职责以及活动没有任何的信息披露。在依法治国的大背景下，海洋治理迫切需要两大基础：法律依据以及法律的有效执行。与之相对应的，应该是海洋政策委员会和海洋事务协调委员会。海洋政策委员会负责海洋基本法、涉海法律、政策的制订和协调。海洋事务协调委员会负责国家海洋局与其他涉海部门在处理海洋事务中的协调与统筹。当然，需要明确国家海洋事务协调委员会的组成，需要明确各涉海部门的协调责任，需要建立起各涉海部门之间的常态沟通机制。

以渤海为例，涉及到 4 省（直辖市）12 地市 6000 万人口，渤海作为一个完整的生态系统，在众多管理事务上，可以采取一致的行动。在不同行政区域之间存在着众多的利益冲突的情况下，将生态系统健康发展视为统一目标是一件极其困难的事情。以往的渤海治理，从各行政区都作为参与主体的角度来看，其基本特点之一是：同一立法分头执行，同一政策分头落实，同一工程分头施工。在这样的治理模式下，一致的只是立法目的、政策目标和工程设计思想，而不是法律、政策、工程实施后的结果，甚至也不是治理行动。① 蓝色海湾整治这一跨区域的集中行动，为成立区域海洋委员会提供了合法性，也提供了机会。

---

① 《渤海环境保护总体规划》编制组：《渤海环境保护总体规划（2008—2020 年）》，2018 年 2 月 14 日，见 https://max.book118.com/html/2018/0214/153189685.shtm1。

当然，仅仅成立区域海洋委员会还不足够，协调能力的建设必须依托于蓝色海湾整治责任与权力的划分，在横向上明确政府与市场，政府与社会，海洋部门与其他部门之间的事务划分。在纵向上，结合我国经济体制特别是财政体制的特点，划分中央政府和地方政府之间的蓝色海湾整治责任，责任划分的合理性是确定财力与事权相匹配原则的基础，也是协调机制有效运行的基础。在生态环境治理领域，当前政府的表现不是越位，更多的是失位和缺位，由于我国政府 GDP 政绩观、经济增长"锦标赛"政治体制的长期影响，生态环境治理长时间无动力、无压力、无能力现象较为普遍，地方政府尤其是基层政府，生态环境治理事权与财权严重不对称，生态环境保护人员编制严重不足，生态环境治理技术落后，经验不足。① 更是在这种情况下，通过蓝色海湾整治对生态环境治理实行精细化管理，更细致地从横向纵向划分政府部门生态治理的财权和事权，显得尤为重要。

此外，一个具有较高协调水平的政府，善于寻求与其他社会组织的合作，更要善于动员基层广大民众的参与与支持。如 2008 青岛"浒苔事件"的处理，青岛市政府成功地调动了包括学生在内的普通百姓的力量以及民间组织的力量来清理大量的漂浮在海域的浒苔。数据与案例研究发现，他们已经在海洋治理特别是海洋突发事件中发挥了重要作用。②

三、独立行政到共享政务，依靠网络技术保障

埃莉诺–奥斯特罗姆提出的自主治理方式，为海洋事务协调问题展现了一种利益相关者共同对话，以促进沟通，进而达成沿海地方政府间集体理性行动的美好愿景。尽管如此，这一愿景的实现很大程度上仍有赖于沟通技术手段的改进。③ 当然更重要的是技术的发展，有了可以支撑实施海湾整治

---

① 卢洪友、祁毓：《日本环境与政府责任问题研究》，《现代日本经济》2013 年第 3 期。

② 王琪、胡丽：《海洋公共危机治理中的政府能力建设问题研究》，《中国渔业经济》2013 年第 2 期。

③ 顾湘：《海洋环境污染治理府际协调研究：困境、逻辑、出路》，《上海行政学院学报》2014 年第 3 期。

政府协调的技术条件，如海洋地理信息系统 MGIS、海洋遥感技术、海洋区域规划技术、海洋预测预警技术等。特别是当前电子政务的实施与完善，为跨行政区的"蓝色海湾整治"、地方政府间的协调创造了技术条件，不仅有利于增进地方政府间横向信息交流，建立信任与协调合作，也有利于海洋环境污染及其治理情况的通报和信息共享。

其运作形式依赖于互联网络支撑下的电子信息系统拥有如下优势：支持开放各种政务信息且可供跨界查询、协同各行政区域信息使跨区亦能以连贯一致的方式敞开，任何政府组织均可以交互表达和传递信息，通过计算机网络减少中间环节，保证信息交换的直通可见，电子政府的广泛应用对于沟通沿海地方政府横向之间的信息交流，进而培养相互间的信任感，促进对海洋环境污染的协作治理大有裨益。

电子政务将信息技术和网络技术作为治理手段，建议建立一套中央和地方政府部门必须遵守的数据标准，同时要实行有利于政府整体运作效率提高的"在线治理"模式及政府的行政业务和流程彻底透明化、整合化的"一站式"即时服务。海洋管理部门也一直在为海洋事务的"一站式"服务努力。如 2014 年原国家海洋局网站完成了两次改版，整合了网站栏目，突出了重要信息的展示效果。[①] 网站首页整合了局属各单位网站和沿海省市海洋机构网站，公众可以更方便快捷地进入需要的平台。尽管网站还没有提供真正的"在线服务"，离无缝隙的政府网站还有很大的差距，但是网站集中提供了 19 类行政审批事项清单，60 种审批表格，实现了单向无缝隙服务。同时，海洋局重视基于网络和数据库的信息共享系统建设，与公众生活相关的海洋经济、海洋环境、海域使用、行政执法等信息系统和数据库逐步建设完成，如定期发布《中国海洋经济统计公报》《海域使用管理公报》《中国海洋环境质量公报》《中国海洋灾害公报》等。

同时，电子政府治理模式具有天然的"扁平化"特点。在蓝色海湾整

① 《2014 年国家海洋局政府信息公开年度报告》提到公开的主要形式是国家海洋局政府网站。2014 年国家海洋局政府网站完成两次改版，整合了网站栏目、突出了重要信息的展示效果，进一步美化了网站页面外观，增强了网站页面内容动态展示效果。

治的过程中，沿海各省级政府及时、方便地获取来自县乡级辖区内的海洋治理的信息，为科学合理地制定基层政府乐意接受的治理决策创造条件。电子政务的"去科层化"特点，也为沿海县乡级政府之间交流沟通提供了方便，有助于县乡间政府协作共同完成上级政府交付的蓝色海湾整治任务。

尽管当前电子政务的建设还不足以支撑蓝色海湾整治政府协调与信息共享，但显然，推进海洋电子政务的建设，是提高政府间协作能力的重要途径。

四、解决关键协调难题，建立生态补偿制度

当前，由于跨区域公共问题的凸现，又鉴于在解决过程中的责任规避、搭便车和机会主义行事的诱惑，即使政府间的协调机制已经建立起来，也常常面临运作失灵的困境。在蓝色海湾整治的过程中，先行的地方政府往往会付出较高的治理成本，治理中的外部性收益难以内化，投入较大的地方政府所获得的信息、收益，也不愿意与其他地方政府分享。因此，在蓝色海湾整治的过程中，地方政府间利益分配是至关重要的，也是政府间协调的关键。要解决此关键协调难题，可以尝试在蓝色海湾整治的过程中，引入补偿机制。可以在上一级政府和社会组织的见证下，地方政府平等协商谈判，通过规范的制度建设来实现蓝色海湾整治投入在地方政府之间的合理分配。

生态补偿的资金来源是解决协调问题的难中之难，可以考虑通过建立海洋生态污染治理合作基金的方式来筹集，一部分可以通过沿海地方政府转移支付制度提供，一部分可以通过社会组织筹集，一部分可以通过环境损害企业缴纳的庇古税以及罚款筹集，筹集的资金账户可以由区域海洋委员会进行管理。支出则考虑蓝色海湾整治的项目数量，或者依据蓝色海湾整治考核标准，按照绩效产出提供合适的支出水平。当然资金筹集的过程中，考虑到各级地方政府经济发展水平以及相应的成本承担能力，还需要考虑各级地方政府的财政收入以及当地居民的消费水平统筹制定。

蓝色海湾整治效果最主要取决于财政投入状况，取决于资金筹集能力和资金水平。虽然原则上谁损害谁赔偿，在法律上也有明文规定即《中华人

民共和国海洋环境保护法》第 90 条规定，对破坏海洋生态、海洋水产资源保护区，给国家造成重大损失的，可依据本法规规定行使海洋环境监督管理权的部门代表国家对责任人提出损害赔偿要求。但由于海洋生态损害的复杂性、滞后性和难以定量性，海洋生态环境污染所导致的海洋生态损害损失数值，难以提出一个令人信服的定量标准，多数最终只能由国家和地方政府承担。

山东、浙江等沿海地区已经开展了海洋生态补偿的地方性立法工作，并且一些地方已经开始由海洋主管部门向海洋生态损害责任者索赔的执法实践。蓝色海湾整治生态补偿问题可以由区域海洋委员会牵头，重点讨论蓝色海湾整治过程中赔偿范围、标准、程序以及补偿赔偿金的使用管理等方面的明确界定，从而为蓝色海湾整治提供经济调控手段和可持续的财政机制。

第三节　海湾整治综合执法能力建设

2013 年国务院决定重组国家海洋局，并成立中国海警局，我国的海洋执法进入"海警局时代"。但是成立海警局不是改革的终点，推进海洋执法整合仍是现阶段的主要任务。面对着严峻的海洋环境问题和复杂的海洋权益局面，我们在宏观、中观和微观层次都要展现积极的行动和策略，推动海洋执法整合，提升海洋执法能力。当然，在海湾整治的过程中，并不涉及到海洋权益维护的复杂格局，但是执法能力的建设尤为重要。

一、推进海洋执法体制实质整合，达成治理共识

中国海警局的成立，适用了统一执法的需要，也更有利于维护海洋权益，但国内的海洋环境执法以及渔业执法仍然会在较长一段时间内是中国海警局工作的重心。海警局建设仍需要进一步加强内部的整合：一是推进机构的调整。机构的整合是海警统一执法的基础，合并后的四支执法队伍需要进行机构的重新设置和整合，以适应统一执法的需要。二是权力关系的重新确

立。新成立的海警局，不仅仅是四支执法队伍的合并，它的执法权限和隶属关系也发生了变化。中国海警局将拥有比以往中国海监更多的执法权限，其权力隶属也更为复杂。因此，确立合理、明确的执法权限和执法性质，理顺其与海洋局、公安部等职能部门的权力关系，避免权责不清，是海警局内部整合的重要内容。三是进行人员身份整合和人事关系的梳理。中国海警局统一执法，不只是统一服装、统一舷号的问题，更重要的是涉及到几万人的身份、编制的切身利益问题。整合后的四支执法队伍，在人员上需要重新整合，其人事任免和隶属关系也需要进一步理顺。

逐步推进将交通部海事局海上执法力量与搜救力量并入中国海警局，最终实现海上执法一体化。2013 年机构整合，考虑到海事局主要承担水上交通安全管理、船舶设施检查和船员管理等行政管理职责，海洋执法并不是其主要的业务职能，没有考虑并入海警局。但从长远看，海洋执法、船舶污染管理、海上搜救均和国家海洋局、海警局存在职能交叉、重叠之处，推进海洋局执法力量的实质整合，统一执法，既能加强执法力量，也可以提高执法效率。

海洋执法整合可分为"短期""中期"和"长期"三个阶段。在短期，时间节点到 2020 年底，主要侧重于优化海警局内部组织机构设置、人员编制安排，队伍装备统一等。2018 年深化国务院机构改革，海洋执法体系已在转变。中期可以从 2020—2025 年，逐步构建海上综合执法体制，根据我国海上执法的职责调整中央和地方的海洋执法部门，解决垂直管理和地方分散管理的冲突。首先进行中央层面的整合，将海事局海洋执法职能和海洋救助的部分职能归并入中国海警局，理顺中央层面的机构和资源配置问题。其次，对地方海洋行政职能进行整合，考虑将管理职能（静态职能、审批、注册）和执法职能（动态职能，检查、监督、处罚）分开，形成两条纵向管理体制。在长期阶段，2025—2030 年，在横向职能清晰、分工明确，纵向权责合理，执法有力的基础上，继续推进海洋执法整合。在整体性治理理论和精细化理论的推动下，充分利用信息技术、网络技术，对海洋执法进行业务流程化改造，由横向、纵向治理结构，向整体性治理转变。

明晰改革的路线和时间表，从海警局内部的机构整合，到横向层面将海事局的涉海职能纳入海警局，再到纵向的中央和地方执法机构改革，最终达到统一执法力量，改变各部门之间松散的合作关系，整合执法资源的目的。这是一个较长的过程，在这个过程中，逐步推进可以让现阶段执法整合存在的问题能够得到广泛讨论，在海上执法力量整合问题上可以达成广泛共识。当然，改革牵动多方的利益问题，在实施过程中会出现许多不可知的状况，也可能存在相当大的阻力，但是改革的勇气不能丧失，改革的思路不能动摇，只有这样海洋善治的目标才能实现。

二、完善海洋执法体系，确保有法可依

合法性是行政执法机构的基本原则，行政执法机构必须依据法律法规设立并依法行使执法权。这个完整的体系应该包括：宪法、海洋基本法、海洋领域专门法以及部门规章。在分散执法时代，各执法主体均各自依照法律执法。如海监的执法依据主要是《领海和毗连区法》《专属经济区和大陆架法》和《海洋环境保护法》，缉私的法律依据主要是《海关法》《行政处罚法》和《海关行政处罚条例》等，海警的执法依据主要是《出入境管理法》《国家安全法》和《治安处罚法》等。在法律依据下，行政人员获得的执法授权：海监和渔政只有行政执法权，没有刑事司法权；海关缉私警察拥有行政执法权和刑事司法权。边防"海警"具有部队序列同时具有行政序列，三种权力集于一身。海警局的成立可以说承载着对于海洋善治的殷切希望。对于行政执法权和刑事司法权应该没有太大的分歧，因为毕竟海警局组成的重要力量是海洋警察，根据《警察法》《治安管理处罚法》《刑法》和《刑事诉讼法》等重要法律的授权，行使行政执法和刑事司法具有天然的合法性。海洋执法能力的提升，更依赖于海洋法律体系完备，海洋执法队伍才能清楚依什么法，行什么政。这需要海洋政策委员会组织海洋专家、法律专家、政治学家以及经济学家梳理海洋执法的法律文书和地方性法规，规范海洋法律法规，消除法律条文冲突。

三、提高海洋违法成本，实现执法必严

法律体系的完善是提高海洋环境执法能力的基础，但仅有完善的法律体系还不够。实践证明，执法的效果取决于执法的力度与频度，频度就是执法的频次，但是在现有的执法力量条件下，加强执法频度，不仅仅增加了执法成本，而且还会增加自身执法过程中的污染物的排放，是提升执法效果的下策。上策显然是通过教育培训等方式，让潜在违法者知晓法律规定、罪罚详则，形成"共有知识"守住法律底线。但显然上策是海洋环境治理的理想。中策"执法必严，提升违法成本"是提升执法效果的可行之策。博弈论的基本知识告诉我们，违法者的总成本取决于两个重要因素，一个是风险，也就是违法者因为违法被抓住的概率；另外一个是支付，也就是对违法行为直接支付的罚款。违法必究是一种法治理想，即每一次违法必被发现并被处罚，但现实是即使在重大刑事案件的侦破中100%的破案也难以实现，更何况是环境违法事件。

执法资源与查处的有效性之间永远是一对矛盾，面对有限资源的约束，不可能全天候在所有区域对海洋环境违法行为进行监管。考虑到违法的预期成本等于被惩处的概率乘以直接支付，提高被惩处的概率与稀缺性的司法资源相矛盾，提高环境违法预期成本可行的、不增加司法成本的方法就是提高其支付水平。按照目前的违法成本而言，如果按照被抓获的概率为十分之一的话，违法者的预期成本就只有当前违法成本的十分之一，无法起到真正的威慑作用。预期成本才是违法者的决策成本，因此，提高预期成本才是防范以及有效规制环境违法的关键因素，考虑到被抓获的概率，假设为10%，预期成本为5000元时，直接的罚金应该是5万元，5万元并不是针对某次环境违法行为的处罚，而是在司法资源稀缺的情况下，连同未能发现的9次违法行为的罚金总额。① 高的违法行为是否会减少违法行为，答案显而易见。自2011年5月1日《刑法修正案（八）》实施起四个月之内，全国共查

---

① 当然，未必是某人9次，也可能是他人9次。

处酒后驾驶机动车 95259 起，较 2010 年同期下降 45.4%。同时，全国因酒后驾驶机动车造成交通事故死亡 379 人，较 2010 年同期减少 157 人，下降 29.3%；醉酒驾驶机动车造成交通事故死亡 231 人，较 2010 年同期减少 85 人，下降 26.9%。[①]"开车不喝酒，喝酒不开车"已成共识，"醉驾入刑"震慑效果明显，这是一个艰难而巨大的转变，面对限制自由的高额成本罚单，违法行为得到了有效控制。

《刑法》中有关于海洋污染犯罪的罪名主要是"重大环境污染事故罪"。尽管中国海洋污染问题突出，但 1997 年《刑法》修订以来，至今国内尚无一例因海洋环境污染事故而被定罪的案件。[②] 主要的原因是环境行政执法与刑事司法联动机制缺乏，环境公益诉讼广泛，地方保护主义，以上这些架空了刑事司法管辖。[③] 有鉴于此，必须尽快建立海洋环境执法与刑事司法的联动机制，注重行政执法、民事赔偿与刑事制裁相结合，从严惩处污染海洋环境、破坏海洋生态保护区的违法犯罪活动。

反观海洋强国如美国，近 30 年来美国联邦政府和州环境管理机关越来越多地依靠刑事制裁加大对环境污染的处罚力度。美国联邦环保局（EPA）成立了专门刑事执法办公室进行刑事犯罪调查，国会也增加了环境法中有关刑事犯罪的条款。根据联邦环境法的相关规定，刑事处罚的罚金从几千元至 100 万美元，监禁时间从几个月至 15 年。如果是累犯，则加重双倍处罚，从而有效地震慑了环境污染的违法行为。[④]

相对比较乐观的是，最高法院第四个五年改革纲要（2014—2018）明确提出，建立更加符合海事案例审判规律的工作机制，并提出推出海洋民事、行政、刑事案件"三审合一"集中管辖，这样有利于发现涉海案件与法

---

① 人民网：《全国查处酒驾下降 45.4%》，2011 年 9 月 15 日，见 http://nb.people.com.cn/GB/200890/15664458.html。

② 朱晖：《论美国海洋环境执法对中国的启示》，《法学杂志》2017 年第 1 期。

③ 赵微、郭芝：《中国海洋环境污染犯罪的刑事司法障碍及其对策》，《学习与探索》2006 年第 6 期。

④ Joel A. Mintz，Clifford Rechtschaffen，Robert Kuehn，*Environmental Enforcement Cases and Materials*，Carolina Academ-ic Press，2007，p.255.

律直接的内部关联性，同时也为解决涉海刑事案件跨区域问题提供更有效率的解决方案。

四、惩奖共济，为海洋环境保护与生态修复提供弹性机制

沿海经济发展与海洋环境保护之间，在当前发展阶段以及现有的技术条件下，无法否认存在难以调和的矛盾。不回避矛盾，重新确立发展的主要目标才是现实之举。经历了 30 多年的快速经济发展，沿海地区民众生活富裕，安居乐业，物质生活得到了质的提高，主要的矛盾由物质短缺的矛盾，转为环境质量的下降与民众对于生态环境的向好需要之间的矛盾。在经济学家们看来，环境治理更多的是一个技术问题，是一个克服负外部性的问题。人们在生产、消费过程中排放了有害环境的污染物，而无须为此支付相应成本时，负外部性就产生了。按照这一思维，治理环境污染的办法主要是两个：第一，政府应该设法将有害环境的负外部性行为降到最低；第二，若某些负外部性行为无法完全禁止，那么政府应该对其收费并将这笔款项用于环境治理。经济理论终究是理论，但是现实的问题是，经济学家们眼中的治理方案能否转化为现实中的立法与政策？

显然，环境污染治理中的技术性方案即使再成熟，转化为现实治理措施还有很长的政策链条要走。政策的制订仍然需要"引起执政者的注意力、政策调研、公民参与、专家论证、政策评估与集体决策"的链条。每一项公共政策背后都有着相应的政治逻辑。简单地说，整合沿海公众需求，凝聚海洋环境治理共识，是从政治制度上建立起一个合法的合理的制度机制，引导污染者、监管者和公众在协商的框架下，共同实施海洋生态治理才是关键所在。

摒弃有关的道德指责"谁污染、谁付费""谁污染、谁治理"，不纠结于环境污染的历史，向前看，如何保护海洋环境以及修复海洋环境才是正确的决策。实际上，绝大多数海洋环境违法情非得已，或者并非出于主观故意，而是对于相关环境标准和相关法律法规的不了解，技术研发程度不高，现有技术条件下的无奈之举。我国已经确认了环境侵权责任事件中的"无过错"

责任，"无过错"并不是不赔偿，也不是不处罚，但是显然，政府在环境治理中，有作为地提供恰到好处的激励、专业的技术扶持、政策法规的不断普及和政策优惠力度加大，才是未来海洋环境治理的必由之路。

当前，依据有关的法律法规对于海洋环境的违法问题采取的处罚措施主要包括警告、责令改正、罚款、责令停止生产等。这些命令控制型手段，具有天生的道德正义感，但在海洋环境污染的治理中发挥的作用并不乐观。治理理论已经取得了重要突破，一个明显的特征"治理的建立不以支配为基础，而以调和为基础"，海洋环境污染的治理也有必要从命令控制型向经济刺激型转变，采取扶助、激励等方式以及环境税、排污权交易、环境补贴、环境认证、信息披露、自愿协议等多种手段进行引导。如何设置有效的激励措施以及推动政府、企业、社会组织和个人履行环境保护责任，已经成为现代环境法的重要内容。①

科斯定理可以给我们一个更好的启示。他在《社会成本问题》的开篇就表现出了锐利的观察力，环境问题是相互的，既然存在相互性，允许谁损害谁？其实是权力界定的问题。在通常的情况下，如果法律规定钢厂有权利排放污水，那么钢厂就不会为污水影响了下游的渔场的生产而承担任何的责任。但是如果法律规定渔场享有清洁河水的权利，钢厂就必须为他排放的污水承担责任。也就是说，沿海企业生产过程中的排污具有损害性，是负外部性的行为。但是如果沿海企业减少污染的排放的行为那就是具有正外部性的行为，基于以上的理解，环境的治理实际是一个权利界定的问题，在税费制度以及罚款等各种惩戒制度发挥约束力的同时，为沿海污染企业提供技术支持、提供资金补贴具有一定的合理性。

五、提高海洋执法者素养，提升海洋执法技术水平

人员是组织发挥力量的直接实践者和承担者，只有发挥出人力资本的优势，执法能力才能得到切实保障。整合之后的海警执法人员，身份差异

---

① 巩固：《政府激励视角下的环境保护法修改》，《法学》2013 年第 1 期。

大，认同性低，素质参差不齐，这在很大程度上影响了执法能力，因此提升执法人员自身的执法能力显得尤为重要。一方面，需要明确执法人员的身份问题和编制问题。原国家海洋局主体人员为普通公务员，中国海警局主体人员为人民警察，武警海洋部队主体为现役军人，连以下干部、士兵实行现役制，营以上干部和部分警士实行职业制；另外一方面，要严格控制执法人员招录环节，加强对执法人员招收工作的管理和监督，设置人员招聘的可量化标准，严控入口，打通出口；再一方面，要对执法机构的管理和执法人员进行考核和培训，不妨借鉴森林公安学院以及武警学院人才培养模式，利用国内海事、海洋院校的教育优势，增设海警专业，根据海警局的执法任务性质及内容制定人才培养计划，为未来海警局正式履职提供充足的、高质量的储备人才。

执法能力最终还取决于技术与人员的结合。第一，在技术运用方面不保守，与一些无人机研制部门合作，研发并使用无人机技术进行连续巡航执法，更有效地对海洋污染和突发公共危机事件进行监察。第二，建造在我国领海、内水的小型海洋执法艇，利用其快速高效灵活的优势在近岸处进行海洋行政执法。第三，在无人岛或者沿海选址并布局一批海洋行政执法的飞机和船舶基地，保证这些新建造的飞机和船舶有足够的空间进行停靠和保养。第四，完善海洋行政执法船舶和飞机的船载和机载装备，提高巡航取证、维权执法等综合执法能力。第五，从硬件上说，首先要利用先进卫星系统为我国海洋行政执法提供精细化预报，实现我国对海洋环境的全区域掌握，更好地实现对海洋环境预报及海洋环境形势的判断。其次要建立系统完善的通信网络平台，完善信息共享机制，实现海洋行政执法队伍通过网络平台进行资源整合，要加强信息安全的综合预防能力，完善通信信息安全防控机制，为我国海洋行政执法提供坚实的信息安全保障。第六，不断完善我国海洋行政执法的信息资料管理制度，通过资源分享及科技共享等手段将中国海洋行政执法的数据信息进行综合储存与管理，积极研究海洋基础信息数据库、海洋专题数据库等方式来促进我国海洋行政执法的资料快速整合。这样可以使我国海洋管理部门更有效地查阅相关历史资料和利用各部门的信息资源进行数据库建设，以此来实现我国海洋行政执法的信息化工作不断升级。①

第四节　海湾整治中的沿海软实力建设

按照约瑟夫·奈的观点，一个国家的综合国力既包括由经济力量、科技力量、军事力量等表现出来的硬实力，也包括文化、意识形态、政治价值观的吸引力和民族凝聚力所体现出来的软实力。党的十八大以来，我国明确提出建设"海洋强国"战略，海洋强国不仅表现为硬实力的强大，而且还表现为软实力的强大。从现实情况看，海洋军事、海洋经济、海洋科技等更多地与海洋硬实力联系在一起，而海洋价值、海洋文化、海洋政策制度等尽管也可能产生海洋硬实力，但更多地与海洋软实力联系在一起，其转化为软实力的可能性更大。约瑟夫·奈提出软实力的意义在于，当美国多数的学者对于美国超一流的国家地位有衰落担心的时候，他的软实力理论提出，说明人们这种对于美国快速衰落的担心是多余的，美国的实力并没有衰落，只是权力本质及其构成发生了变化，即要从新的 soft power 的角度看待美国的权力地位。② 另外一个意义在于，软实力更具有潜在性，长期性，影响更为深远。约瑟夫·奈的软实力理论提出之后，国内外的学者进行了各方面的拓展，纷纷提出如国家软实力、文化软实力、城市软实力、海洋软实力等概念，在软实力理论等影响下，我国各级政府开始纷纷重视软实力等建设。

一、挖掘海湾整治中的软实力形成资源

实施海湾整治主要目的在于"遏制生态环境恶化的趋势，改善海洋环境质量，提升海岸、海域和海岛生态环境功能，促进有居民海岛生态系统保护，逐步实现'水清、岸绿、滩净、湾美、岛丽'的海洋生态文明建设目

---

① 韩宇召：《中国海洋行政执法合力形成的问题和对策研究》，硕士学位论文，中国海洋大学，2014 年。

② 约瑟夫·奈：《软力量——世界政坛成功之道》，吴晓辉、钱程译，东方出版社 2005 年版。

标"。整治有集中治理或者运动式治理的特点，它试图通过阶段性的工作，集中各方力量把主要海湾建设成美丽的家园。显然它也无法回避运动式治理的弊端，第一，经常性地陷入"头痛医头、脚痛医脚"的显性治理困境，沦入"制度化运动"低效乃至无效化窠臼。第二，无法保持长期对海湾生态环境治理的注意力，也无法长期维持对于整治政策严格执行力。基于这样的考虑，海湾整治一个重要的能力建设就是注重并提升沿海地方政府海洋软实力建设。

提高软实力建设能力必须首先明确能够产生或者形成海洋软实力的资源要素。按照从无形到有形、从精神到物质的序列，海洋软实力资源要素体现为由内到外的三个层次。一是深层实力资源，处于内在核心层，如海洋价值观、海洋意识方面等精神层面资源；二是中介层面，如海洋政策法规、海洋战略、海洋管理体制、海洋习俗等制度实力资源；三是表层的如海洋科教文化场所、海洋管理机构、海洋 NGO、海洋媒体等物化实力资源。这些实力资源主要包括国民的海洋意识，民族的海洋价值观，主流的海洋思想等。深层实力资源主要是通过意识形态认同和价值观念同化，从而达到行动的一致性。深层实力资源作为整个体系中最"软"、最"柔"的资源，是海洋软实力发挥作用的核心资源。海洋价值观、海洋意识、海洋习俗、海洋禁忌等，是人们在长期的海洋实践活动中自然演化而成的，并与人们的行为方式、思维方式和生活方式融合在一起，是得到社会认可的行为规范和内心行为标准。尽管非正式制度往往是不成文的或无形的，给人以"软"的感觉，但却因其根深蒂固和有着深厚的群众基础而左右着涉海人群的行为。"当个人深信一个制度是非正义的时候，为试图改变这种制度结构，他们有可能忽视这种对个人利益的斤斤计较。当个人深信习俗、规则和法律是正当的时候，他们也会服从它们。"[①] 不同的观念体系影响了人们的制度选择和行为方向。

海洋意识是指人类在与海洋构成的生态环境中，对本身的生存和发展

---

① ［美］道格拉斯·诺斯：《经济史中的结构变迁》，上海三联书店 1991 年版，第 112 页。

采取的方法及途径的认识总和，包括了海洋国土意识、海洋资源意识、海洋环境意识、海洋权益意识和国家安全意识等。海洋意识是一种深层次的海洋文化，是海洋文化的灵魂，海洋意识的深层次发展代表海洋文化系统的发展程度。先进的海洋意识是治理海洋、改造海洋的精神动力。海洋伦理是由海洋行为引发的道德关注，表现为人海关系以及利用海域中产生的人人关系。海洋伦理强调资源共享和自律原则，最终目的是提高涉海人员的海洋道德水平。秉持人海和谐的海洋伦理观将有助于增强海洋价值的普适性，在海洋发展中占据道义制高点。海洋文化是人类文化的重要组成部分，也是海洋文化软实力的基础。约瑟夫·奈认为，当一个国家的文化涵括普世价值观，其政策亦推行他国认同的价值观和利益，那么由于建立了吸引力和责任感相连的关系，该国如愿以偿的可能性就得以加强。狭隘的价值观和民粹文化就没有那么容易产生软实力①。海洋文化作为和海洋有关的文化，它是缘于海洋而生成的文化，也即人类对海洋本身的认识、利用和因有海洋而创造出的精神的、行为的、社会的和物质的文明生活内涵。海洋文化的本质就是人类与海洋的互动关系及其产物。② 根据海洋文化的定义，海洋文化的构成丰富多彩，大体上可分为海洋民俗生活、航海文化、海港与港市文化、海洋风情与海洋旅游、海洋信仰、海洋文学艺术、海洋科学探索、国民海洋意识等。

　　我国的航海文化是世界上最早发展起来的海洋文化的重要组成部分，我国先民的航海能力达到了世界领先水平，从丝绸之路到郑和下西洋，我国的航海活动，起到了传播海洋文化的作用，对周边国家具有极强的吸引力。海洋民俗文化、海洋艺术、海港文化、航海文化等具体海洋文化形态之所以能够产生巨大影响力和吸引力，本质上在于其内在的价值附着，这种价值附着就是海洋价值观，海洋价值观是指海洋对人类产生、生存和永续发展的地位和作用的总体认识。相对于表层和中层的海洋软实力资源而言，海洋价值观显得更加抽象和难以捉摸。海洋价值观通过一国的海洋政策、海洋制度、

---

① 转引自韩勃、江庆勇《软实力：中国视角》，人民出版社2009年版。
② 曲金良：《海洋文化概论》，青岛海洋大学出版社1999年版。

国民的海洋意识、海洋文化、海洋媒体等表现出来。正如人类对自由、民主、人权等政治价值观的追求一样，海洋价值观也集中体现着人类的追求，如天人合一的海洋文化、和平崛起的海洋发展道路等都是海洋价值观的内涵。我国秉持着和平崛起的海洋价值观，开放地发展，合作地发展，稳定地发展。通过以上软实力资源的分析，如果要让海湾整治达成更长远、更持久的治理效果，在整治的过程中，注重海洋软实力的建设则意义重大。

二、塑造"和谐海洋"理念，增强"生态海洋"认同

和谐海洋的理念是我国构建和谐社会的重要内容，也是我国传统文化和谐思想在海洋领域的拓展和继承，它也是对当代人关于海洋、资源和环境开发利用行为的规范。它既是人"在场"的角度下对海洋价值的审视，也是在海洋"在场"的情况下人与人、人与国家、社会关系的科学思考。因此，和谐海洋观首先涉及人与海洋的关系问题，旨在实现人海和谐共处、双向给予；其次涉及海洋活动中人际关系、国家关系问题，旨在实现合作共赢公平分享海洋利益，可持续地利用海洋资源，建设和谐海洋。从这个意义上来讲，和谐海洋观不仅仅是一种生态观，而且还是一种利益观、行政观。

和谐海洋观要求人们善待海洋、敬畏海洋，意味着：一是应该与善待人类自己一样善待海洋；二是改变人们的行为方式，因敬畏之心而产生爱护、保护海洋自然的行动。海洋生态环境已被严重破坏，单纯维持海洋环境不受破坏海洋环境，难以使海洋环境恢复本来面目，因此人类必须对海洋生态进行补偿，开展治理、恢复和建设工作。补偿海洋不仅是一条生态学规律，也是海洋生态伦理学一个重要的道德原则。环境伦理讲究人与自然公平、人际公平、代际公平，因为人类对海洋资源的掠夺性开发利用，是对生命和自然界的不道德；当代人中的一部分人过度利用海洋资源，是对另一部分人的不道德；而当代人过度利用海洋资源，影响海洋生态环境的可持续，是对下一代人的不道德。因此，从环境伦理学的要求出发，和谐海洋观要求人类具有保护海洋自然，确保其整体性和稳定性的义务与责任。

为了建立良好的生态系统，新生态伦理学立足"生命同根"，强调在人

与人、人与社会、人与自然之间建立一种互利共生、协同进化的关系。从人与自然关系的角度看，和谐海洋观体现为一种人类在处理人与海洋关系时的和谐生态观，意指人与海洋中的客观物质对象等达成和谐、共生的相处方式，使人类和海洋形成一个和谐统一的整体。这对于确保海湾整治后的生态海洋的建设有重要理论指导。

三、培育海洋文化资源，注重沿海文化品牌建设

"海洋文化，就是和海洋有关的文化；就是缘于海洋而生成的文化，也即人类对海洋本身的认识、利用和因有海洋而创造出来的精神的、行为的、社会的和物质的文明生活内涵。海洋文化的本质，就是人类与海洋的互动关系及其产物。"[1] 如海洋民俗、海洋考古、海洋信仰与海洋有关的人文景观等都属于海洋文化的范畴。[2] 海洋软实力的影响力、渗透力和吸引力主要是通过海洋文化来展现的。在海湾整治的过程中，需要重视挖掘海洋文化资源，注重沿海文化品牌建设。

第一，积极挖掘海洋文化资源。我国既是一个内陆大国，也是一个海洋大国，我国文化的历史既是陆地文明的发展史，也是海洋文明的发展史；我国文化的辉煌是陆地文明与海洋文明相互接触、相互交织，相互融合的产物。但不同于儒家文化、道家文化等陆地文化形成了自己完备的话语体系，并且拥有大量的典籍作为载体以记录其相关论述，海洋文化更多地呈现出了碎片化的特点。在我国没有专门的典籍对海洋文化相关的内容加以系统全面的论述，海洋文化往往零散地内含于船只建造、远洋航行以及渔业捕捞等具体的生产活动之中。正如有的学者所说"中国海洋文化的地位在于：（1）有长达 7000 年不间断的航海史；（2）对古代东南亚国家与东亚国家产生巨大的影响；（3）中国的航海在唐、宋、元迄至明中叶的七八百年内领先于世界。"[3] 碎片化的现状需要在海湾整治的过程中，予以重视、收集、整理与建

---

① 曲金良：《海洋文化概论》，青岛海洋大学出版社 1999 年版，第 12 页。
② 王宏海：《海洋文化的哲学批判——一种话语权的解读》，《新东方》2011 年第 2 期。
③ 徐晓望：《论古代中国海洋文化在世界史上的地位》，《学术研究》1998 年第 3 期。

设，加强文献文书、船舶部件、地图航海图、古船文物等 20 类涉海可移动珍贵文物的发掘与保护。

第二，在海湾整治中，注重提炼与宣传我国海洋文化中的积极价值。我国的一些海洋文化，在历史的长河中，发挥了凝聚民心，提倡积极向海生活的重要作用。一些文化传播甚远，并落地生根，成为当地文化的重要组成部分。如郑和七下西洋期间就将"妈祖文化"带到了东南亚诸国，并对当地的文化产生了深远的影响。在马来西亚、新加坡、泰国、印尼、越南、菲律宾等地，都建有供奉妈祖的庙宇。妈祖文化之所以能够在东南亚地区得以广泛传播，一个重要原因就是妈祖文化包含了善良正直，见义勇为，扶贫济困，解救危难，造福民众等全世界人民都认可的价值观。在海湾整治的过程中，需要注意考察悠久的海洋文化资源，注重挖掘、凝练与宣讲。

第三，加强对海湾海洋文化遗产的保护。沿海居民在长达数千年的向海生活过程中，留下了广泛、丰富而值得珍视的海洋历史文化遗产。这些海洋文化遗产主要有如船舶、航具、渔具、港口、灯塔、庙宇、馆所遗存，是为海洋物质文化遗产；如信仰、意识、制度、艺术，是为非物质文化遗产或称无形文化遗产。① 海洋文化遗产是弘扬中华传统文化国家战略的重要资源，其意义不仅在于对增强民族海洋意识、强化国家海洋历史与文化认同、提高国民建设海洋强国的历史自豪感和文化自信心；同时，在海湾整治的过程中，如何加强海洋文化资源保护，显得尤为重要。（1）在海湾整治的过程中，制定海洋文化遗产保护与开发规划的政策与计划，与文物保护部门保持密切的对接。（2）拿出专项资金，系统整理保护民间节庆等习俗、文学艺术、传统技艺、饮食服饰等涉海非物质文化遗产及代表性传承人，拓展文化遗产传承利用途径。（3）发掘、传承和弘扬妈祖文化、海洋丝绸之路文化、航海文化，鼓励各类海洋文化艺术作品的创作和展示。（4）鼓励沿海地方政府举办海洋文化活动。如海洋文化展会、海洋文化论坛等，这样可以获得最大程度的认可，也可以提升积极海洋文化的影响力。（5）建设一批有影响力的公益

---

① 曲金良：《海洋文化遗产的抢救与保护》，《中国海洋大学学报》2003 年第 3 期。

性海洋文化展馆。对各地方沿海地区来讲，结合海湾整治行动，结合本地经济、社会发展水平，建设一批海洋文化公共设施，如海洋博物馆、图书馆、民俗馆等。目前，中国台风博物馆、中国盐业博物馆、中国岛礁博物馆、中国海洋渔业博物馆、中国灯塔博物馆已相继建成开放，中国海防博物馆正在建设，中国渔村博物馆、中国徐福博物馆、中国海洋生命博物馆、中国海鲜博物馆等都可以提上议事日程。

第七章　发达国家海湾整治的经验与借鉴

世界上绝大部分发达国家都位于沿海地区。其沿海地区因为交通的便利，往往也是这些国家经济中心所在地。经济的发展、工业的进步、人口的增加与人类活动的增多也给海洋环境带来巨大负担。海洋环境污染严重，海洋生态系统受到了严重的破坏。在 20 世纪后半叶，大部分发达国家都经历了"先污染后治理"的过程。在经过数十年不懈努力之后，大部分国家的沿海生态环境都得到了修复，并保持了较为健康的状态。对于我国蓝色海湾整治活动来说，这些发达国家的既有经验值得我们学习借鉴。

第一节　美国的海湾整治经验

美国位于两大洋之间，东部为大西洋，西部为太平洋，沿海地区一直都是美国经济较为繁荣的地区，分布着美国很多重要的工业区与大城市。美国的三大城市群分别为波士顿—华盛顿城市群、芝加哥—匹兹堡城市群、圣地亚哥—旧金山城市群，其中波士顿—华盛顿城市群位于大西洋沿岸，圣地亚哥—旧金山城市群位于太平洋沿岸。在美国 50 个州当中，沿海诸州的发展水平也都名列前茅，如 GDP 排名第一的加利福尼亚州与德克萨斯州皆位于沿海。繁荣的工业与经济活动对于沿海海洋环境是一个巨大的挑战。在美国历史上，也曾经出现过沿海海洋环境严重污染，生态系统陷入危机的状况。大约从 20 世纪 70 年代开始，严重的海洋污染问题开始引起了政府与公众的重视，并且从 20 世纪 80 年代开始，系统的海湾整治工作开始进行，并在经过数十年的不懈努力之后取得了很大的成果。这里选择了东海岸的切萨皮克湾以及西海岸的旧金山湾为例，探讨美国在蓝色海湾整治方面的历史经验。

一、美国海湾的环境危机

旧金山湾是美国加利福尼亚州西部几乎全部为陆地环绕的海湾，由没入海水中的河谷形成，经金门湾连接太平洋。旧金山湾长 97 公里，宽 5—19 公里，面积 1600 平方公里，平均水深近 5 米，是美国西海岸最大的河口，也是世界上著名的天然良港之一。海湾内有数座岛屿，四周有旧金山、奥克兰等大城市和都会区小城镇。旧金山湾有优越的地理条件，阳光明媚，气候适宜，有"天然空调"之称。因为旧金山湾优越的自然环境，这里成为了各种生物和人类理想的栖息和居住地。在湾内，有超过 130 种鱼类在这里生活，如太平洋鲱鱼、大鳞大马哈鱼、豹斑鲨、白鲟、星斑川鲽、加利福尼亚大比目鱼等，还有各种海豹、海狮、蟾蜍、蛇类以及鸥、鹅、鸬鹚等。

历史上，旧金山湾区以金山著名，淘金热使得旧金山成为当时美国密西西比河以西最大的城市。在金矿枯竭之后，借助优良的港口环境保持了发展态势。太平洋铁路的开通为旧金山的发展注入了新的契机。19 世纪后半叶，第一条横跨北美大陆的铁路——太平洋铁路开通，旧金山成为这条铁路大动脉的西部终点。此前从东海岸的纽约到西海岸的旧金山，陆路需要花费 6 个月，在铁路开通之后只需要 7 天。此后旧金山一直保持着良好的发展势头，并成为美国西海岸重要的经济、工业、金融与文化重镇，形成著名的旧金山都会区。目前旧金山都会区是美国西海岸仅次于洛杉矶的最大都会区，总人口数在 700 万以上，也是美国人均所得最高的地区之一。

在经济发展的高峰期，旧金山湾区的生态环境也承受着巨大的压力。第一，湿地锐减。据统计，在 1849 年旧金山湾水域达 2038 平方公里。长期的浅滩开发、盐场开发、淘金热、农田建设和各种娱乐俱乐部的落户以及湾内的倾废等使得旧金山的水域面积锐减。到20世纪中期，湾区的水域面积减至1419平方公里，几乎减少了三分之一。[①] 第二，淡水减少，土地盐碱化加剧。由于向湾内的倾废、谭海和海岸带的开发等活动造成旧金山湾泥石流、土地盐碱化等各种灾害增多。例如，仅美国中央河谷工程和加利福尼亚州水道工程（加州北水南调工程的一部分）就使流入旧金山湾的淡水减少了40%，不仅使旧金山湾水质恶化，影响海湾水生生物，而且导致海水倒灌，使旧金山湾地区土地盐碱化。第三，海平面上升。全球气候变化带来了海平面的普遍上升，旧金山湾区也不例外。旧金山湾区有着长达140多年的海平面测量历史。据统计，在1900年至2000年间，旧金山湾海平面上升了7英寸。[②] 海平面上升将导致超过200平方英里的陆地被海水吞噬，由此会带来很多新的生态问题。第四，资源面临枯竭、生态失衡。由于湾内和近岸的工业和能源设施（包括石油、天然气、钻井平台）造成的污染、娱乐和观光设施侵蚀、港口、码头、围堤、填海、浴场、海水养殖、农业、林业、住宅、公共工程（包括公路、街道、各种管道、高压电线）等的破坏，旧金山湾和美国其他的海域一样，资源被大量消耗或破坏，渔业萎缩，污染物堆积，清洁水更新迟缓，外来物种入侵严重，生态严重失衡。

切萨比克湾是美国东部大西洋沿岸130个海湾中最大的一个，位于美国东海岸的马里兰州和弗吉尼亚州，是美国中大西洋区的中心地带。整个海湾长约314公里，是美国东部大西洋由南向北伸入内陆最深入的海湾。海湾最窄处为5.5公里，最宽处56公里，平均水深7米，水面面积约5720平方公里，流域面积16.6平方公里。海湾南面与弗吉尼亚州交界，北为马里兰州，湾区地区被华盛顿特区、马里兰州、特拉华州、弗吉尼亚州所环抱，流域可达宾夕法尼亚州、西弗吉尼亚州、新泽西州和纽约州。切萨皮克湾名来自阿尔冈金印第安语，意为"大贝壳湾"，其海产品非常丰富，被誉为"巨大的

① San Francisco Bay Conservation and Development Commission, *A Sea Level Rise Strategy for the San Francisco Bay Region*, 2008, pp.1-2.

② http://www.sohu.com/a/246490140.818426.

蛋白质工厂",有 295 种鱼类、45 种贝壳、2700 多种植物生长在湾内。

从历史上来看,因为优越的自然环境与条件优良的港口,切萨比克湾是北美殖民地较早被开发的地区。海湾沿岸拥有很多历史遗迹,是优秀的旅游地和疗养地。湾岸曲折多岛,分部有多个重要港口。湾头的巴尔的摩和湾口的诺福克是著名的大港。诺福克与对岸的汉普顿、纽波特纽斯共同形成汉普顿通道,是美国重要的海军基地。诺福克是美国最大的航母基地和海军造船厂所在地。

在切萨比克湾流域内共有人口 1500 多万,其中大部分集中在沿海地区。整个切萨比克湾附近集中的大量工农业活动以及城市排泄物,导致了切萨比克湾环境的恶化。从 20 世纪中叶开始,由于附近地区的居住和工业的发展导致污染物、工业废料和沉渣污染了海湾,水质开始恶化,鱼类质量不断下降。20 世纪 70 年代,切萨比克湾成为了全球第一个被鉴定的"海洋死亡区域"(marine dead zones),成为一片海洋生物无法存活的"死海"。受此情况刺激,1975 年至 1983 年,美国国会拨出 2700 万美元专款,由美国联邦环境保护局组织几十个有关单位,对切萨比克湾环境情况进行调查研究。调查确认了 20 世纪 80 年代切萨比克湾环境出现了以下几个突出问题:第一,海水富营养化。由于海湾被污染,含磷和含氮的化合物过多排入水体,破坏了原有的生态平衡,引起藻类大量繁殖,过多地消耗水中的氧,使得鱼类、浮游生物缺氧而死。这些死亡生物的尸体腐烂又造成水质污染,导致富营养化。第二,夏季缺氧情况加剧。某些石油化工作业不断消耗海水中的氧气,导致海水缺氧情况。同时,生活污水、工业污水的不断排入,使海洋生态发生变化,使海水溶解氧含量大大降低。这种情况在夏季尤其严重。第三,有毒物质污染严重。工业发展产生的工业废料和沉渣所携带的有毒物质流入海湾,造成污染。同时,海上船舶油料泄露等事故导致有害和有毒物质的排放、释放或碰触,造成对海洋环境的威胁并同时危及人体健康,损害生物资源。第四,水生植物减少。由于水源污染、外来物种入侵、废弃物污染等问题,导致上百种水生植物和湿地植物濒临灭绝。第五,水生动物繁衍和生长环境破坏。海水污染导致生态失衡,大量水生植物的繁衍和生长的栖息地遭到破坏，许多物种的生产面临巨大的威胁。①

　　总之，在经过了 20 世纪早期突飞猛进的经济发展之后，美国东西海岸都会区的海湾都出现了极为严重的污染问题。在 20 世纪 70 年代左右，相关的问题已经严重到不得不采取措施加以整治的地步。旧金山湾和切萨比克湾地区分别成立了相关的调查和治理组织，开始了切实而有效的环境整治工作。在经过了几十年的不懈治理之后，两者的环境基本上都得到了改良。如今，旧金山湾和切萨比克湾地区依然是美国繁荣的都会区，但是其周边的海洋环境却没有受到太大的破坏，生态系统得到了较好的保护。

二、旧金山湾的整治

　　旧金山湾的整治开始于 20 世纪 60 年代，以旧金山湾保护和发展委员会（The San Francisco Bay Conservation and Development Commission，简称 BCDC）的成立为主要标志。旧金山湾保护和发展委员会是一个加利福尼亚州委员会，致力于保护、加强和负责任地使用旧金山湾。该委员会是由加州的 McAteer-Petris 法案创建的，立法机构于 1965 年 9 月 17 日通过。这也是美国最早成立的海湾整治机构。从体制上来看，旧金山湾的环境保护立法的执行机构安排体现的是一种双轨执行体制，即分散和集中相结合的运行体制，但主要是集中运行。既有一般的环境执法机构，又有特别的环境执法机构，即旧金山湾保护与发展委员会。

　　旧金山湾的环境污染问题得到了联邦政府和州政府的高度重视。在美国的体制之下，其环境整治涉及到了方方面面的问题。首先是联邦与州之间的关系。美国是一个联邦制国家，在环境管理上实行的是联邦政府制定的基本政策、法规和排放标准。联邦政府设有专门的环境保护机构，分管其业务范围内的环境保护工作。联邦负责环境保护的主要机构有环境质量委员会和国家环境保护局，此外还有环境执行官办公室、白宫环境质量委员会以及涉及海洋管理的国家海洋和大气管理局等。另外国务院、商业部、内政部、农

---

① 　徐祥民等：《渤海管理法的体制问题研究》，人民出版社 2010 年版，第 61—62 页。

业部、劳工部、运输部、海岸警卫队等多个部门也都在不同层面上涉足海洋环境事务。这是横向的相关部门，除此之外，还涉及到纵向的政府间关系问题。美国作为联邦制国家，其各州拥有相当独立的权限。在立法权限方面，美国环境法确立了联邦政府在立法上的主导作用，同时也承认州和地方政府在实施环境法规方面的重要地位。在环境管理方面，各州也都设有环境保护专门机构，负责制定和执行本州的环境保护政策、法规、标准等。不过，州的环境立法需要得到联邦政府的特许审批，联邦环境保护局也有权越过州行使权力。

除了联邦与州之间的关系之外，旧金山湾的整治还涉及到复杂的地方政府间关系。美国的地方政府以基层的市镇为中心，市镇与州之间还有县一级地方政府，也提供部分公共服务。在旧金山湾区，一共包括9个县。这9个县又细分为圣弗朗西斯科、圣何塞、奥克兰、伯克利为代表的100多个市镇。目前人口最多的圣弗朗西斯科、圣何塞两市，人口都接近100万，而最小的一些市镇则只有几千的人口。① 按照美国的政府体制，从联邦到州到基层的市镇，都是由选举产生的政府。县与市镇作为自治体地方政府，在行政关系上与上层的州、联邦都没有行政隶属关系，只能通过法律关系来协调彼此的关系。美国大城市区的这种碎片化带来了治理困境，是美国地方政府治理方面的一个痼疾。对于旧金山湾环境整治工作来说，碎片化无异增加了协调的困难。就生态环境而言，整个湾区是一个不可分割的整体，任何一处的污染都将会扩散至其他地区。而在行政关系上，旧金山湾区又是高度分裂与碎片化的。为了解决这样的矛盾，成立一个专门的治理机构就显得非常必要了。

就执法权力来源而言，旧金山湾保护与发展委员会主要是依据法律授权和协作来完成对旧金山湾环境的保护。然而，每当随着环境问题的变化，该委员会的权力就远远不能适应其保护旧金山湾环境的需要。为了适应环境

---

① 　Ian F. Pollack MD，L. Dade Lunsford MD，John C. Flickinger MD，"List of cities and towns in the San Francisco Bay Area"，*Cancer*，Vol.3，No.1，1989.

保护的需要，旧金山湾保护与发展委员会在缺乏法律授权的情况下，总是积极地参与到相关的活动中并逐步得到法律的授权。以应对海平面上升问题为例。气候变暖引起的海平面上升是一个全球问题，但是在旧金山湾地区其所带来的负面影响更加明显。然而，委员会并没有这方面的法律授权来要求相关部门和公众来应对这一问题。即使如此，旧金山湾保护与发展委员会还是根据有关科学数据通过绘制地图形式标明了最易受灾的危险湾内区域。之后，旧金山湾保护与发展委员会得到授权并加入了 Joint Policy Committee（JPC）来发布气候变化方面的信息。2008 年，州立法通过法律授权旧金山湾保护与发展委员会在 JPC 内拥有投票权。但是，在应对气候变化对旧金山湾的环境影响问题上，该委员会并没有许可权，只有与其他相关机构协作的权力。可见，旧金山湾保护与发展委员会的执法权力是随着环境问题的发展在不断调整之中，而且随着环境问题的日益复杂，在执法过程中需要与相关机构协作反映了近几年委员会的执法特点。①

美国在 20 世纪后半叶制定了非常严密的环境法律法规，以及一整套的环境执法机构。环境执法的措施主要有违法通知、行政守法令、行政处罚评估、标准处罚、紧急令等。此外，国会也没有单纯采纳以市场机制作为主要调节工具的理论，而是加强了以民事责任为调控工具的管理模式，即建立了环境责任承担体系，扩大了私人和商业主体参与环境污染防治和清理的责任以及范围，主要体现在《综合环境反应、赔偿和责任法案》（CERCLA）、《危险和固体废弃物修正案》（HSWA）、《资源保护和恢复法案》（RCRA）、《超级基金修正案和再授权法案》（SARA）、《应急计划和社区知情权法案》（EPCRA）等一系列法律法规之中。这些都对海洋环境管理产生了重大影响，它们规定了严格的连带责任，鼓励风险评估及自行清理。这些法律与机构设置都为海洋环境整治提供了非常坚实的法律基础。②

联邦与州层面的环境保护法律与机构为旧金山湾的海洋环境保护提供

---

① 徐祥民等：《渤海管理法的体制问题研究》，人民出版社 2010 年版，第 66—67 页。

② 朱晖：《论美国海洋环境执法对中国的启示》，《法学杂志》2017 年第 1 期。

了保障。在此基础上，旧金山湾保护与发展委员会作为一个独立机构，也被赋予了特定的责任。首先，委员会拥有发放许可的权力。发放许可是旧金山湾保护与发展委员会最经常的执法形式，委员会的主要职责就是控制用地。凡是与用地有关的填海、疏浚、近岸开发活动及湿地保护基本都由旧金山湾保护与发展委员会来管理。另外，委员会还掌握着资源开采许可、对珊瑚沼泽地区地貌的任何实质性改变利用及重大开发活动的许可等权限。通过对用地的严格控制，委员会基本控制住了旧金山湾萎缩的趋势。第二，委员会拥有制定保护计划的权力。制定保护计划涉及到立法问题，按照美国的体制，委员会一般是在有法律明确授权的情况下才制定相关的环境保护计划，这些计划一般都有高度的针对性。旧金山湾保护与发展委员会在 1969 年制定了第一个保护计划（The San Francisco Bay Plan），此后一直持续更新着计划。最近的一个计划是 2013—2016 战略计划（2013—1016 Strategy Plan）。在这些计划中，委员会详细地介绍了旧金山湾的现状、污染的主要来源、改进的目标、治理的方式等众多丰富而针对性极强的内容，成为旧金山湾治理的行动指南。最后，委员会还有参与司法活动的权力。在参与司法活动方面，旧金山湾保护与发展委员会具有代表公共利益提起诉讼的权力。这不仅是委员会保护旧金山湾的最后手段，也是其在该区域执法权威的独特体现。当然，为限制滥用职权，法律同时规定了该委员会有应诉的义务。

　　旧金山湾保护与发展委员会是一个专门性的具有广泛权限的环境保护机构。在经过将近半个世纪的持续治理之后，虽然旧金山湾地区的环境压力依然存在，但是其生态环境已经得到了有效的改善，环境保护机制也充分建立了起来。

三、切萨比克湾的环境整治

　　旧金山湾的环境整治虽然也涉及到了地方政府间的协调问题，但是整个湾区都属于加利福尼亚州，可以由州政府出面来进行统一协调。旧金山湾保护与发展委员会就是由州政府建立的专门机构。切萨比克湾的问题在于，它的海湾面积以及流域面积要远大于旧金山湾，因此牵涉到的地方政府数量也就更多。更加严重的问题是，切萨比克湾的治理牵涉到了数个相邻的州，除了海岸所属的马里兰州与弗吉尼亚州之外，切萨比克湾流域的很大一部分位于宾夕法尼亚州和华盛顿特区。因此切萨比克湾的治理需要建立起一个跨越州际的协调机构，这增加了额外的困难。从时间上来看，旧金山湾于1965年建立了专门的委员会，1969年就制定了详细的行动计划。而大约同时期出现严重环境问题的切萨比克湾直到1980年才成立了由马里兰州、弗吉尼亚州、宾夕法尼亚州立法当局组成的切萨比克湾委员会。1983年，该委员会代表各州立法机关与弗吉尼亚州、马里兰州、宾夕法尼亚州、华盛顿特区以及美国联邦环境保护局共同签署了《切萨比克湾协议》（Chesapeake Bay Agreement）。根据这一协议，成立了切萨比克湾计划（Chesapeake Bay Program），并且成立了相关的执行委员会，实行保护计划。切萨比克湾计划是一个区域性伙伴组织（regional partnership），除了正式签约各州，如今其协作伙伴中还加入了纽约州、特拉华州、西弗吉尼亚州等所谓的"源头"州（位于海湾流域源头）。在联邦部门方面，除了联邦环境保护局之外，还有农业部、商务部、国防部等十余个联邦部门，此外还包括一些研究机构、NGO等等。

　　根据1983年的协议，建立了一个切萨比克湾执行理事会（Chesapeake Executive Council）。该执行理事会是一个非常任的组织，按照规定每年至少举行两次会议，评估和监督执行协调计划，以改善和保护切萨比克湾的水质和生物资源。其成员由联邦环境保护局派遣其区域管理员，各州州长、华盛顿特区市长指派适合的内阁成员共同组成，最初由环境保护局主持，每年向切萨比克湾协议的签署各方进行报告。① 因为切萨比克湾的治理涉及面广泛，在执行理事会之外，还有三个重要的咨询委员会，分别是市民咨询委员会、地方政府咨询委员会、科学技术咨询委员会。在这个理事会领导之下，还设有一些执行团队，主要有可持续渔业小组、重要栖息地保护与恢复小组、水

---

① 美国环境保护局：《1983年切萨比克湾协议》，见 http：//www.chesapeakebay.net/content/publications/cbp_12512.pdf。

质保护与恢复小组、健康分水岭维护小组、培养切萨比克湾小组、强化合作与领导小组等。此后根据情况的变化，切萨比克湾协议分别于 1987 年、2000 年重新签订，以适应新情况。①

在 1987 年修正的协议中，规定了切萨比克湾计划的主要任务和关注点，分别是生物资源、水质、人口增长与发展、公共信息、教育和参与、公共访问和治理。"生物资源"是指为生物资源、它们的栖息地以及生态关系提供恢复和保护服务；"水质"是指减少和控制指定与非指定的各种污染物，以保证水体质量以维持生态系统平衡；"人口增长与发展"是指提前计划和管理增长的人口以及土地使用可能对切萨比克湾生态系统造成的影响；"公共信息、教育和参与"是指促进公众对于切萨比克湾系统、其所面临的问题、相关政策以及试图保护它的政策都有更好的理解，并且加强个人环保责任感和加强对海湾资源的管理，同时让公众更多地参与到切萨比克湾整治计划的制定与实行中来；"公共访问"是指提供更多机会让公众能够享受和体验海湾及其支流地区；"治理"是指支持和强化当前整体性、合作性和协调性的管理方式，同时进行持续的管理努力以获得长期的效果。在每一个大目标之下，又细分为诸多小目标，比如"生物资源"之下具体包括：（1）恢复、加强、保护和管理水下植被系统；（2）保护、加强和恢复湿地、沿海滩涂、森林缓冲区以及其他海岸与河岸系统，这些系统对于维持水质和栖息地至关重要；（3）养护土壤资源，并减少水土流失以保护海湾栖息地；（4）维持支撑河口栖息地所必须的淡水流量；（5）发展兼容性的海湾区域渔业存量评估系统；（6）发展海湾区域的渔民管理战略，并且发展执行性的计划来保护和恢复鱼类和贝类储量，特别是在淡水区域和河口地区；（7）恢复海湾内部的贝类储量，特别是在那些具有重要商业价值的区域；（8）恢复、加强和保护水禽和野生动物等分项目。

除了切萨比克湾计划及其执行委员会之外，切萨比克湾基金会也是非

---

① 美国环境保护局：《1987 年切萨比克湾协议》，见 http：//www.chesapeakebay.net/content/publications/cbp_12510.pdf。美国环境保护局：《2000 年切萨比克湾协议》，见 http：//www.chesapeakebay.net/content/publications/cbp_12081.pdf。

常重要的一个组织。这一基金会是一个民间非营利组织，不仅为切萨比克湾保护与整治计划提供资金，还开展培训，以提升当地民众的环境保护意识和环境保护能力，取得了丰硕的成果。

从规格上来看，切萨比克湾在立法和执行机构的设置方面都要高于旧金山湾区，原因如上所述，主要是旧金山湾区位于加利福尼亚州境内，而切萨比克湾的整治主要涉及了相邻的三州一市，如果追溯流域源头还波及到另外三州，情况非常复杂。《切萨比克湾协议》是联邦及各州在广泛协商参与基础上所立的一个法，其设立的执行理事会也是在充分协调各方利益基础上成立的一个独立性较强的协商与协调机构。理事会成员由各相关方的主要负责官员兼职出任，既能够综合各方面意见，又保证了理事会决议的执行力度。这也是美国在海洋环境保护方面常见的一种机构设置方式，比如美国国家海洋委员会也是参照了此种组织模式，由各相关部门领导人兼任组成一个协商与协调的理事会。目前，整个切萨比克湾计划涉及了近百个联邦机构、州、县和基层政府以及 700 多个相关的企业、科研机构和民间组织。

从整治模式来看，切萨比克湾计划从一开始就非常注重"治理"（governance）的方式。在 1987 年的协议书中，明确提到了要持续保持治理机构"整体性、合作性和协调性"的管理方式，在强调集中化的整体性治理的同时，也非常强调合作与协调的功能。尤其是非常重视公众的政治参与与自发行动，注重与民间组织与个人的互动过程，真正将切萨比克湾的整治变成一项全民事业。在切萨比克湾整治最为核心的马里兰州、弗吉尼亚州和华盛顿特区，除了每年投入大量资金之外，还实施了抵税项目、汽车牌照加印切萨比克湾标志、政府和民间合作基金项目等筹资的政策和措施，有效地推动了相关政策的进行。因为有了切实的保障和严密的计划，经过 20 多年的治理，切萨比克湾整治取得了显著的成效：水质得到改善，富营养化问题基本得到了治理，野生动物栖息地得到恢复和保护，生物资源得到了保护和恢复，渔业资源枯竭的状况得到了改善，基本达到了当初设定的目标。

从历史过程来看，美国的海洋环境也经历过非常严重的污染时期。我国当前所面临的很多问题，美国基本都曾经经历过，而且作出了很好的调整。从旧金山湾和切萨比克湾的例子可以看到，美国在采取有效治理措施之后，经过几十年的努力，这两个地区的海洋环境得到了长足的改进，并且持续保持较好的状态。由于美国的体制原因，政府部门之间以及各级政府之间的协调与合作主要通过立法的方式来进行，所以美国在海湾整治过程中非常重视立法的作用。旧金山湾保护与发展委员会是加利福尼亚州立法的产物，切萨比克湾协议则是联邦部门与相关各州、市协商的产物。在立法之后，一般都会设立一个专门机构，来对一整片海域进行综合性的管理与整治。整治的过程是长期的，不仅重视恢复，而且也重视维护与保持。旧金山湾保护与发展委员会与切萨比克湾协议这两个组织至今依然在发挥着有效的作用。

第二节　日本的海湾整治经验

日本是一个狭小的岛国，其人口与工业的绝大部分都坐落于沿海地区。日本拥有众多的天然良港，因为便利的交通与运输条件，日本大部分的工业也都选择了沿海地区作为基地。在 20 世纪下半叶，当日本开始从战败中恢复过来，经济开始突飞猛进时，邻近的海洋环境也受到了巨大的破坏。相比于美国，日本的国土要狭小得多，人口密度也要大得多，这导致日本的海洋环境问题某种程度上要更加严重。以"水俣病"为代表的公害病不仅震动了整个日本，也成为全世界关注的议题。此后，日本开始了长期的海洋环境恢复与保护活动。到目前，日本是世界第三大经济体，拥有密集的人口和发达的工业体系，其沿海海洋环境却得到了很好的保护，生态环境进入可持续发展的轨道，值得学习借鉴。

一、海洋环境污染与"公害病"

日本是一个岛国，主要由本州、九州、四国、北海道四个大岛以及无数小岛构成。国土狭长，海湾众多，拥有很多天然的良港。沿海地区一直是日本的人口与工业重镇。日本出现严重的海洋污染是在二战之后。二战之后，日本从战败中恢复过来，并且借助一系列契机迅速地经济崛起。在长达几十年的时间里，日本的工业以惊人的速度发展，并迅速成为仅次于美国与苏联的当时第三大经济体。然而，迅速的工业发展也给环境带来了巨大的破坏，尤其是日本列岛周边的海洋环境，因为靠近工业发展中心而受到了严重的污染与破坏。生态系统退化，水质恶化，渔业资源减少，更为严重的是导致了公害病的发生。"公害病"是指一系列因为人类的工业排放有害物质导致的健康损害疾病。公害病大多与海洋与河流污染有着密切关系。公害病的发生警醒了人类，海洋环境污染不仅仅会破坏生态系统的平衡，还会导致对人类的巨大伤害。

最早被发现与确认的公害病就是举世闻名的"水俣病"。水俣病得名于水俣湾与水俣市。水俣湾是由九州本岛与天草群岛所围绕形成的一个内海，渔业资源非常丰富。水俣湾周边地区有很多渔民居住，分部在周边的各个村庄之中。水俣湾丰富的渔业资源使得这些渔业村镇格外兴旺。

到了1956年，水俣湾附近发现了一种奇怪的病。这种病症最初出现在猫身上，被称为"猫舞蹈症"。1954年，熊本当地的报纸报道了这一怪事，病猫步态不稳、抽搐、麻痹，甚至跳海死去。随后不久，此地也发现了这种病症的人。患者由于脑中枢神经和末梢神经被侵害，其症状也与得病的猫类似。当时这种病由于病因不明而被叫作"怪病"，后来以发病地点将之命名为"水俣病"。

经过调查发现，水俣病的罪魁祸首是位于水俣市的CHISSO氮肥工厂。早在1925年，日本氮肥公司就在这里建厂，后又开设了合成醋酸厂。1949年后，这个公司开始生产氯乙烯，年产量不断提高，与此同时，工厂把没有经过任何处理的废水排放到水俣湾中。水俣病主要是汞（即水银）中毒引起的。在氯乙烯和醋酸乙烯的制造过程中，会使用含汞的催化剂。当汞在水中被水生物食用后，会转化成甲基汞。这种剧毒物质会损害人的神经系统，只需要挖耳勺的一半大小就可以致人于死命。这些被污染的鱼虾通过食物链进入了人类和猫等动物的体内，被人体吸收之后，侵害脑部和身体其他部分，造成上述的种种奇怪症状。随着日本经济的腾飞与水俣市氮肥工厂的持续生产，最终调查结果发现，水俣湾内的甲基汞含量竟然已经达到了足以毒死日本全国人口两次都有余的程度，可见污染之严重。居住在水俣湾附近的大约数十万人食用了被污染的鱼虾，大量的居民因此发病。

水俣病的发生是如此的震撼，以至于后来相似的几次汞公害病也都以此命名。如日本新潟县发生了一次类似的水银污染事件公害病，就被称为第二水俣病，是与水俣病、四日市哮喘病、富山疼痛病并列的四大公害病之一。另外 1970 年，在加拿大拿大略省也发生了类似的汞中毒事件，被称为加拿大水俣病。

然而在当时，水俣病以及其他公害病受害者的维权之路非常艰难。首先是原因的确认就耗费了大量的时间，引起了很大的争议。一个重要的原因是 CHISSO 工厂直接排放的污水之中含有汞，但是并没有致病的甲基汞，致病的有毒物质是在鱼虾体内形成的。更重要的原因是当时的政治与社会环境。在当时的日本，乃至于世界其他国家，都普遍缺乏环境保护的立法，也缺乏环境保护的相关意识。相当一部分人认为，公害病是经济发展所必须要付出的代价，并不认为需要因此采取措施。1959 年，经过前期调查，通产省勒令 CHISSO 工厂不得向水俣河河口处排放污水，然而 CHISSO 工厂表面上遵守了决议，实际上只是改变了排放路径，直到 1968 年，还一直向水俣湾内排放含汞的污水。1960 年，日本政府经济企划厅、通产省、厚生省、水产省等多个部门组成了"水俣病综合调查研究联络协议会"，试图进行调查，然而翌年就无果而终。1965 年，新潟县"第二水俣病"发现。到了1967 年，新潟县率先开始了公害病的诉讼；同年，水俣湾附近的受害者也开始了相关的诉讼。到了 1968 年，日本国家才正式确认 CHISSO 氮肥工厂排放污水是水俣病元凶，并且最终使得该工厂停止了排放。1971 年，新潟县的诉讼获胜，标志着公害病诉讼的第一次胜利。1973 年，水俣湾地区的公害病诉讼也获得了首次成功。此后相关的诉讼一直持续到了 2004 年。①

---

① 参见蒂莫西·乔治《水俣病：污染与战后日本的民主斗争》，清华公管学院水俣课题组译，中信出版社 2013 年版。

除了公害病之外，另外一些海洋环境污染也困扰着日本，其中濑户内海是一个重灾区。濑户内海是日本的内海，被本州岛西部、四国岛和九州岛所围绕。历史上濑户内海以风景秀丽和渔业资源丰富著称，遍布着无数美丽而各有特色的岛屿。濑户内海沿岸拥有很多优良的港口，是日本重要的人口与工业聚集地。濑户内海周边为 13 府、县所环绕，包括大阪府、兵库县、和歌山县、冈山县、广岛县、山口县、德岛县、香川县、爱媛县、福冈县和大分县等，总面积 68000 平方公里，流入濑户内海的河流 669 条，流域面积 32000 多平方公里。在流域面积内居住着 3500 万人口，占目前日本总人口的 28%。在濑户内海附近，拥有大阪、神户、广岛、福冈等诸多著名的工业基地。

濑户内海环境恶化的转折点是在二战后。濑户内海地区由于便利的交通和良好的港口条件，日本将大量工业布局在这一地区。濑户内海在原有工业的基础之上，经历了迅速的腾飞。其中钢铁、炼油和石化工业等主要基础工业生产能力占日本全国的 40% 左右，建筑材料用的碎石、沙子等采集量占全国的 20% 左右，作为天然良港，其海运业也比较发达，进港船舶总吨位及港湾货物吞吐量均占全日本的 50% 左右。

随着各种产业的发展，濑户内海的环境慢慢不堪重负，环境问题日益突出。这些问题主要表现为：①1. 水质污染严重。大量未经处理排入海中的工业废水和生活污水加剧了水中有机质污染和富营养化问题，使濑户内海一度被称为"濒死之海"。2. 赤潮频发。由于氮、磷等营养盐类的排入、积蓄，濑户内海趋向富营养化，导致该地区赤潮频繁发生。1970 年赤潮发生次数还仅仅为 79 件，1976 年则猛增到 299 件。赤潮发生也导致大量水生生物死亡，引发各地大规模的渔业灾害。3. 海上油污染严重。濑户内海是重要的石化基地，同时其他工业的发展也带来了繁忙的船舶运输。随着海洋石油运输量和船舶运输量的增加，船舶油污染事件也频繁发生。从 1970 年至 1973 年，

---

① 杜碧兰：《日本濑户内海环境立法与管理及其对中国渤海整治的借鉴作用》，《海洋发展战略研究动态》2003 年第 8 期。

油污染事件呈上升趋势，占全国油污染事件的 40% 多。其中 1973 年一年濑户内海即有 800 多宗油污染事件，对环境造成了严重破坏。4. 填海造地失控。由于日本国土面积狭小，濑户内海的填海造地一直不断进行。自 1898 年至 1969 年，填海造地总面积为 246 平方公里，其中绝大部分是在 1949 年至 1969 年完成的，占到了三分之二以上。填海造地虽然扩大了土地使用面积，但破坏了沿岸地区的自然景观和海洋中的生物资源。

二、水俣湾的治理

水俣病的发生震惊了日本和全世界，在经过多年的抗争之后，终于得到了有效的处理。最后被认定水俣病患者的人数为 2262 人（熊本、鹿儿岛两县合计），死亡者 1246 人（截至 1974 年 4 月 30 日），而公认受到汞伤害的人数为 12615 人。除此之外，还有在申请认定前死亡，或者因为其他原因没有申请的，至今也无法确认水俣病受害者的真正数字。[①] 虽然相关的受害人已经无法再恢复健康，如何让水俣湾重新恢复原貌却成为了摆在人们面前的任务。极为惨痛的教训让政府和民间社会都投入了大量的精力来治理水俣湾的环境。经过数十年不懈努力，水俣湾的生态环境得到了恢复。

首先是遏制进一步的污染。制定企业排污标准，断绝新的污水排放。水俣病以及类似的汞中毒事件都是因为相关企业将未经处理的废水直接排入自然水体之中，导致人体摄入中毒。直到 1970 年 12 月之前，日本都没有相关的法律来规范企业废水的排放。1970 年 12 月，日本政府制定了《水污染防治法》，限定了工厂排污废水的有毒物质最高浓度。以水俣病的元凶汞为例，规定不得超过 0.005mg/L，其中还不得含有甲基汞。

在水俣病被确认之后，作为罪魁祸首的氮肥工厂也开始转向，从而切断了污染源。该工厂停止生产会产生含汞废水的乙醛，转向生产液晶、香料、有机硅、保湿剂、树脂及化肥等产品。为了防止类似的污染事件发生，厂内设有环境安全部，对相关的废水、废弃物、废渣等都进行有效的处理。

---

① 　杨居荣等：《日本公害病发源地的今天》，《农业环境保护》1999 年第 6 期。

如今工厂面貌和周边环境都发生了巨大的变化，虽然已经无法弥补已经造成的环境公害，但是也保证了不会成为新的污染源头。

其次，控制水俣湾鱼虾的捕捞与出售。因为长年的污染，水俣湾地区的鱼虾体内汞含量严重超标。按照法律规定，可销售的鱼类和贝类总汞含量不得超过 0.4ppm/kg，而水俣湾内的鱼虾总汞含量普遍达到几十 ppm/kg，大大超过了标准。另外法律还规定了甲基汞含量不得超过 0.3ppm/kg，在这一指标方面，水俣湾的水产品也严重超标。为了防止水俣湾被污染鱼虾的扩散，1974 年 1 月地方政府设置了水俣湾隔离网，将整个海湾与其他海域隔离，防止被污染的水生物扩散。隔离网一直到 1997 年 10 月 14 日才被撤离，整整持续了 23 年。水俣湾内的一切渔业捕捞都被禁止，甚至禁止了娱乐性的垂钓活动。相关的渔业损失主要由责任者 CHISSO 氮肥企业负责赔偿，部分由日本政府和熊本县政府负责。

最后，是污染物的清理。在控制了新的污染源和防止新的人体损害之后，接下来就是清理已经造成的污染。从 1932 年开始的大约 40 年里，CHISSO 氮肥企业大概向水俣湾排放了 70—150 吨甚至更多的汞，海底底泥的总汞含量超过 25ppm。水俣湾境内的海底淤泥由此被严重污染，受污染总计超过 200 万立方米，受污染的底泥厚度达 4 米。虽然 CHISSO 从 1968 年开始不再向水俣湾排放含汞废水，但是已经堆积在湾内的汞需要进行处理。随着海水的流动，除了水俣湾之外，熊本县附近以及邻境鹿儿岛县的部分海湾也都受到了不同程度的污染，同样需要进行清理。受到污染淤泥使用大型挖泥船挖出，根据受污染情况的不同分别处理。对于水俣湾内汞含量最高的区域大约 58 万立方米的海底淤泥，采用封闭填埋处理的方式，汞浓度稍低的 150 万立方米的，埋入指定地点后覆盖复合膜和土壤。另外水俣湾湾口与附近一处港口也受到了不同程度的污染，同样参照挖出填埋的方式来处理。整个工程一直持续到了 1990 年 3 月，历时 14 年，总投资高达 485 亿日元，其中 305 亿日元由 CHISSO 公司承担，其余部分由国家和熊本县政府分担。如今，每年仍须投入一定数量的运行管理费用，以管理填埋地。

最后，为了防止二次污染，相关学者与当地居民代表组成水俣湾污染防制监测委员会，严密地监控着水俣湾各处的汞污染指标。监测显示，清淤工程起到了明显的净化效果。清淤前水域湾 610 个监测点的汞含量在 0.04—553ppm 之间，至 1987 年该工程结束，84 个监测点的汞含量已降至 0.06—12ppm。因为水俣病对于当地民众的巨大伤害，其影响是非常深远的。以受害者及其家庭为中心，民间涌现了大量的环保团体，他们与相关的科研团体合作，自主地对相关的环境指标进行测量与监督。

如今，水俣湾的海洋环境已经恢复了正常。肇事的 CHISSO 氮肥工厂依然是当地的支柱产业之一，但是经过了改造之后，三废处理设备齐全，是一家安全生产的模范企业。当地居民为了记住这一血的教训，设立了"水俣病资料馆"，收集水俣病相关的资料进行展览，以提醒后来者注意环境。每年，该资料馆还会组织慰灵活动，以告慰受害者。熊本县还专门设立了"水俣病综合研究中心"，以及水俣工业学校，都是以环境为重点研究对象。水俣病患者也以亲身经历对青年一代进行环境教育，以培养他们的环保意识。现在，水俣市正在计划建设"环境模范城市"。1996 年，水俣市政府批准了"第 3 次水俣总规划"，拟将水俣市建设成注重环保、健康和福利的"工业——文化城市"。如今水俣市在积极推动垃圾回收、减少污染排放、降低化石能源的消耗，在生态环保方面走到了日本的前列。[①] 可以看到，水俣病深深地刺激了当地人的环保意识，使得水俣湾附近居民时刻保持着对于环境保护的执着态度。

除了水俣病之外，日本其他几个公害病也大多遵循着类似的治理路径。经过了几十年的持续治理，各个公害病所在地的环境基本都已经得到了恢复。以水俣病为代表的公害病不仅刺激了当地人的环保意识，也刺激了整个日本的环保意识。公害病对于日本公众的影响是非常深远的，这些环境灾难使日本民众认识到，日本国土狭小，如果环境污染不得到有效治理和管控，对于人类的伤害将会是非常巨大的。

---

① 张延：《日本水俣病和水俣湾的环境恢复与保护》，《水利技术监督》2006 年第 5 期。

三、濑户内海的治理

濑户内海的治理与公害病的治理密切相关。受公害病的刺激，为了防止公害病的再发生，日本政府于 1970 年制定了《水污染防治法》，对于公共水域的污染问题，尤其是工业活动造成的水体污染问题进行了全方位的规定。其中，为了治理濑户内海的海洋环境污染问题，《濑户内海环境保护特别措施法》作为《水污染防治法》的一个特别法，于 1973 年制定。这一部法律成为了濑户内海综合整治的第一部专门性法律。这部法律的前身是《濑户内海环境保全临时措施法》，是一部时限法。在 1978 年，该法律正式成为一部恒久法。此后这部法律不断地根据情况变化进行修订，最后一次修订是在 2005 年。

《濑户内海环境保全特别措施法》在开篇第 1 章第 2 条即开宗明义地阐明了立法目的："为了确立濑户内海环境保护的相关基本理念、为了能够有效地推进濑户内海环境保护的有效施行，需要规定濑户内海保护基本规则的必要事项，并通过规制特定设施的建立、防止富营养化污染的发生、保护自然海滨、促进环保事业等措施，以实现对于濑户内海环境的保护。"在指导方针上，主要是要实现濑户内海的可持续发展，"实现人类活动对于自然的合理使用，在开发利用的同时，保护美丽景观的延续、保护生物的多样性"。

根据这部法律的规定，"濑户内海"包括了 13 个周边府县的管辖水域，因此必须建立起相关的协调机制。该法对此有较为详尽的规划。首先，由中央政府出面，指定濑户内海保护的基本计划，同时根据计划实行情况以及实际情况的变化，在认真评估的基础之上，每五年对计划进行一次重新修订。这一任务基本是由环境省和环境大臣来负责。环境大臣在制定和修订基本计划的时候，需要听取中央环境审议会和有关府县知事的意见。其次，有关 13 个府县知事，应该根据第 1 章第 2 条的相关立法精神，根据环境大臣制定的基本计划，来制定各自的濑户内海保护计划的实施方针，即府县计划。根据《濑户内海环境保护特别措施法》第 2 章第 3、4 条，府县在制定各自的计划时，应该听取相邻各利益相关府县以及广大居民的意见。同时，府县计划的制定也应该与环境大臣保持沟通。可以看到，为了能够对濑户内海的环境进行综合性治理，该法在如何协调央地以及各相关地方政府间关系方面有详细的规定。相对于美国，日本的中央政府对于地方政府享有更高的权威，因此采取了中央环境省牵头、地方各府县协商合作的方式，来完成对濑户内海的综合治理，而没有设立一个独立的濑户内海保护机构。但是该套协调机制的完善，使央地协商合作的制度也能够做到广泛协调各方利益，达到综合性管理的目的。

在具体内容方面，《濑户内海环境保护特别措施法》第3、4、5章规定：1.特定设施的设置规定，主要是为了控制相关工业、民用设施的排污，依据《湖泊水质保护特别措施法》《水污染防治法》等相关法律，设置许可机制与排放标准；2.防止富营养化，控制相关污染物质的排放；3.保护自然海滩，根据《公有水面填埋法》等法律，保护海滩的自然环境，并严格管理填海活动；4.促进环境保护事业，加强与相关团体的合作；5.杂则与罚则，对以上内容进行了补充。

为了落实《濑户内海环境保护特别措施法》的相关规定，日本又于1978年制定了《濑户内海环境保护基本计划》，这一计划也是经常保持更新，最新的一次更新是在2015年。在规划之中，详细地列举了为了保护濑户内海所需要处理的主要工作，包括：1.保护水质。在水质尚未达标的地区积极改善水质，在水质已经达标的地区则继续保持。具体措施有控制陆源生活污水的排放、确保企业排污达到标准、控制富营养化物质和水银、PCB等有害物质的排放、防止油类污染、对于部分河川与海面进行清洁处理等。2.保护自然景观。濑户内海拥有众多历史悠久的风景名胜，大量的国立、国定、县立自然公园，同时洁净的海面也是这些景观的一部分，都需要妥善加以保护，及时处理漂浮垃圾与油污等。3.保护浅滩，包括保护海藻场及滩涂等，保护生物栖息地的特定浅滩。4.规范开采海沙的行为，以保护海洋环境。在开采过程中必须要进行详细的调查，尽可能地减少对环境的破坏。5.规范填海造田的行为，公有水面的填海必须根据《公有水面填埋法》严格审批。6. 废弃物处理设施的整顿以及确保处理场所的环境。7. 维持和恢复健全的水循环机能，包括维持和恢复海域中的海藻场和滩涂，以及陆地上森林、农地、河川和湖泊的自然净化能力与涵养低下水源、污水再利用等方面。8. 恢复遭到破坏的环境。9. 保护岛屿的环境。10. 维护下水道。11. 清除海底和河床的污泥，防止水银、PCB 等物质的堆积。12. 实施水质监测制度。13. 鼓励环境保护相关的调查研究与技术开发，这需要和各级公共团体、相关业界人员、民间团体等紧密合作。14. 促进居民提高环保意识。15. 推进环境教育和环境学习。16. 提供信息情报，充实诸种环境公报的发布。17. 强化地域合作，包括濑户内海的 13 个府县以及相关居民、产业单位、民间团体的意见，加强彼此的合作。18. 与国外相似的封闭性海域治理机构合作交流。19. 国家间援助措施。

从特别措施法和基本计划都可以看到，日本在濑户内海保护方面是采用了中央领头、地方政府协作的方式。地方各府县在濑户内海环境治理方面发挥了关键性的作用。地方各府县在 1971 年即已经联合起来，组成了濑户内海环境保全知事、市长会议，成立了濑户内海环境保护协会，并发表了《濑户内海环境保护宪章》。在宪章中谈到，为了遏制环境破坏的趋势，"我们怀着谦虚的反省和坚定的决心，为了将濑户内发展为一个全新的生活圈，推动彼此的协作，合力实现这一目标"。日本地方政府互相组织联合会是日本政治中的常见现象，日本有所谓的"地方六团体"，即诸如全日本知事联合会、全日本市长联合会等组织。在日本地方行政体系中，都府道县是高级地方政府，直接隶属于中央，其长官称为知事。在县之下则是各市町村，其中各市一般是经济的中心，拥有较为繁荣的工商业，其长官为市长。濑户内海环境保护协会主要是由濑户内海周边 13 府县以及 5 个主要城市的市长组成，是一个互相协调的机构。这一机构对总理大臣负责，并且在《濑户内海环境保护特别措施法》以及《濑户内海环境保护基本计划》等修订之时，总理大臣与环境大臣需要首先听取协会的意见。这一协调机构广泛地与相关民间团体、研究机构合作，经常进行环境保护的相关研究与调研，并交流环境保护的相关措施，也起到了相当大的作用。

　　国土狭小的岛国日本，在海洋环境治理方面走过了一条"先污染后治理"的道路。这一道路的两个环节都令世人印象深刻。在"先污染"的阶段，日本爆发了以水俣病为代表的公害病，造成了巨大的人类伤害，震惊了日本也震惊了全世界，并成为了环境保护意识发端的重要事件。可以说公害病直接刺激了日本的环保意识，并让日本上下认真思考海洋环境保护的相关问题。从 20 世纪 70 年代开始，日本开始了认真的海洋环境整治，对污染的海域进行恢复，并建立严格制度和法规来预防新的污染。经过数十年坚持不懈的努力，日本在"后治理"方面取得的成效也同样引人注目。现在的日本工业依然非常发达，但是同时也保持了非常优美的自然环境。① 国民的环保意识很高，各种环保措施和制度也非常完备。

　　在海洋环境整治方面，日本因为自己的体制原因，即使在治理濑户内海这样涉及众多地方政府的封闭海域，也没有如美国一样建立起独立的环境保护机构，而是主要采用了中央与地方政府间协作的方式来进行，将主要的整治任务下放到了地方政府。从具体措施来看，主要是采取恢复和预防相结合的方式。对于已经造成的污染，采用挖掘填埋等方式予以处理，防止继续危害生态环境与人类健康。更重要的是防止新的污染，通过严格的环境立法，日本控制了工业与生活污染物对海洋环境的破坏，保持了海洋环境的健康。

第三节　澳大利亚的海湾整治

　　澳大利亚四面环海，拥有 36735 公里长的海岸线，是全世界海岸线最长的国家。澳大利亚面积 768 多万平方公里，人口仅有 2000 多万，是一个地广人稀的国家。虽然经济发达，但是相对于美国、日本来说，澳大利亚在

---

① 　当然，因为"3·11"大地震引发福岛危机是一个大的例外。目前福岛周边海域依然存在着严重的核污染问题，不过福岛事件具有一定的偶然性。

生态压力上要小很多。不过，澳大利亚也面临着自己的问题。因为澳大利亚和新西兰历史上长期与其他大陆隔绝，其生态系统非常独特，拥有很多独有的物种。随着欧洲人的移居，也带来了很多全新的物种，给原有的生态系统造成了巨大的破坏，很多物种因此灭绝，剩下的独特物种不少也处于濒危状态。另外，澳大利亚部分海洋环境非常脆弱，容易受到人类活动的影响。比如著名的澳大利亚大堡礁，因为全球变暖和人类倾倒泥沙、过度旅游开发等问题，造成了大量珊瑚死亡。甚至有科学家预言，大堡礁将于2050年彻底消失。

为了维持优美的自然环境，保护丰富的物种多样性，保持蓝色海湾的健康发展，澳大利亚也投入了大量精力进行海洋环境保护。澳大利亚的海洋环境保护有一些自身的特点，首先是澳大利亚以保护为主。这主要是因为澳大利亚海洋环境的污染程度并没有美国、日本等老牌发达国家如此严重，其漫长的海岸线以及地广人稀的特点也稀释了海洋污染。因此，澳大利亚主要精力在于保持既有的生态环境和生物多样性。另外，澳大利亚在海洋环境保护方面广泛地采取了保护区的做法，通过设立大量的海洋公园、水保护区等方式来对特定水域进行环境保护。澳大利亚拥有大量的国家公园，约有225个之多。其中新南威尔士州作为澳大利亚的核心地区，拥有悉尼、堪培拉等主要城市，创造性地建立了海洋公园制度，来对特定的海域进行环境保护，有非常值得学习借鉴的地方。

一、澳大利亚的海洋立法

澳大利亚是一个联邦制国家，联邦政府与各州政府都制定了各自的环境法规。在环境立法方面，联邦政府处于"配角"地位，只负责有限范围内的环境保护活动，联邦环境法规数量较少。而地方各州，尤其是新南威尔士州在海洋环境立法方面非常积极，各种环境保护工作大都由各州负责，州政府处于"主角"地位。

澳大利亚联邦主要的环境立法始于1979年的《环境计划和评估法案》（Environmental Planning and Assessment Act 1979）。这一法案从总体上对环境保护的相关内容进行了规范，其中包括了很多关于海洋环境保护的内容。随着时间的推移，这一法案也在不断地修正，分别于 2008 年、2011 年、2014 年通过了三个修正案，进一步完善相关的环境体系。除此之外，还有一些辅助性的环境立法，如《地方政府与环境计划和评估修正案》（2006），主要对地方政府的环境保护职责进行了规范；《水工业竞争修正案》（2014），主要规范水资源使用与处理的相关问题；《海岸带管理法案》（2016），主要对海岸带使用与保护提供规范；《生物多样性保护法案》（2016），主要对与维持生物多样性相关的人类活动进行规范，等等。这一法案主要涉及的是相关政府职能与机构设置、环境计划和环境评估的法律规范问题。

　　1999 年，澳大利亚联邦又制定了《环境保护与生物多样性保护法案》（Environment Protection and Biodiversity Conservation Act 1999，简称 EPBCAct）。EPBC 法案于 2000 年正式通过生效，并成为了澳大利亚最为主要与核心的环境法律。该法的目的包括：1. 提供环境保护，特别是那些具有战略性影响的生态环境；2. 提供环境评估和环境许可程序的基本标准；3. 对重要的自然与文化场所加强保护；4. 控制外来物种入侵（这种环境风险对于澳大利亚特殊的生态系统来说尤其危险）；5. 维持生态系统的可持续发展；6. 维护澳大利亚的生物多样性，并在此过程中积极吸纳原住民的智慧。

　　从内容来看，这一法案包括以下几个领域的内容：

　　1. 环境影响评估。法律规定，需要进行环境评估并履行审批程序的活动包括：对国家环境产生、将要产生或可能产生重要影响的活动；联邦机构开展的活动；影响联邦土地的活动。如果某项活动被认为有重要影响，它必须提交环境和遗产部的部长进行审批，同时进行环境影响评估。

　　2. 保护生物多样性，维持生态系统的可持续发展。主要涉及保护濒危物种和生态群落，对各种野生动物栖息地的保护；对候鸟和海洋生物名录的认定、管理、保护和保存等内容。其中还特别谈到了大洋洲原住民在维持生态可持续发展方面的有益智慧，强调要加以学习。

　　3. 保护区。建立生态保护，对涉及世界与联邦遗产、史地、生物圈保护区、联邦保护区的管理和保护。其中和海洋环境有关的主要是大量的河口和海洋栖息地保护区。

4. 规定了其他管理型事务，包括法律的遵守和执行等事项。

5. 在 2013 年 6 月 22 日，联邦政府通过了一条"水触发"（water trigger）修正案，并认为其已经具有国家级重要性的环境事务。这条修正案涉及到了煤层气和大型煤矿发展问题导致的水资源保护问题。

可以看到，在进入 21 世纪之后，联邦政府不甘一直充当环境保护的"配角"，也开始积极参与环境立法工作。在另一方面，联邦各州一直在环境立法方面担任主角，其中以新南威尔士州最为活跃。新南威尔士州位于澳大利亚东南部，是英国在澳大利亚最早的殖民地，也是澳大利亚人口最为密集、经济最为发达、工业化与城市化水平最高的地区。澳大利亚最大城市悉尼即坐落于新南威尔士州。在新南威尔士州的海洋环境立法中，最为重要的就是 1997 年通过的《海洋公园法》。

《海洋公园法》是新南威尔士州的地方法律，1997 年制定，并于 2008 年重新修订。新南威尔士州在《海洋公园法》中详细规定了海洋公园的设立与管理办法，海洋公园系统地用于保护和管理海洋生物多样性和海洋栖息地，同时保持海洋公园的生态进程。在不影响这一目标的前提下，允许民众可持续地利用海洋资源、享受海洋风景。在对海洋公园建立起详细的管理体制之后，通过在特定海域建立海洋公园的方式，将此种管理方式推行到相关海域之中，进行海洋环境保护与生物多样性维持。在日常运行过程中，海洋公园的相关管理机构便成为了海洋环境保护的主要责任人之一，相当于建立了一个独立的海洋环境保护机构。应该说，这是一种较为新颖的海洋环境保护方式。

该法确立了海洋公园的管理框架，包括了海洋公园管理局、海洋公园咨询委员会和海洋公园咨询小组等不同层次的管理机构。

在《海洋公园法》中，最重要的一部分内容就是规定了海洋公园的功能区划。主要内容包括：1. 海洋公园的使用；2. 在海洋公园中禁止从事的行为，其中有针对所有海洋公园的一般性规定和针对特定海洋公园特定功能区划的规定；3. 管理或禁止往海洋公园中带入或者从海洋公园中带出的动植物或者其他物品的行为，及占有从海洋公园中带出的动植物或其他物品的行为；4. 管理或禁止某一类人进入海洋公园或其中的一部分；5. 将海洋公园的侵犯者带出海洋公园的规定；6. 管理船舶在海洋公园的停泊或抛锚；7. 保护海洋公园中的文化遗产；8. 规定适用海洋公园的费用及在海洋公园中从事某项行为的费用；9. 管理或禁止在海洋公园上空或海洋公园内适用飞行器。关于海洋公园的功能区划，我们将在下一小节结合案例具体分析，其中的功能划分极为细致与具体。

除了海洋公园之外，新南威尔士州在 2014 年又通过了《海洋资产管理法案》（Marine Estate Management Act 2014），进一步扩大了对于海洋资源与生物多样性的保护力度。这一新法案对于海洋公园的管理又有了很多新的修订，同时决定设立一种新的海洋保护区，称之为"水保护区"（Aquatic Reserve）。2015 年，通过《水保护区通告》正式成立了 6 个水保护区，主要位于悉尼附近。这些水保护区相对于海洋公园，面积要小一些，管理方式与海洋公园类似。法案主要规定了在水保护区中获取海洋动植物的原则，允许的活动包括出于研究目的、文化目的、样本收集目的、原住民文化钓鱼以及其他被允许的活动。针对每个具体的水保护区，该通告还详细地规定了被允许的海洋活动类型。

综合联邦与州的立法，至少在澳大利亚新南威尔士州，有三种与海洋环境保护相关的保护区。第一种是联邦设立的国家公园和自然保护区，主要是一些河口和海洋栖息地，在新南威尔士州大约有 2 万公顷的面积。第二种是州设立的海洋公园，目前共有 6 个。这一种面积最为巨大，大约占了新南威尔士州三分之一左右的海洋资产，约 34.5 万公顷。第三种是新近设立的水保护区，在最后的 6 个之外，又设立了 6 个，目前共 12 个，大约 2000 公顷左右。其中有部门海域存在着重叠的现象。如杰维斯湾，作为一个完整的海湾，却同时受到联邦与州的管理。澳大利亚仿照美国华盛顿特区的例子，在首都堪培拉附近也设立了特区，这一区域原来是新南威尔士州的领土。1915 年，为了使首都拥有出海通道，联邦从新南威尔士州获得了部分海域，位于杰维斯湾区。这部分联邦海域现在作为布德里国家公园的一部分，由国家公园管理局和当地原住民社区联合管理。而杰维斯湾的另外一部分仍归新南威尔士州管辖，成立了杰维斯湾海洋公园。联邦管辖水域大约875公顷，而新南威尔士州管辖水域大约22000公顷，占有了主要的水域。为了协调一致，联邦的国家公园与新南威尔士州的海洋公园之间签订了协作合同，统一了标准。

二、新南威尔士州的海洋保护区

新南威尔士州建立了6个海洋公园和12个水保护区，并实行细致的海洋功能分区，对每一个功能区所允许从事的海洋活动都进行了详细的规定，拥有行之有效的一套管理体制。这里以拜伦角海洋公园、杰维斯湾海洋公园等为例，详细地分析新南威尔士州的海洋功能区划制度。

根据《海洋公园法》，将海洋公园的水域分为四个功能区，分别为禁猎区、栖息地保护区、一般用途区和特殊用途区。每类区域的目标各不相同：

禁猎区。禁猎区的主要目标是对该区域的生物多样性、生物栖息地、生态进程、自然和文化风景等提供最高水平的保护。并为下列活动提供机会：不会对动植物造成伤害、不会影响自然和文化风景的娱乐、教育和其他活动；科学研究活动。

栖息地保护区。栖息地保护区的主要目标是对该区域的生物多样性、生物栖息地、生态进程、自然和文化风景等提供高水平的保护。只要能够证明相关活动从生态角度来评价是具有可持续性的并且不会对动植物及其栖息地带来重要影响，应该为娱乐、商业、科研、教育和其他活动提供机会。

一般用途区，一般用途区的主要目标是对该区域的生物多样性、生物栖息地、生态进程、自然和文化风景等提供保护。为娱乐、商业、科研、教育和其他活动提供机会，只要这些活动从生态的角度看是可持续的。

除此之外还有极少量特殊用途区。这些区域会用于设置一些特殊设施，如滑道、防浪堤、停泊设施及功能区划规定的其他目标，对该地区需要特别管理的对象、地点和事物进行生物多样性、栖息地、生态进程、自然和文化风景方面的管理。

对于大多数海洋公园来说，主要的功能区划是禁猎区、栖息地保护区和一般用途区。如杰维斯湾海洋公园中，禁猎区占 20%，栖息地保护区占 72%，一般用途区占 8%，而特殊用途区大约占 0.2%，几乎可以忽略不计。[①]对于各个功能区域，除了一般的原则之外，还有详细的细分。主要的海洋活动被分为可持续渔业、采集、可持续性划船与潜水活动、商业捕鱼、商业旅游和其他活动等 6 个大类，每个大类中又细分为各个小类，详细地覆盖了诸种海洋活动。在一般的禁止与许可之外，还根据活动的内容与特定的区域，又有不同的规定。其中禁猎区的禁止事项最多，栖息地保护区次之，一般使用区的禁止事项最少，但是也有一些禁止事项。下面就以拜伦角海洋公园为例，详细分析各个功能区的规定事项。

1. 可持续渔业方面。分为线钓、陷阱、叉鱼、网捕四个小项，禁猎区全部禁止这四项，一般使用区全部允许这四项，栖息地保护区大体上允许这四项活动，但是在一些特定的区域内禁止其中的一类海洋活动。

2. 采集方面。分为可持续性的采集、科学或教育目的的采集、为私人水族馆、为商业水族馆等四个小项。其中可持续采集在一般使用区全部允许，在栖息地保护区除了部分特殊地区之外基本允许，禁猎区完全禁止。科学或教育目的的采集在三个区域都需要经过相关管理机构的特殊审批。为私人水族馆目的的采集在一般使用区和栖息地保护区需要经过相关管理机构的特殊审批，在禁猎区完全禁止。为商业水族馆的采集活动在三种区域都予以禁止。

3. 可持续性划船与潜水活动。分为可持续性划船、可持续性潜水、锚定和私人水上飞机与气垫船四个小项。其中可持续性划船、可持续性潜水在三个区域都被允许。锚定在一般使用区和栖息地保护区也被允许，在禁猎区基本被允许，但是需要划定区域。私人水上飞机和气垫船需要经过相关管理机构的特殊审批，并且也要规定路线。

---

① New South Wales Marine Parks Authority，*Zoning Plan users guide*：*Jervis Bay Marine Park*，2011.

4. 商业捕鱼。包括线钓、扳手蟹网、诱饵提升网、陷阱、手工收集、海滩拖运、拖网捕鱼、长线捕鱼、河口网捕等 9 个小项，基本覆盖了所有的商业捕鱼方式。线钓、扳手蟹网、诱饵提升网、陷阱、手工收集、海滩拖运等诸项在一般使用区被允许，栖息地保护区除有部分区域受到禁止外都被允许，禁猎区完全禁止。拖网捕鱼在一般使用区被允许，在栖息地保护区和禁猎区都被禁止。长线捕鱼、河口网捕两项在所有区域都被禁止。

5. 商业旅游。包括商业旅游项目和特许捕鱼活动两项。商业旅游项目在所有区域都需要经过相关管理部门的特殊审批，并且需要提前规划路线。特许捕鱼在一般使用区和栖息地保护区需要经过相关部门的特殊审判，在禁猎区完全禁止。

6. 其他事项。包括水产养殖、有组织活动和调研 3 小项。水产养殖在一般使用区和栖息地保护区除了部分区域被禁止以外，一般都被允许，在禁猎区完全禁止。有组织活动和调研在三个区域都需要经过相关管理部门的特殊审批。

通过杰维斯湾海洋公园和拜伦角海洋公园的功能区划解读，可以大体了解新南威尔士州海洋公园制度的梗概。在污水排放、工业用地等方面，联邦的法律已经有了较为详细的规定，而新南威尔士州也没有太多的工业与生活污染来源，其主要的海洋环境保护任务是维持生态系统的可持续发展，以及保护生物多样性。因此，《海洋公园法》针对的活动主要是一些渔业、游泳、划船、冲浪、潜水、旅游等娱乐性与商业性活动，以及部分科学研究和教育活动。海洋功能区域的划分建立在严格的调查基础之上，可以看到，新南威尔士州对于海洋公园的区域划分非常细致周到。

三、大堡礁地区的海陆综合治理

大堡礁并非狭义上的"海湾"，而是位于海岸线以外的狭长珊瑚群岛。但是在大堡礁地区的综合治理中，也面临着类似于海湾地区的海陆统筹困境。大堡礁的问题很多都是陆源性的，对于海湾治理具有一定的启发意义。

大堡礁（The Great Barrier Reef）位于澳大利亚东北部沿海，是世界著名的自然奇景。大堡礁是世界上最大最长的珊瑚礁群，北从托雷斯海峡，南到南回归线以南，延绵伸展共有 2011 公里，最宽处 161 公里。其中有 2900 个大小珊瑚礁岛屿，自然景观非常特殊。大堡礁大部分岛屿离陆地较近，南端最远处为 241 公里，北端最近处仅有 16 公里。珊瑚礁是生物多样性极为丰富的区域。在大堡礁地区，生存着 400 余种不同类型的珊瑚礁，拥有 1500 多种鱼类，4000 余种软体动物，242 种鸟类，以及分布着某些濒危动物如儒艮和巨型绿龟的栖息地。1981 年，大堡礁被联合国列入世界自然遗产名录。

然而，大堡礁却面临着"死亡"的危险。珊瑚礁生态系统的核心是珊瑚，然而因为各种原因，大堡礁的珊瑚在大面积死亡。2015 年，联合国将大堡礁列入世界自然遗产危险名单。2017 年 3 月，科学家发现，大堡礁最原始的北部区域的大部分珊瑚礁已经死亡。往南一些，大堡礁中部的珊瑚礁在 2016 年得以幸免，然而也正在"白化"，这是另一场大规模死亡的预兆。甚至有人发布了预告，认为大堡礁将于 2050 年彻底消失。

珊瑚大规模死亡的主要原因之一是温室气体排放和全球变暖。珊瑚对于水温的变化非常敏感，由海洋升温引起的大规模白化事件已经横扫了全球的珊瑚。所谓"白化"，是指持续高温使得珊瑚上的共生藻脱离，只剩下雪白的骨骼。珊瑚可以恢复，但是也有的就这么死了。事实证明，大堡礁受海水升温的影响最为严重，据估计已经有四分之一的珊瑚已经死去，在靠近赤道的北部地区受到的影响尤为严重。另外，气候变化导致的海洋酸化和风暴增多，同样也对珊瑚造成了破坏影响。

其他人类活动也会对珊瑚礁造成破坏，最为主要的就是沿海开发的污染和农业径流（从农田里流出的水，带有大量化肥等物质）。农业径流带来的污染物质导致了以珊瑚为食的棘冠海星数目增长，吃掉了大量的珊瑚，成为目前大堡礁生存的严重威胁。目前对于农业径流已经有相关控制措施，而对于其他的污染比如泥沙却还没有采取相关举措。对于脆弱的珊瑚礁生态系统来说，轻微的污染也会造成严重的破坏。2013 年底，澳大利亚政府批准了一项计划，旨在扩建昆士兰地区艾波特角的煤炭码头，艾波特角港是大堡礁沿岸地区的五座主要港口之一。这项计划将要疏浚码头以增加水深，由此会产生大量的泥沙。按照计划，这部分泥沙将被倾倒入大堡礁地区。这些泥沙不存在有毒有害物质，澳大利亚政府声称疏浚项目不会污染"水质"，从某种角度上来说确实没有错误，但是消极影响依然存在。泥沙会使水质浑浊，影响生物的光合作用，那些珊瑚的共生藻以及其他水草将会受到严重影响。即便泥沙没有任何毒害物质，依然会对珊瑚礁产生消极影响。在接下来的几年中，澳大利亚政府在大堡礁周边的港口建设还将继续，由此产生的污染引起了环保人士的严重抗议。

澳大利亚政府并非不重视大堡礁的保护。在最新的《环境保护与生物多样性保护法案》中，澳大利亚政府列举了9个国家级重要性的环境事务，其中就包括了大堡礁国家公园。澳大利亚在大堡礁地区设立了国家海洋公园，相关环境保护事宜除了联邦环保部门和昆士兰州环保部门外，还有国家公园管理当局负责管理部分事宜。

大堡礁国家海洋公园设立于1975年，是澳大利亚政府根据《大堡礁海洋公园法案1975》设立的一个联邦国家公园。该海洋公园覆盖了绝大部分的大堡礁地区，设立有大堡礁海洋公园管理局来负责相关管理事宜。从立法角度来讲，1999年《环境保护与生物多样性保护法案》颁布之后，《大堡礁海洋公园法案》的部分内容进行了修订，但是部分内容也做了特殊规定，可以不受《环境保护与生物多样性保护法案》限定，具有特殊立法的性质。

从职能来看，大堡礁国家海洋公园管理当局主要有以下职责：1.为相关的联邦部长提供咨询建议，尤其是在法案修订之时提供意见；2.或者是自行、或者是与其他机构与个人合作，对大堡礁地区进行相关调查工作；3.对大堡礁海洋公园进行功能区划；4.其他法案所加诸管理当局的职能；5.其他相关事宜。从内容来看，其职能覆盖了商业旅游、渔业、港口和船舶航行、恢复、科学研究和土著居民传统使用等多个方面。其中，渔业和海洋生物的捕捞被严格管制，而商业航线上行驶的船舶也必须遵循严格的路线以避开最为敏感的一些区域。大堡礁国家海洋公园管理当局最为重要的政策工具就是海洋功能区划，这一点与新南威尔士州的州立海洋公园有相似之处。根据立法原则，大堡礁国家海洋公园管理当局必须保证相关的人类活动对于海洋生态系统的破坏降到最低限度。

在海洋公园管理当局的职责中，又增加了部分恢复生态的职能。为了应对大堡礁珊瑚大量死亡的现实，当局开始严格地控制农业径流以遏制棘冠海星的数量，以保护珊瑚礁的生存。另外，通过收集珊瑚精子进行人工培育，减缓珊瑚礁的消失速度。当局也在支持相关基因技术的研究，以培育更加耐高温的新品种珊瑚礁。不过从上述艾波特角港口扩建的例子可以看出，大堡礁海洋公园的管理体制在近年来似乎没有跟上形势，港口发展的管理措施显然和大堡礁作为世界遗产的宝贵价值并不匹配。虽然也出现了一些鼓舞人心的改善迹象，比如未来大堡礁地区的格拉德斯通港的泥沙必须排放在垦墙内而不是海面上，扩建凯恩斯港的废物也将要倾倒在陆地上，不过在联邦层面尚缺乏对于港口建设的相关法律规制，而大堡礁地区的数个港口都在进行扩建。

澳大利亚拥有非常独特的海洋管理体制，通过设立联邦与州的海洋公园，建立海洋公园管理部门来对相关海域进行环境保护。在具体措施上，则采取海洋功能区划的方式，通过详细地划定海洋功能区和规定相关的活动许可，来保护海洋环境与生物多样性。不容否认，澳大利亚在海洋环境保护方面取得了较大的成效，其制度也值得借鉴。但是在大堡礁的管理方面，澳大利亚虽然也已经设立了大堡礁国家海洋公园，但是面对新的形势，虽然政府也已经采取了部分措施，但是其应对速度不及大堡礁环境恶化的速度。对于珊瑚礁最大的三个威胁中，只有农业径流受到了较为有效的控制，而气候变化与港口建设却没有得到有效规制。澳大利亚与昆士兰州政府对于气候变化态度暧昧，时有摇摆。而科学界普遍认为全球变暖以及由此导致的海洋酸化与风暴增加是大堡礁生态退化的主要肇因。另外就是对于港口建设造成的影响评估不足，在立法方面也缺乏细致的规定。澳大利亚在如何保护与恢复大堡礁生态系统方面还有很长的路要走。

第四节 发达国家经验给我国的启示

上文简单地梳理了三个发达国家在海湾治理方面的教训与经验。可以看到，我国目前面临的很多问题也曾经困扰着这些国家。而经过数十年不懈的努力，各个发达国家已经解决了大部分的海洋环境问题，完成了海湾整治的工作。对此，有很多值得我们学习借鉴的地方。

一、海洋环境整治的长期性

从开始着手整治到基本恢复原有的生态环境，发达国家花费的时间都长达数十年。从时间上来看，海洋环境危机最深重的时候大约都是20世纪60年代到70年代。这一时段是战后工业发展最为迅猛的时期，当时欧美、日本各国都保持了很高的经济增长速度。海洋环境的污染是经济发展的直接后果，我国的情况与此非常类似。改革开放以来，我国经历了长达30多年的高速经济发展，创造了中国的"经济奇迹"。从经济发展格局来看，我国的人口与经济中心多集于东部沿海地区，经济的迅速发展给海洋环境带来了巨大的压力，造成了非常严重的污染。生态系统遭到破坏，海洋生物多样性面临危机，沿海的可持续发展成为重大的挑战。

当前我国的海洋环境问题已经不亚于当年的发达国家。通过对于发达国家历史经验教训的整理，可以肯定的是，海洋环境的治理决不是一朝一夕的工作，而是需要数十年持续不懈的努力，才能够获得成效。这一点我们需要有充分认识。我国的蓝色海湾整治工作不能成为运动式的环境治理工程，这样的治理方式是无法从根本上改善海洋生态环境的。既然海湾整治活动是长时段的任务，那么就必须要建立长效的机制来指导环境污染预防与整治工作。从发达国家经验来看，很多治理活动都是寓于日常性的工作之中。对于既有污染的治理是一部分，对于新污染的杜绝则是更为重要的另一部分。事实上，海洋环境治理是一项永远不会"完成"的任务，为了实现生态环境的可持续发展，相关的治理活动将会一直持续下去。而且，随着形势的发展可能会出现更多的治理任务，对此也必须有较为清醒的认识。

二、重视立法工作

从各国的例子中可以看到，海洋环境的长期有效治理都采取立法先行的方式，这也是我国目前在海洋环境整治方面较为薄弱的地方。发达国家在海洋环境保护方面的立法非常细密，立法有一般性的环境保护法律。各国多有详细的环境立法，涵盖了海洋环境保护的主要内容，如污水排放标准、海洋资源利用、海洋动植物保护等内容。另外，还有专门针对海洋环境乃至针对特定区域的专门立法，其中包含了海洋环境保护与生物多样性保护的相关内容。如加拿大在 1996 年制定了《海洋法》、日本于 2007 年制定了《海洋基本法》等。其他一些国家则通过制定具有法律效力的海洋计划或者海洋白皮书等方式，来指导海洋环境保护工作。如美国于 2010 年成立了国家海洋委员会，该委员会于 2013 年发布了《国家海洋政策执行计划》，加拿大于 2002 年发布了《加拿大海洋战略》，日本于《海洋基本法》的基础上在 2013 年又制定了《海洋基本计划》，英国于 2007 年制定了《变化的海洋：海洋政策白皮书》，澳大利亚于 1998 年颁布了《澳大利亚海洋政策》，等等。这些国家政策计划为海洋活动提供了指导方针，其中的一个重要内容就是保护海洋环境，维持生态系统的可持续性发展。

除了一般性的环境与海洋立法之外，针对一些特定的海域，大部分发达国家都会有专门立法。比如美国在治理切萨比克湾时制定了《切萨比克湾协议》，日本在治理濑户内海时制定了《濑户内海环境保护特别措施法》、澳大利亚在治理大堡礁时制定了《大堡礁海洋公园法案 1975》。这些重要海域大多面积广阔，涉及多个政区，需要建立专门的法律来协调相关各方，规定具体的整治与保护措施。以上都是国家层面的立法，在旧金山湾的治理过程中，加利福尼亚州也专门为此立法，以指导海洋环境整治工作。

我国在环境立法方面具有一定的"后发优势"。发达国家在污染最为严重的 20 世纪 60、70 年代时，普遍缺乏环境保护意识，也没有完善的环境立法，可以说是严重的环境污染问题倒逼着相关国家不断完善环境方面的立法。我国作为后发展国家，充分吸收了发达国家既往的经验教训，在环境立法方面较之当时的发达国家无疑要成熟很多。从发达国家的经验来看，加强海洋环境立法是推动海洋环境治理工作的重要支撑条件。但是，我国在海洋环境立法方面却始终较为薄弱，相关管理部门与学界也一直倡导推动中国的海洋立法。另外，在渤海等污染严重的内海治理方面，仿照发达国家的先例，建立专门立法的呼声也非常强烈，但是也一直没有实质性的推动。在这一方面，发达国家其实有非常多的可以借鉴的先例。

三、重视协调与协商

重视协调与协商、建立综合性的海洋环境治理体系是发达国家海湾整治的重要特点。海洋作为一个复杂的生态系统，需要综合性地加以治理。海洋生态系统的界线与行政区划的界线往往存在着割裂的现象，综合性海洋治理一个重要的问题就是如何协调各相关利益相关者的行动。比如美国的切萨比克湾涉及数州、日本的濑户内海周边拥有 13 个府县，即使是旧金山湾处于加利福尼亚州内，也涉及到周边多个县以及近百个市镇。几乎每一处蓝色海湾的整治活动都涉及到了政府间协调的问题。不同国家在协调政府间关系的方法上也各有不同，都探索出了符合各自国情的综合性治理体系。

美国较为注重建立独立的机构来管理特定的海域，旧金山湾和切萨比克湾都有专门的海洋环境执法机构。这两个执法机构的建立都建立在特殊海洋环境立法的基础之上，是专门为治理特定海域的环境而建立的独立机构，享有一定的执法以及立法权限。其中，因为切萨比克湾的治理涉及多个州，其执法权要更加独立。在美国的体制下，州以及各级地方政府皆享有大量的自主权限，联邦、州、地方政府直接没有行政隶属关系。各级政府之间协调难以主要通过立法和建立专门机构的方式来进行。美国的海洋环境独立执法机构大多采用兼任制，由各相关方委派主管人员组成和议的委员会，对相关问题进行讨论与协商，并领导下属机构的执行。在切萨比克湾治理上，是由联邦环境部门与各州与市政府的环境部门联合组成执行委员会，有效地解决了协调和协商问题。日本的体制则相对较为中央集权，地方政府与中央政府直接有着较强的行政隶属关系。在海洋环境治理方面，日本的高级地方政府——县和府承担着主要的职责。为了解决协调的问题，日本政府在制定专门法律的基础上，鼓励相关各地方政府自行组织协调机构。濑户内海的各府县以及重要的城市市长组成了濑户内海保护协会，有效地协调了彼此的治理活动，取得了很大的成果。至于澳大利亚则采用了建立海洋公园这样一种特殊的方式。通过对海洋公园进行立法，然后在特定海域建立海洋公园，成立一个独立的公园管理当局，澳大利亚事实上是建立了一个独立的海洋环境保护机构。只是这一机构相比于美国切萨比克湾的执行委员会，职能要更为集中和狭小，主要是负责保护海洋生态环境与生物多样性。

在借鉴与学习发达国家经验时，我们不能照搬照抄，而是应该因地制宜地学习其制度创新，并结合我国的实际情况。目前我国蓝色海湾整治活动的主要承担者是地级市，盘锦、秦皇岛、汕尾、厦门、大连、青岛等城市先后成为"蓝色海湾城市"，获得了专向拨款以整治当地的海湾。这样限定行政区域的整治自然也是必要的，如日本水俣湾的治理基本就限定在熊本县当地，没有政府间协调的问题。但是，也必须认识到，单个城市的蓝色海湾整治毕竟只是海洋环境治理的一部分，很多海洋污染问题是跨区域的，如渤海的治理。针对这些跨区域海洋治理问题，建立独立的执法机构或者建立地方政府间的协调机构等呼声一直存在。发达国家在治理相关跨区域海域时也确实都建立了不同形式的协调机制，对此我们可以结合国情予以借鉴。我国创造性地推行了"河长制"来解决跨区域流域治理的问题，相关部门尝试率先在胶州湾地区推行"湾长制"，来解决海洋环境治理中的地方政府合作问题。建立区域性的海洋环境保护机制是今后的大趋势，至于具体的方式，在借鉴各国经验的基础上尚需结合我国国情，因地制宜。

另外，我国海洋领土广阔，地区差异极大，各地也应该寻找适合自身特点的制度。比如美国切萨比克湾、日本濑户内海等海域，是人口与工业的中心，并且沿岸拥有众多的政治单位，我国的渤海与这些海湾的情况非常类似。而澳大利亚的很多海洋区域并没有太多的工业与人口，主要的环境威胁来自于旅游、渔业、观光等人类活动。澳大利亚采用了海洋公园和功能区划这样的方法来进行管理。这与我国南海地区的一些海域是较为类似的，当地没有大规模的工业污染，生态威胁主要来自渔业、旅游等人类活动。针对这些完全不同的情况，在涉及相关海洋环境保护机制时应该要有所区别。

四、重视与社会力量的合作

海洋环境保护需要政府与社会力量的共同努力。各个发达国家在海洋环境保护工作中非常重视与社会中其他团体与个人的合作，这些团体包括科研与教育机构，也包括相关的企事业单位与个人。党的十八届三中全会提倡国家治理体系与治理能力的现代化，"治理"即强调政府与社会力量的合作。在海洋环境保护方面，除了完善立法、建立有效的执行机制，加强与社会团体的合作也是非常重要的一个任务。发达国家在海洋环境保护的过程中，非常重视与社会团体的合作，很多国家在海洋环境保护的基本计划中就将这一条列入主要的任务之一。与社会团体的合作主要有几个方面，包括和相关科研机构进行合作，听取相关企事业单位的意见，与环境保护 NGO 等组织进行密切合作，以及推动环保教育等方面。比如美国切萨比克湾治理中有一个民间的非营利基金会切萨比克湾基金会，不仅提供资金支持，还协助教育当地青年，培养他们的环境保护意识。在日本濑户内海治理中，也有濑户内海保护协会，虽然带有半官方性质，但是也积极地吸纳民间力量参与调查、研究和治理。

另外，提升普通民众的环保意识也是海洋环境保护工作中非常重要的内容。发达国家的政府与民众在环境意识方面普遍较高，这部分是因为经济水平、教育水平的因素，也是政府与相关社会组织不断培育的结果。我国目前严重的环境问题也逐渐地引起了全社会的关注，民众的环境意识在迅速提升。相信只要积极加以引导，就能够不断地提升民众的海洋环境保护意识，动员社会力量加入到相关的保护活动中来。

第八章 湾长制——蓝色海湾整治的管理创新模式

随着市场经济的快速发展，粗放型经济发展方式不可避免地带来了"先污染、后治理"模式。而群众生活水平不断提高的同时，对环境质量的需求也在不断提高。转变经济发展方式、群众生活习惯方式已经迫在眉睫。海湾的利用和治理是人类突破资源和环境困惑的出路之一。随着人类不断地向沿海地区集聚，海洋资源开发强度也不断增大，但由于盲目地规划和无节制地开发，致使海湾的服务功能显著降低，区域经济发展受到严重挑战。而在海洋环境的治理当中，长期以来"压力不传导和责任不落实"问题一直存在，为此原国家海洋局创制了"湾长制"，于2017年在秦皇岛市、青岛市、连云港市、浙江全省和海口市开展第一批试点，并决定在2018年将"湾长制"全面、深入地推广。但值得注意的是，相关的理论研究并未与实践同步展开。为了恢复和改善海湾生态服务功能和经济服务功能，系统地研究海湾综合整治的相关技术和方法，对加强海湾生态环境保护、海湾交通、发展滨海旅游、促进经济的可持续发展尤为重要。

第一节 湾长制实施的背景

湾长制试点工作的启动，有利于解决海湾污染问题，满足人民群众对改善环境质量的期盼，更是国家发展的长久之计。党的十八大以来，党中央高度重视生态文明建设，并将其纳入中国特色社会主义"五位一体"总体布局和"四个全面"战略布局，在理论高度、推进力度和改革深度上均是前所未有。习近平总书记明确要求各地区各部门要切实贯彻新发展理念，树立"绿水青山就是金山银山"的强烈意识；要深化生态文明体制改革，尽快建立和完善好生态文明制度的"四梁八柱"，把生态文明建设纳入制度化、法治化的轨道；要重点解决生态环境方面的突出的问题，让广大人民不断感受到生态环境正在不断改善。习近平总书记指出，自然是生命之母，人与自然是生命共同体，人类必须敬畏自然、尊重自然、顺应自然、保护自然。人类只有遵循自然规律才能有效防止在开发利用自然上走弯路，人类对大自然的伤害最终会伤及人类自身，这是无法抗拒的规律。① 而我们要建设的现代化是人与自然和谐共生的现代化，既要创造更多物质财富和精神财富以满足人民日益增长的美好生活需要，也要提供更多优质生态产品以满足人民日益增长的优美生态环境需要。必须坚持节约优先、保护优先、自然恢复为主的方针，形成节约资源和保护环境的空间格局、产业结构、生产方式、生活方式，共同为保护生态环境而努力。

湾长制肇始于青岛，并在山东省胶州湾、江苏省连云港市、海南省海口市、河北省秦皇岛市和浙江全省开展试点工作，为推动试点工作在更大范围内、更深层次上加快推进，建立健全陆海统筹、河海兼顾、上下联动、协同共治的治理新模式，原国家海洋局组织起草并印发了《指导意见》。将对开展试点的地区在"蓝色海湾"整治工程、"南红北柳"湿地修复工程、海洋经济示范区创建、海洋经济创新发展示范城市申报等方面予以支持和政策倾斜，并对试点地区实施"一对一"的帮扶和业务指导，协助解决试点工作中的技术难题。青岛作为首个试点单位初有成效。青岛依海而建，因湾而兴，拥有近海海域1.22万平方公里，海岸线长达905.2公里，有海湾共49

---

① 中共中央宣传部：《习近平新时代中国特色社会主义思想学习纲要》，学习出版社、人民出版社2019年版，第167—168页。

个。建立实施湾长制，构建以党政领导负责制为核心的海洋生态环境保护长效管理机制，对于推进海洋生态文明建设、构筑"三湾三城"城市空间布局、建设宜居幸福创新型国际城市具有十分重要的意义。

近年来，青岛市深入贯彻落实党的十八届五中全会关于"开展蓝色海湾整治行动"的工作部署，按照治海先治河、治河先治污的工作理念，加大海湾的治理力度。其中，在胶州湾组织实施环湾河道整治、污染源头整治、退池还海、生态修复、岸线整治、环湾绿道建设等"六大工程"。胶州湾试点工作对于环境的保护已取得阶段性成果：在水质、海域面积、景观品质上均有提升，全面完成胶州湾海域网箱筏架等养殖设施清理，组织实施退池还海，共清理、退还海域面积约25平方公里。

连云港海州湾"湾长制"试点中，编制了《海州湾"湾长制"实施方案》，涵盖海州湾生态保护与修复、陆源污染防治、涉海工程管理与风险防范、海水养殖污染防控与资源合理利用、海州湾长效管理等生态管海的5大重点任务，涉及海洋、水利、环保、建设、林业等多个部门。方案提出，到2017年底，实现海州湾市、县（区）级"湾长制"全覆盖，建立起责任明确、协调有序、监管严格、保护有力的海州湾"湾长制"运行机制。预计到2020年，沿海地区主要入海污染物总量大幅减少，近岸海域水质稳中趋好。方案重点围绕陆海统筹和河海联动、分级管理和部门协作、常规监管和信息化应用3项特色管理措施，确保实现保护海洋生态系统、改善海洋环境质量的目标。

海口市针对"湾长制"将实施"双湾长制"，由海口市市委书记和市长任双总湾长，建立市、区、镇（街道）三级湾长体系，设置湾长办公室。海口市"湾长制"空间界限向海划定至海域行政管理外边界，向陆扩展至岸线后退线200米边界。构建责任明确，监管严格、保护有力的海湾管理新模式。

浙江省作为"湾长制"试点中唯一一个在全省范围内全域推进湾（滩）长制工作的地区，印发了《关于在全省沿海实施滩长制的若干意见》，积极推进"河长制"向海延伸。根据计划，2017年底前，全省市、县、乡（镇）

级海滩将实现"滩长制"全覆盖，并努力实现沿海滩涂基本不见地笼网和滩涂串网等违禁渔具、入海排污口稳定达标排放、滩面污染源整治取得明显成效等目标。目前，沿海各地正加快推进滩长制相关工作。①

推行"湾长制"试点工作作为原国家海洋局的重点工作，提出了试点推进的初步设想，各有关地方对此予以积极响应。推行"湾长制"是落实中央新发展理念和生态文明建设要求的重要举措，是推动海洋生态文明建设、实施基于生态系统海洋综合管理的重要抓手，也是破解责任不明晰、压力不传导等海洋生态环境保护"老大难"问题的有效措施。

当前我国海洋生态环境整体形势依然十分严峻，特别是部分重点海湾受陆源污染排放、湾内开发利用等因素影响，生态环境问题突出，治理修复难度较大，已经成为中央领导高度重视、社会各界深度关切的重点难点问题。近年来，中央全面深化改革领导小组先后审议通过《党政领导干部生态环境损害责任追究办法》《关于全面推行河长制的意见》等重要文件，将压紧压实党政领导干部的生态环境和资源保护职责作为生态文明制度建设的重要发力方向，为探索建立海洋环境治理新模式、系统解决海洋生态环境问题指明了努力方向。由此，湾长制的实施和完善迫在眉睫。

借鉴"河长制"的经验，坚持以人为本，强化监督考核，杜绝"庸政""懒政""怠政"和不作为、滥作为的现象，本着"海陆统筹""河海联动"的原则，目前"湾长制"在组织制度上已经比较完善。湾长制与河长制之间存在密切的联系和细微的区别，但在机制运行上，如何保证机制长期固化、有效运行，更需要相关的制度保障。具体到细节，运用制度保证各部门信息的公开公正、实现数据共享，保证各部门分工明确同时统筹合作的常态化机制，接受群众监督成为重要关键点。这些制度化的东西需要"湾长制"在具体实施过程中进一步明确细化，做好与"河长制"的衔接，构建河海衔接、海陆统筹的协同治理格局，实现流域环境质量和海域环境质量的同步

---

① 国家海洋局：《国家海洋局印发〈关于开展"湾长制"试点工作的指导意见〉》，2017年9月14日，见 http://www.gov.cn/xinwen/2017-09/14/content_5224996.htm。

改善，"湾长制"实施的成败，关键取决于交界面的工作是否做到位。① 海洋部门不仅要做监测，同时也要从根本源头上杜绝污染，即问题高低在海洋，根治在陆上，注重"治湾先治河"，强化与"河长制"的机制联动，建立"湾长""河长"联席会议制度和信息共享制度。"湾长制"与"河长制"的关系就像守门员与前锋，要想取得比赛胜利，不仅要守门员守住门，前锋更要踢好球，两者要做好有机衔接，才能真正使"湾长制"倒逼"河长制"，实现湾河共治。

第二节　湾长制试点实施现状

目前，国家海洋局在海南省海口市、河北省秦皇岛市、山东省胶州湾、江苏省连云港市和浙江省试点实行湾（滩）长制。实行"湾长制"是提升海洋生态环境治理能力的创新形式，更是落实习近平总书记提出的"把海洋生态文明建设纳入海洋开发总布局之中"的创新举措，为系统解决海洋生态环境问题指明了方向。2017 年 7 月 10 日，浙江省印发了《关于在全省沿海实施滩长制的若干意见》，提出从 8 月 7 日起，浙江正式实施"滩长制"。自 2017 年 9 月，国家海洋局印发了《关于开展"湾长制"试点工作的指导意见》后，各试点地区以指导意见为准绳，陆续出台了各自的实施方案。2017 年 9 月 14 日，青岛市政府印发了全国首个湾长制实施方案——《关于推行湾长制加强海湾管理保护的方案》，此后海口市出台了《海口市"湾长制"试点工作方案》。2017 年 10 月 27 日，《连云港市海州湾"湾长制"实施方案》经连云港市政府同意，正式印发，标志着连云港市海州湾"湾长制"试点工作进入实质性实施阶段。

---

① 周建国、熊烨：《"河长制"：持续创新何以可能——基于政策文本和改革实践的双维度分析》，《江苏社会科学》2017 年第 4 期。

一、中央牵头

2017 年 9 月，原国家海洋局印发了《关于开展"湾长制"试点工作的指导意见》，提出今年以来，本着自愿原则，经与有关省市协商并达成一致，在河北省秦皇岛市、山东省胶州湾、江苏省连云港市、海南省海口市和浙江全省开展湾长制的试点工作。"湾长制"试点要以主体功能区规划为基础，以逐级压实地方党委政府海洋生态环境保护主体责任为核心，以构建长效管理机制为主线，以改善海洋生态环境质量、维护海洋生态安全为目标，加快建立健全陆海统筹、河海兼顾、上下联动、协同共治的治理新模式。试点地区加快建立分工明确、层次明晰、统筹协调的管理运行机制，逐级设立"湾长"，构建专门议事和协调运行机制，做好与"河长制"的衔接；加快制定体现改善海洋生态环境质量、注重系统施治及多措并举的职责任务清单，切实落实好管控陆海污染物排放、强化海洋空间资源管控和景观整治、加强海洋生态保护与修复等任务；加快构建可监测、可量化、可考核的监督考评体系，建立健全考核性监测制度和考核督查制度，逐步构建社会监督机制。①为保障试点工作的顺利开展，国家海洋局将成立"湾长制"试点工作领导小组，积极支持试点工作，做好组织协调和指导，并对开展"湾长制"试点工作的地区在"蓝色海湾"整治工程等方面予以支持和政策倾斜。原国家海洋局局属有关单位将强化技术支撑，对试点地区实施"一对一"的帮扶和业务指导。

二、地方实践

2017 年 9 月 14 日，青岛市政府印发了全国首个湾长制实施方案——《关于推行湾长制加强海湾管理保护的方案》，提出到 2020 年，湾长制工作机制要健全完善，管理保障能力显著提升，海湾生态环境明显好转，水质优

---

① 国家海洋局：《国家海洋局印发〈关于开展"湾长制"试点工作的指导意见〉》，2017 年 9 月 14 日，见 http://www.gov.cn/xinwen/2017-09/14/content_5224996.htm。

良比例稳步提高，海湾经济社会功能与自然生态系统更加协调，实现水清、岸绿、滩净、湾美、物丰的蓝色海湾治理目标。以提升海湾生态环境质量和功能为重点，以保护海湾资源、防治海湾污染、改善海湾环境、修复海湾生态、提升海湾综合价值为主要任务，强化源头治理，突出精准治理，注重综合治理，推进依法治理，坚持长效治理，构建责任明确、协调有序、监管严格、保护有力的海湾管理保护机制，为维护海湾健康、实现海湾功能永续利用提供制度保障。在组织体系方面，《方案》规定，由各级党委、政府主要负责同志担任行政区域总湾长，各级相关负责同志担任行政区域内湾长，建立市、区（市）、镇（街道）三级湾长体系，设置湾长制办公室，承担组织实施具体工作。《方案》提出了推行湾长制的 4 项主要任务：一是优化海湾资源科学配置和管理。严格实施海湾空间规划引领，统筹陆海发展空间，严格海岸线保护与利用规划管理，实施围填海管控制度，加强海岛生态保护，严守海洋红线。二是加强海湾污染防治。实施污染物入湾总量控制，加强沿湾污水处理设施规划与建设，全面落实河长制要求，加强沿湾工业污染、城镇生活污染、农村生产生活污染和船舶港口污染的防治，强化海湾近岸环境综合整治，健全海湾生态环境监测管理制度。三是加强海湾生态整治修复。实施海岸线清理整治修复工程，推进"银色海滩"工程，因地制宜开展沿湾滨海湿地修复工程，加强海湾海洋特别保护区选划和建设管理，加强水生生物资源养护。四是加强海湾执法监管。完善海湾监管体制机制，强化综合执法力度，健全问题发现机制，加强执法能力建设。①

《海口市"湾长制"试点工作方案》指出，2017 年至 2019 年，要在海口全市建立"湾长制"工作机制，构建责任明确、协调有序、监管严格、保护有力的海湾管理新模式，为维护海湾生态安全、实现海湾功能永续利用提供制度保障。海口将实施"双湾长制"，由海口市市委书记和市长任双总湾长，建立市、区、镇（街道）三级湾长体系，设置湾长办公室。海口市"湾

---

① 中共青岛市委办公厅、青岛市人民政府：《印发〈关于推行湾长制加强海湾管理保护的方案〉的通知》，2017 年 10 月 19 日，见 http://www.qingdao.gov.cn/n172/n68422/n68423/n31282149/171019165246818085.html。

长制"空间界限向海划定至海域行政管理外边界，向陆扩展至岸线后退线
200 米边界。①"湾长制"工作主要有八大任务：构建空间资源规划体系，优
化海洋产业布局；加强海湾环境污染防治，改善海洋环境质量；维护生态功
能保障基线，提升生态服务功能；推进"美丽海湾"建设，打造绿色生活空
间；建设海洋环境监测网络，完善生态环境管理；加强海洋灾害应急预警，
提升灾害风险防控；建立生态补偿管理制度，形成约束激励机制；构建联合
巡查执法体系，打造综合执法合力。《方案》还规定了湾长的督查考核方式，
不履行或不正确履行职责、贯彻不力者将被严格追责。

2017 年 7 月 10 日，浙江省印发了《关于在全省沿海实施滩长制的若干
意见》，提出从 8 月 7 日起，浙江正式实施"滩长制"。滩长的主要任务包
括全面取缔海滩违禁渔具、"三无"渔船，加强入海排污口和农药清滩行为
监管，加强非法占用海滩、非法修、造、拆船舶监管，加强岸线管理和整
治修复。② 根据计划，2017 年年底前，浙江全省市、县、乡（镇）级海滩将
实现"滩长制"全覆盖，并努力实现沿海滩涂基本不见地笼网和滩涂串网
等违禁渔具、入海排污口稳定达标排放、滩面污染源整治取得明显成效等
目标。

《国家海洋局关于进一步加强渤海生态环境保护工作的意见》（以下简称
《意见》），明确率先在秦皇岛开展"湾（滩）长制"试点，并在环渤海区域
全面实施。暂停受理、审核渤海内围填海项目。③ 该意见提出，要以天津为
示范，强化与近岸海域水质考核目标的衔接，逐步在环渤海区域全面落实以
保护生态系统、改善环境质量为目标的总量控制制度。

2017 年 10 月 27 日，《连云港市海州湾"湾长制"实施方案》经市政府

---

① 高鹏：《海口市"湾长制"试点工作方案明确 8 项主要任务》，2017 年 10 月 13 日，见
　　http://news.eastday.com/eastday/13news/auto/news/china/20171013/u7ai7150434.html。

② 浙江省海洋与渔业局：《关于在全省沿海实施滩长制的若干意见》，2017 年 10 月 13 日，
　　见 http://xt.zjoaf.gov.cn/portal/ent/news/show/3807。

③ 国家海洋局：《国家海洋局关于印发〈国家海洋局关于进一步加强渤海生态环境保护工作
　　的意见〉的通知》，2017 年 5 月 19 日，见 http://www.soa.gov.cn/zwgk/zcgh/sthb/201705/
　　t20170519_56137.html。

同意，正式印发，标志着连云港市海州湾"湾长制"试点工作进入实质性实施阶段。《方案》提出，到2017年底，实现海州湾市、县（区）级"湾长制"全覆盖，建立起责任明确、协调有序、监管严格、保护有力的海州湾"湾长制"运行机制。到2020年，沿海地区主要入海污染物总量大幅减少，近岸海域水质稳中趋好。[①]《方案》重点围绕陆海统筹和河海联动、分级管理和部门协作、常规监管和信息化应用3项特色管理措施，确保实现保护海洋生态系统、改善海洋环境质量的目标。

三、湾长制的内容

从中央的文件以及各地的实践中可以看出，"湾长制"是在海洋管理中提出来的，以主体功能区规划为基础，以逐级压实地方党委政府海洋生态环境保护主体责任为核心，以构建长效管理机制为主线，以改善海洋生态环境质量、维护海洋生态安全为目标，加快建立健全陆海统筹、河海兼顾、上下联动、协同共治的治理新模式。从本质上来说，"湾长制"是一种责任协调和落实机制，作用在于激活现有管理体制和制度的运行，而不是重建海洋管理体制。湾长制的主要内容如下。

（一）责任制度体系

"湾长制"通过由地方党政主要领导，特别是政府首长担任湾长，为协调各部门的联动提供了平台，强化了海湾环境的区域管理。海口的"双湾长制"，由海口市市委书记和市长任双总湾长，建立市、区、镇（街道）三级湾长体系，设置湾长办公室。青岛市由各级党委、政府主要负责同志担任行政区域总湾长，各级相关负责同志担任行政区域内湾长，建立市、区（市）、镇（街道）三级湾长体系，设置湾长制办公室，承担组织实施具体工作。连云港按照分级管理、属地负责的原则，建立市、县（区、园区）二级湾长组织体系，市、县（区、园区）设湾长、副湾长，成立"湾长制"办公室。市

---

① 连云港市海洋与渔业局：《〈连云港市海州湾"湾长制"实施方案〉正式印发》，2017年5月19日，见 http://www.lyg.gov.cn/hyyyj/gzdt_top/content/823bdd3a-d0af-4988-88e3-1ad221e61e5c.html。

级湾长体系由市委书记任政委，市长任湾长，市委分管领导任副政委，市政府分管领导任副湾长。市委组织部、市绩效办、市委宣传部，市发改委、经信委、公安局、监察局、财政局、国土局、规划局、建设局、城管局、交通局、水利局、农委、林业局、港口局、旅游局、环保局、海洋与渔业局，连云港海事局为成员单位。市"湾长制"办公室设在市海洋与渔业局，由市海洋与渔业局主要负责人担任主任，副主任由市海洋与渔业局、环保局、水利局分管负责同志担任。领导小组成员单位各明确一名科级干部作为联络员。

（二）空间资源规划体系

"湾长制"要求构建空间资源规划体系，优化海洋产业布局。国家海洋局将对开展试点的地区在"蓝色海湾"整治工程、"南红北柳"湿地修复工程、海洋经济示范区创建、海洋经济创新发展示范城市申报等方面予以支持和政策倾斜。原国家海洋局局属有关单位将对试点地区实施"一对一"的帮扶和业务指导，协助解决试点工作中的技术难题。海口市将科学规划空间布局，优化空间资源配置，建立以空间治理和空间结构优化为主要内容的空间规划"一张图"，推进水利、环保、农业、林业、交通、旅游等涉海相关空间规划与海洋空间规划的协调一致，落实"多规合一"。

（三）考评监督体系

湾长制要求建立生态补偿管理制度，形成监督考评体系和约束激励机制。《关于开展"湾长制"试点工作的指导意见》提出重点突出"可监测、可量化、可考核"：一是建立健全考核性监测制度，结合国家和地方已有监测计划，建立完善服务于监督考评的监测制度和预警通报制度；二是建立考核督查制度，实施分级考核制度，考核结果纳入政绩考核评价体系，完善内部监督机制，定期和不定期开展监督检查工作；三是建立社会监督机制，鼓励向社会公布各类监测、考核结果，定期开展工作满意度调查和意见征询。① 海口将建立《海口市自然资源资产负债表制度》，核算海湾自然资源

---

① 国家海洋局：《国家海洋局印发〈关于开展"湾长制"试点工作的指导意见〉》，2017 年 9 月 14 日，见 http://www.gov.cn/xinwen/2017-09/14/content_5224996.htm。

资产的存量及其变动情况，构建海湾自然资产价值评价体系。开展生态保护补偿工作，制定《海口市生态补偿管理办法》，对生态保护成绩突出的地区、部门、企业、集体给予资金、财政政策、项目投资、产业政策、智力技术等方面的补偿。2017年出台《连云港市海洋生态红线保护规划》，将重要海洋生态功能区、海洋生态脆弱区、海洋生态敏感区等区域划入海洋生态保护红线，明确生态保护红线管控要求，构建红线管控体系。连云港市对因开发利用海洋资源造成的海洋生物资源价值损失进行海洋生态补偿，编制出台《关于加强海洋生态损失补偿工作的意见》，进一步规范和推动海洋生态补偿工作。

（四）河湾结合

"湾长制"应本着陆海统筹、河海联动的原则与"河长制"衔接。国家海洋局《关于开展"湾长制"试点工作的指导意见》要求试点地区的各级"湾长"既要对本湾区环境质量和生态保护与修复负总责，也要负责协调和衔接"湾长制"与"河长制"。积极做好试点工作与主要入海河流的污染治理、水质监测等工作的衔接，注重"治湾先治河"，鼓励试点地区根据海湾水质改善目标和生态环境保护目标，确定入海（湾）河流入海断面水质要求和入海污染物控制总量目标。同时还要强化与"河长制"的机制联动，建立"湾长""河长"联席会议制度和信息共享制度，定期召开联席会议，及时抄报抄送信息，同时在入海河流河口区域设置入海监测考核断面，将监测结果通报同级"河长"。

在河北、山东、江苏、浙江、海南"湾长制"试点后，上海、广西、广东、大连等有关地方高度关注，通过多种方式提出要开展"湾长制"试点。比如《广东省海岸带综合保护与利用总体规划》已由广东省人民政府和原国家海洋局联合印发实施，《规划》将广东省沿海划分为柘林湾区、汕头湾区、神泉湾区、红海湾区、粤港澳大湾区、海陵湾区、水东湾区、湛江湾区8个湾区。根据《规划》，到2019年在本规划所涉及的8个湾区率先建立"湾长制"，到2020年在广东省近岸海域全面建立"湾长制"。这也说明"湾长制"会成为未来海洋管理中的一个重要发展方向，"湾长制"在实施时会遇到何种困境，如何有效地防范未然是学者们未来研究的方向之一，我们在这里通过借鉴河长制经验探析湾长制实践。

四、"湾长制"试点的阶段经验总结

"湾长制"试点旨在通过在部分地区进行试验性推行以期总结出可供借鉴和推广的治理经验，将其作为一项有效的海洋环境治理模式在全国的海洋环境治理当中发挥有效的治理效能，所以对"湾长制"试点工作的阶段性总结是十分必要的。

2018年5月中旬，"湾长制"试点工作领导小组第一次会议在浙江省台州市举行，会上第一批五个"湾长制"试点地区分享了各自的治理经验和治理成果。其中浙江省和秦皇岛市的治理经验具有较高的借鉴意义，其做法分别是"湾滩结合"和"精细管理"。浙江省在"湾长制"推行之前已经创造性地实施过"滩长制"，即将海滩细化分解到具体的、明确的责任人，通过滩长实现对海滩环境和近岸海洋污染的监督和管理。在成为"湾长制"试点之后，浙江省将"滩长制"和"湾长制"相结合，将湾作为滩的"骨架"，把滩当成湾的"细胞"，试图通过湾滩一体设置，在全省形成统分结合、上下联动，"以湾统滩、以滩联湾"的治理框架，实现管理海域和海滩全面覆盖，坚持在"宜湾则湾、宜滩则滩"基本原则下开展试点工作。这种"湾滩结合"主要体现在"湾长"和"滩长"的设置方面。在浙江省，省级、市级、县级实行的是"湾长制"，在镇、村一级则实行"滩长制"。这样的架构设置能够较大程度上实现近海的海陆结合监管共治。"滩长"在海滩上巡滩、管滩、护滩，建立滩涂巡查登记制度、报告制度、举报制度和督查制度，全面压实属地管理责任与部门监管责任，严把滩涂包干巡查、海上港口检查、入海排污核查等三大"关口"，通过采取常规巡查、定期巡查和不定期巡查相结合的方式，封堵入海排污口、取缔滩涂地笼网、打击涉渔"三无"船舶，清理无照船厂，加大湾滩环境整治和保护力度。截至2017年底，浙江省已确定各级湾（滩）长近2000名，其中市级湾（滩）长9名、县级湾（滩）长97名、乡（镇）级滩长553名，村级滩长及护滩员1309名。沿

海五市以湾长为龙头、滩长为骨干、部门配合、全面覆盖的湾（滩）长组织体系已初步建成。秦皇岛市则重点推进海湾的精细化管理，确保每一米岸线都有人管。首先是责任区的细化分解，秦皇岛将海岸线、岛屿岸线、突堤码头岸线和滩涂湿地，划分为七个责任区，县区主要领导任湾长。将 25 段自然岸线和 21 段人工岸线划分为 46 个基层责任区，相关部门和单位负责人任基层湾长；其次是任务的细化分解，秦皇岛市确立了 2018 年 5 月底前、2018 年年底前、2020 年年底前三个工作目标，安排部署了海岸沙滩综合整治、实施"湾（滩）长制"综合监管两部分工作，以及清理取缔浅海非法养殖、严格海洋资源开发监管等 5 大项、14 小项任务。让每一米岸线、每一项具体任务都落实到具体的责任人身上，通过自下而上的精细化治理实现海湾环境的保护和治理。

第三节　河长制经验对湾长制的借鉴意义与局限

湾长制是借鉴河长制发展而来，是政策扩散的一种结果，因而湾长制与河长制之间存在密切的联系。河长制和湾长制都被一些学者论述为中国水环境治理当中的制度创新，打破了原来"九龙治水"的局面，[①] 将水污染治理责任直接落实到地方党政主要领导人身上，有利于在拥有实质权力的河长或湾长的统筹协调之下整合行政系统内部机构力量。[②] 湾长制和河长制制度中的问责规定有利于形成有力的倒逼机制促使地方政府党政主要领导人注意力向河流或海洋环境治理转移。河长制和湾长制中的监督机制和协作设计有利于建立河流和海洋环境治理的长效机制。

但是也有人认为湾长制同河长制无异，均存在人治色彩浓厚[③]，以及运

---

① 朱玫：《论河长制的发展实践与推进》，《环境保护》2017 年第 Z1 期。

② 王书明、蔡萌萌：《基于新制度经济学视角的"河长制"评析》，《中国人口·资源与环境》2011 年第 9 期。

③ 朱卫彬：《"河长制"在水环境治理中的效用探析》，《江苏水利》2013 年第 10 期。

动式治理凸显、长期效能不足、成效难以保证等问题。① 当此背景下，河长制已获得全国性的实施，可以说实践经验和理论探讨均有了一定的积累，对于河长制的成效与弊端已经有了初步的论断。但是湾长制第一批试点刚刚展开，推行成效还有待考察。不妨将河长制与湾长制的联系加以梳理，探究二者的异同，发掘地方河长制的成效生成逻辑，总结河长制实施过程中暴露的问题，为湾长制的完善提供借鉴。

一、河长制实践中的绩效生成逻辑

河长制自 2007 年开始出现到如今的全国推行已经过了将近 10 年的时间，不可否认其取得了一些可喜的成效，以江苏太湖流域为例，自 2008 年先后编制并实施了三轮 15 条主要入湖河流综合整治方案以来，到 2015 年，太湖湖体水质由 2007 年的 V 类，稳定改善为 IV 类，富营养化水平由中度改善为轻度，65 个国控重点断面水质达标率 61.9%，上述各种指标均已达到国家太湖流域水环境综合治理总体方案近期目标；浙江省在 2015 年 "基本完成黑臭河治理（累计 5106 公里），消除 7 个省控劣 V 类断面，2016 年 1—9 月，浙江省地表水省控断面中，III 以上水质断面占 77.4%，比 2010 年提升 16.3 个百分点；劣 V 类占 3.6%，比 2010 年减少了 13.1 个百分点。" 而这些绩效的生成逻辑可总结如下：

首先，职能的垂直整合有利于整合资源和力量。中国河流治理涉及到包括环保、水利、航运、电力、渔业、海洋等在内的 14 个政府部门，各职能部门都具备一定的治水权限与职责，被比喻为 "多龙治水"。② 党和政府强力整合河（湖）治理的分散资源和碎片化职能，体现了政府的统摄能力、治理水平的快速成长。中国独特的政治体制和行政体制，为解决这一内在缺陷提供了可能。党政一体与行政系统的单一制，使政府对焦点性的复杂事务能够实现系统治理，并通过强化垂直的首长责任制推进系统管理，实现分散

---

① 王勇：《水环境治理 "河长制" 的悖论及其化解》，《西部法学评论》2015 年第 3 期。
② 任敏：《河长制"：一个中国政府流域治理跨部门协同的样本研究》，《北京行政学院学报》2015 年第 3 期。

职能的垂直整合。

其次，注意力转换成为河流治污生效的前提。① 河流生态环境保护作为行政首长的法定职责，早在"河长制"实施之前，就已经得到了政策法规的确认。然而，在 GDP 锦标赛的体制环境下，地方党政领导的注意力集中在经济发展上，分配到河流生态环境保护上的注意力则十分有限。"河长制"的实施则强化了河流环境问责的刚性约束，通过制度设计推动地方党政领导注意力的转换，有助于推动经济发展与生态保护、河湖保护与开发的平衡。"当政策制定者们的注意力不断变换时，政府的政策也紧跟着发生变化"。随着地方政府对河湖生态环境的关注度不断提高，一系列保护河湖生态的政策得以制定，一些有助于河湖生态保护的政策的执行力得到提升，河湖治理的绩效得到改观。

再次，形成政府部门协作的激励为协同治理提供保证。河湖的治理涉及流域范围内上下游、左右岸的政策互动以及利益协调，也跨越多个职能部门和行政层级，利益相关者的关联程度较高。不同治理主体之间的协作状况构成影响治理绩效的关键变量，然而部门的内部性、职能分割、参与制度匮乏很大程度上制约着中国河湖治理的协作效率。"河长制"这个本身并非为协作的制度，却解决了协作所面临的一个关键问题——集体行动的驱动力。适用于企业的利益刺激等手段并不适用于以公共利益为灵魂的公共治理，而"河长制"通过强化地方党政领导的责任考核形成倒逼机制，激发了党政领导开展协作治理的动力。在中国党政一体与行政系统的单一制的体制环境下，党政领导的协作意愿可以一定程度上调动属地部门的积极性。此外，党政领导的重视也有助于社会力量参与制度的供给，这在一定程度上改善了体制内外治理主体之间的协作。

---

① 周建国、熊烨：《"河长制"：持续创新何以可能——基于政策文本和改革实践的双维度分析》，《江苏社会科学》2017 年第 4 期。

二、河长制与湾长制制度设计的一致性

"湾长制"作为对"河长制"借鉴而产生的制度，旨在吸收"河长制"的成功经验以实现有效的海湾环境治理，因而二者之间存在内在逻辑的一致性。

第一，通过明确责任主体细化和压实地方政府责任。与其说河长制和湾长制均是制度创新，不如说二者都是对既往相关规定的压实和细化。中央政府早在 1989 年就开始推行"环境保护目标责任制"，而将环境治理情况纳入官员的政绩考核、实行"一票否决"等规定也同样于数年前已在一些地方实施，这种承包制很难简单地看作是一种制度创新。① 《水污染防治法》不仅规定了县级以上地方政府应当采取防治水污染的对策和措施，对本行政区域的水环境质量负责，而且明确国家实行水环境保护目标责任制和考核评价制度，将水环境保护目标完成情况作为对地方政府及其负责人考核评价的内容，而河长制和湾长制的规定则实现了地方政府对河流和海湾环境质量负责途径和方式的具体化，使得地方政府负责具有了一定的可操作性，从而在水环境治理这一领域，将"环境保护目标责任制"发展为"环境保护目标责任承包制"，将多年来经常悬空的前者加以细化，落实到每一级主要官员，按照行政交界面划分了各级领导干部的治水责任。

第二，通过严格问责倒逼党政主要领导人注意力转移。地方政府党政主要领导面对着大量的行政事务和地方治理任务，但是相对于繁多的事务而言其注意力却是一种稀缺的资源，当某些事务得到党政主要领导人的关注之后，其他事务分配的注意力自然要减少，这也是中国地方政府长期以来关注地方经济增长忽略环境保护，导致近年来中国的空气、河流、海洋污染问题不断加剧的重要原因。河长制和湾长制相关规定当中，均对地方党政主要领导人的治污责任作出了严格的规定，对于不能严格履行职责的河长和湾长均

---

① 王灿发：《地方人民政府对辖区内水环境质量负责的具体形式——"河长制"的法律解读》，《环境保护》2009 年第 9 期。

会进行严格问责。这就在一定程度上形成有效的倒逼机制，迫使地方党政主要领导人将注意力分配到河流和海洋的环境保护与污染防治当中。

第三，通过在行政系统内部实现以权威为依托的等级制纵向协同和力量动员提升治理效果。无论是河长制还是湾长制，从本质上来看，河长制和湾长制都是行政系统内部的职能整合。横向上整合同级政府部门的职能与资源，如在市一级所涉及到的市水务局、环保局、市城管局、市建设局、市规划局、市发改委、市委督查室、市交通局等；纵向则以各层级党政主要领导人为关键整合不同层级的职能和资源，通过目标的层层细分，明确每一层级的治污任务，除在信息公开、监督要求上体现了对公众的吸纳之外，并未涉及对行政系统外部资源的动员和整合。在当前我国，党政"一把手"的权威效能在行政体系当中的地位毋庸置疑，这决定了其在整合部门内部与下级各级政府部门的力量、强力推进河流与海洋污染治理方面拥有相当大的优势，所以将党政主要领导任命为河长和湾长，有利于解决协同机制中的权威缺漏问题，易取得较为快速的显著效果。

第四，通过配套机构设置保障制度的推行。虽然河长制和湾长制本质上并不算是完全意义上的制度创新，但是显然既有的、常规的行政系统内部的机构设置不能满足这两种制度实施的要求，二者的推进需要多个部门协力推进，而这种协调机制恰恰是既有的行政系统内部设置当中所缺少的。因而需要设计出配套的组织机构和运行机制来保障实施，联席会议制度、河长和湾长办公室、领导小组等制度化、非制度化的组织设计——出现，如徐州建立了联席会议制度，每年由市委、市政府督查室牵头，会同市监察、财政、环保、水务等部门，对全市河道管护工作情况进行跟踪督查和考核。青岛市政府在湾长制的组织体系方面也作出规定，由各级党委、政府主要负责同志担任行政区域总湾长，各级相关负责同志担任行政区域内湾长，建立市、区（市）、镇（街道）三级湾长体系，设置湾长制办公室，承担组织实施具体工作。

三、河长制经验在湾长制实践中的适用局限性

在我国国家治理的总体状况和逻辑下，地方党政主要领导实际权威效力是政策贯彻执行、某些公共事务治理当中十分关键的制约因素，实行地方党政主要领导承包制，在一些领域的确能够取得较为快速和明显的治理成效。在此背景下，在河长制实施的基础上建立的湾长制，似乎在不久的将来也会产生显著的成效，且湾长制的实施离不开河长制，河长治河产生实效、河长与湾长密切配合，才能使得湾长制能够切实发挥作用。二者之间虽然存在诸多相似性和密切关联性，但是二者毕竟是有区别的。

"湾长制"，是在属地管理、条块结合、分片包干原则的指导下，实行一条湾区一个总长，分段分区管理，层层落实责任，确定各级重点岸线、滩涂湾长，在上级协调小组的领导下，负责本辖区湾（滩）海洋生态环境的调查摸底、巡查清缴、建档报送等工作，并建立周督查、旬通报、月总结制度，落实分片包干责任，进而建立起覆盖沿海湾（滩）的基层监管网络体系。湾长制有两大职能：一是建立海洋生态环境保护长效机制。主要通过加强入海污染物联防联控、加大环境治理力度等落实多规合一，推进海湾环境污染防治，改善海洋环境。二是构建联合巡查执法监管，打造综合执法合力。完善海洋空间管控和景观整治，优化海洋产业布局，加强岸线管理和整治修复，将沿海岸线、海滩监管和各自分工有机结合起来，加强非法占用海滩及非法造、修、拆船监管，建立覆盖沿海湾滩的基层监管网络体系和定期巡查制度。

第一，湾长制产生的背景不同于河长制。河长制产生于环境危机爆发之后、社会舆论漩涡之中。[①]2007 年 4 月底 5 月初，太湖梅梁湾提前爆发了大规模藻类水华，无锡市的主要水源太湖边南泉水厂水源也难以幸免，受到蓝藻爆发的破坏，引致了空前的饮用水危机。无锡市于当年 8 月开始了流域治理机制上的创新尝试，这就是"河长制"。而全面实施河长制的浙江则是

---

① 黄爱宝：《"河长制"：制度形态与创新趋向》，《学海》2015 年第 4 期。

浙江省委省政府针对河道污染严重的局面，痛定思痛，迅速作出了全面实施"河长制"，进一步加强水环境综合治理的决定。而湾长制始于青岛，是在海洋环境治理常态下基于对河长制的借鉴而产生的。没有发生严重的危机事件，没有强有力的社会舆论的参与，更多意义上是政府层面"自提自行"的一种单方面主动作为，虽然体现了政府在海洋环境治理当中的积极性和探索性，但是也意味着湾长制的实施外压力较小，可能导致实施主体的动力不及河长制。同时前期同社会舆论的隔离，也会导致中后期社会的关注度较低，加之现有的规定当中较少涉及对社会力量的吸纳，所以如何动员社会力量参与其中，如何纳入行政系统外部的监督主体是今后湾长制实施当中应当解决的问题。

第二，面临的问题复杂程度不同。若河流分为上中下游，不同的河段对治理投入的力度、负责人的能力、成效维持的时间长度等要求各不相同，因而存在内生性的治理冲突，衍生河长制中分而治之的悖论，那么相对于汇聚其中的河流而言，海湾则是这些河流的下游。就像河流下游的河长治理成效极大地受到中上游段的河长治理状况影响，湾长的治理成效很大程度上取决于汇入海湾的河流的水质状况。河长治河所面临的问题是协调本级政府不同部门之间、下属各级政府之间的合作关系，通过任务指标的层层下达以期整体治理目标的实现，具体的问题又可以涵盖沿岸工业废水废料的处理、沿岸居民生活垃圾及废水的处理、农村农业生产垃圾处理等问题；而湾长既要关注属地政府内部各部门之间、上下级之间的协调，还要注重与海洋行政主管部门的协作与配合，既面临着湾长制本身所赋予的职责压力，受到来自国家海洋局海洋督查的压力，既要完成对海湾环境的治理任务又要密切关注上游河流的水质状况，同相关河长建立长效的工作联系严防河流污染入湾。所以说湾长制是处于末端的治理，而河长制相对而言是处于上中端的治理，河长制实施的复杂性不及湾长制，对于湾长而言，其承担的工作任务和协作要求要远远多于河长。所以，湾长和河长应该通力合作，但是并非所有的河流都汇聚入海湾，所以应该首先明确跟哪些河长通力合作。在笔者看来，在开展湾长制试点的现阶段，不妨开展"湾河对接"的试点工作。湾长要明确入海河流数量和具体信息，获知每一条河流的排污量以及该湾的污染容纳总量，同河长议定每一条河流的入海的水质要求，并协商建立奖惩规定或补偿制度，从陆源减少海洋污染物的排放。

第四节　湾长制实施可能面临的困境及解决建议

一、湾长制实施可能面临的困境

通过我国河长制实施的基本思路可以看出，河长制之所以能够取得成效，一方面是因为河长作为党政主要负责人掌握着较多的权限资源，但更重要的是河长制下的考评机制赋予河长的责任，即水环境治理不力就要面临追责甚至"一票否决"的境地。但河长制实施到现在也遇到了一系列制度和法律方面的问题。湾长制作为对河长制的效仿借鉴，可预测在未来的推行过程也难免遇到阻碍，因此，对湾长制实施可能遇到的困境提出以下几点分析。

（一）"湾长制"法治理念不足

"湾长制"的核心是要建立党政一把手主抓的责任制度体系，落实沿海地方政府对海洋生态环境和资源保护、治理职责。它将海湾环境质量的改善与地方领导人的政绩挂钩，根据青岛市治理方案中可见，若未达到计划的治理目标，将对湾长实行生态环境损害责任终身追究制，对造成生态环境损害的，严格按照有关规定追究责任。① 行政压力下将推动地方领导人注意力投注到海湾治理中，预计海湾环境质量将会得到明显的改善。但这一由地方党政负责人兼任"湾长"治理方式过于依赖于地方行政首长的个人意志，海湾环境治理成效寄托于担任"湾长"的各级地方政府领导的重视程度、其可掌控行政资源的大小及监督问责力度，在湾长制还未正式出台相关法律的情况

---

① 中共青岛市委办公厅、青岛市人民政府：《印发〈关于推行湾长制加强海湾管理保护的方案〉的通知》，2017 年 10 月 19 日，http://www.qingdao.gov.cn/n172/n68422/n68423/n31282149/171019165246818085.html。

下，这容易导致各地治湾绩效的不平衡和力度的不稳定，权力自我决策、自我执行、自我监督的状况。①

此外，在河长制与湾长制相衔接的问题上，原国家海洋局印发的《指导意见》中指出河长、湾长联动将会从三方面进行细化：强调试点地区的各级湾长责任；积极做好试点工作与主要入海河流的污染治理、水质监测等工作的衔接，注重"治湾先治河"；强化与河长制的机制联动，建立湾长河长联席会议制度和信息共享制度，定期召开联席会议，及时抄报抄送信息。但基于当前的组织机构设置模式，以及各试点城市的治理方案，河长和湾长极有可能由一人担任。以青岛市为例，呈现出河长、湾长为同一人所担任，在有利于河长制与湾长制的衔接、实现海陆共治、提高效率的同时，也有可能导致河流和海湾环境均没有得到治理。湾长与河长均归属于地区党政一把手，将由一人承担两份职务，如何平衡两方责任，合理利用一把手的行政自由与自由裁量权决定着河流与海湾的治理效果。②

（二）湾长制属于实践先行，缺乏充足的法律依据

一方面，水污染事件倒逼河长制的推行，导致河长制缺乏广泛的理论基础，未取得国家层面上的共识，是一种水环境管理自下而上的探索。这种发展路径造成了河长制在立法上的依据不足，进而导致各地的做法迥异，未能形成一个统一的标准。③当前湾长制的试点推行亦陷入实践先行、法律滞后的困境，湾长制是由地方（青岛市）提出并借鉴河长制，进而由原国家海洋局牵头，在海口等四地试点推行，但此制度的提出缺乏充足的理论支撑。在法律方面，海洋环境相关法律中均未涉及湾长制相关法律法规，因此也缺少法律依据。另一方面，湾长的任免与考核以及监督都主要是通过行政干预进行，湾长制属于行政系统内部动员阶段，缺乏在行政法上的合法

---

① 周建国、熊烨：《"河长制"：持续创新何以可能——基于政策文本和改革实践的双维度分析》，《江苏社会科学》2017 年第 4 期。

② 贾绍凤：《河长制要真正实现"首长负责制"》，《中国水利》2017 年第 2 期。

③ 卞欢：《国家治理现代化视野下的"河长制"探析》，硕士学位论文，南京工业大学，2016 年，第 31—35 页。

性，且从合理性来讲，上下级之间本就存在任命与被任命的关系，上级或者下级的问责本身就意味着问责主体本身监管职责的缺失，难以保证监督的公正性。

（三）湾长制在运行机制上还未形成规范，机制设置不统一

根据《指导意见》来看，湾长制试点地区在治理方案中的湾长分级出现不同，青岛为三级，连云港为两级，这是根据地方各自实际情况出台具体的治理措施，但也为治理失败时行政责任的担负留下隐患。目前还未出台与湾长制治理海湾环境相应的法律依据或规定，缺乏对各地实施、考核和监督的标准，湾长制的实施还未形成规范的运行机制，各地的机制设置各有不同。如果实施的各地方具体操作步骤存在较大差异，差异性将会使湾长制的短效性与分散性突出。且湾长制的推行与推行方式取决于地方领导人环保意识的高低与治理的决心，这可能引起各地方领导行政责任的不平等。

（四）湾长制的实施与现行管理体制间还未形成较好的协调机制

湾长制是符合我国国情的行政协调机制，是突破现有管理体制的重要创新。但就其本质而言，应是一种责任协调和落实机制，作用在于激活现有管理体制和制度的运行，而非重起炉灶予以替代。虽然湾长制通过由地方党政主要领导，特别是政府首长担任湾长，为协调各部门的联动提供了平台，强化了海湾环境的区域管理，然而，当前的湾长制并未涉及如何协调地方部门与流域管理机构间、湾长制涉及的各部门与河长制涉及的各部门间的关系。可以预见的是，若各省级区域的湾长与海洋管理机构之间的关系未得到妥善处理，不仅可能会导致其推行效果大打折扣，还有可能对现行环境监管体制造成很大的冲击。因此，必须做好湾长制与已有的海湾环境治理相关的各部门、各项制度的协调工作，避免出现政出多门、多头领导、责任推诿的历史难题。

（五）对湾长制实施的监督机制还不够完善

从《指导意见》《方案》可以看出，当前监督机制主要包括内部监督和外部监督两方面。一方面，通过上级对下级的层级监督，辅之以自然资源

资产离任审计、生态环境损害责任终身追究等制度来监督考核；① 另一方面，则通过建立管理保护信息发布平台，设立公示牌，向社会公众公布相应信息，接受社会监督。但应当注意以下两点：

第一，水生态环境治理不仅涉及上下游、左右岸，涉及陆地与海洋，还涉及不同行政区域和行业。而当前的监督机制并未脱离以往的范畴，属于上级对下级的监督指导。上下级之间本就存在任命与被任命的关系，上级或者下级的问责本身就意味着问责主体本身监管职责的缺失，难以保证监督的公正性。② 因此，在一定程度上忽视了湾长制中所面临的总湾长与湾长之间以及区域之间的相互监督问题，这极有可能导致总湾长与湾长之间推诿责任。

第二，湾长制作为未来各地方政府的治湾之策，它保证了内部管理系统的环环相扣，但却忽视了对于外部力量的动员，导致公众对于环境利益的表达缺乏充分性。③ 以河长制的实施为前车之鉴，河长制在推行过程中，引入信息公开、监督举报制度，以试图强化社会监督机制，在整治范围、河长及各相关负责人、任务进行了展示，但根据学者调研结果显示公众并未发挥对河长制的监督作用④。根据试点的青岛和连云港湾长制治理方案，公众参与的渠道为："通过相关媒体适时向社会公布各级湾长名单。在海湾岸边显著位置设置湾长公示牌，标明湾长职责、海湾概况、管护目标、监督电话等内容，接受群众监督。"这与河长制几乎无差别。仅仅依靠行政长官所开展的河湖治理工作，即使能够实现既定的目标，其所耗物力、财力及时间成本都将在一定程度上影响治理的时间及效果。

---

① 常纪文、焦一多：《实施湾长制应注意的几个问题》，《中国环境报》2017 年 11 月 8 日。

② 徐艳晴、周志忍：《水环境治理中的跨部门协同机制探析——分析框架与未来研究方向》，《江苏行政学院学报》2014 年第 6 期。

③ 常纪文、焦一多：《实施湾长制应注意的几个问题》，《中国环境报》2017 年 11 月 8 日。

④ 任敏：《"河长制"：一个中国政府流域治理跨部门协同的样本研究》，《北京行政学院学报》2015 年第 3 期；周建国、熊烨：《"河长制"：持续创新何以可能——基于政策文本和改革实践的双维度分析》，《江苏社会科学》2017 年第 4 期。

二、对走出湾长制实施困境的几点建议

(一) 完善湾长制实施的法律依据

在开展湾长制试点的过程中,应该由国家海洋事务主管部门牵头,尽快在海洋环境保护法中完善对湾长制实施的法律依据,使湾长制的实施不仅制度化,且有法可依,这样才能为湾长制实施过程中的机构协调、监督问责制度监理的实施提供有效的法律支撑,以推动湾长制实现其长效治理效果。针对存在的人治化色彩,应加强对各党政领导人法治理念的教育和培养,让各行政一把手作为依法治湾的带头人,为下级湾长做榜样,通过监督考核问责等方式推动依法治湾。

(二) 建立有效的湾长制管理运行机制

要落实分工明确、层次明晰、统筹协调的治理运行机制。进一步理顺湾长制实施过程中涉及的纵向层级间的任务分配与监督指导关系以及横向部门间的责任明确、分工合作关系。将所推行的沿海省、市、县 (区) 和主体功能区多级湾长体系按质按量贯彻落实到各海湾治理中。除了《指导意见》中明确的湾长负责本海域、区域协调,衔接"湾长制"与"河长制",还应该建立专门议事机制和协调运行机制,建立"湾长"会议制度,审议部署重大任务,协调解决重大问题。创建平台构建使多部门共同参与到湾长制协调运行中,形成协调运行机制,承担日常运转、信息通报、绩效考核等具体工作。最终,形成湾长总负责、属地政府为责任主体、部门协作配合联动的治理运行机制。

(三) 制定清晰完善的湾长制职责任务清单

首先要细化分解海域治理工作职责。湾长是海洋生态环境治理的第一责任人,对本湾区环境质量和生态保护与修复负总责。根据"湾长制"职责任务清单,由总湾长再依据行政层级将任务责任分解到各级湾长,将本级地方党委或政府主要负责人推至海域治理责任的最前端,明确责任,刚性履职。

其次,要明确成员各部门、单位的具体任务,制定"任务清单",确定时间节点,不宜以部门职责代替任务。要做好与"河长制"的衔接,各级湾长

的设置要与主要入湾河流河长的设置统筹考虑，排污治理与海洋环境保护一盘棋，便于责任划分与认定。要按照属地化管理的原则，明确各级湾长责任片区，明确河流入海水质、海水水质、红线区管控等量化目标，设置考核监测断面，制定严格的责任追究体制，以确保"湾长制"责任落实、压力传导。

最后，要强化海域治理的执行力。充分发挥湾长办公室作为湾长工作领导小组办事机构的效用，承担起湾长制开展的日常工作和制度实施。加强本区域湾长工作的监督指导，构建监督考评体系，建立健全考核性监测制度、考核督查制度、社会监督机制。强化执法监管，建立日常监管巡查制度和跨部门联合执法监管机制等，组织开展定期和不定期的执法巡查、专项执法检查和集中整治等行动。

（四）构建有效的湾长制实施监督考评体系

对内监督方面，可借鉴河长制的监督方式，开展量化问责。"湾长制"要发挥最大实效，要注重防治责任的真正细化，组织形式的条分缕析，以及责任主体的精确锁定。湾长制中除了构建责任明确、协调有序、监管严格、保护有力的海湾治理机制，更要对目标任务完成情况进行严格考核，强化激励、问责，避免以往问责形式随意的情况再发生，也有助于降低人之色彩。因此，可借鉴河长制提出的量化问责方式，首先要明确三个层面的问责对象，包括市党政负责领导、区级牵头部门、乡镇街道三个层面；其次要明确什么问题可以问责到什么层级，让责任与层级一目了然。对于哪些情况可从轻或减轻问责、哪些情形从严问责，需要进行详细的规定；最后还要明确由谁来问责，怎么问责的问题。将责任明确到人、明确到事、明确到问题，确定每一层面的问责对象、对应的问责情形、问责方式，如检查、通报、改组等。

外部监督方面，在吸取河长制社会监督的经验和教训基础上，应该创新社会监督方式，除了采用既有的信息公示等方式，还可以利用互联网平台，开发公众监督的平台，让沿湾公众利用手机直接参与到公众监督环节。为提升公众参与度，各湾区政府在湾长制实施伊始可以进村、进社区开展湾长制动员活动，鼓励民间湾长的参与，并对积极参与的公众给予实质性的奖励，以此激励公众参与。

参 考 文 献

中文

楼锡淳：《海湾》，测绘出版社 2008 年版。

夏东兴、刘振夏：《中国海湾的成因类型》，《海洋与湖沼》1990 年第 2 期。

陈则实等：《中国海湾引论》，海洋出版社 2007 年版。

吴桑云等：《我国海湾开发活动及其环境效应》，海洋出版社 2011 年版。

中国海湾志编纂委员会：《中国海湾志》，海洋出版社 1991—1999 年版，第一至十二分册。

楼锡淳：《人类走向海洋的前沿基地——海湾》，《海洋测绘》1996 年第 3 期。

鹿守本、艾万铸：《海岸带综合管理——体制和运行机制研究》，海洋出版社 2001 年版。

[马来西亚] 蔡程瑛：《海岸带综合管理的原动力：东亚海域海岸带可持续发展的实践应用》，周秋麟等译，海洋出版社 2010 年版。

左平等：《海岸带综合管理框架体系研究》，《海洋通报》2000 年第 5 期。

李百齐：《海岸带管理研究》，海洋出版社 2011 年版。

[美] 约翰 R. 克拉克：《海岸带管理手册》，吴克勤等译，海洋出版社 2000 年版。

王建友：《"湾长制"是国家海洋生态环境治理新模式》，《中国海洋报》2017 年 11 月 15 日。

陶以军等：《关于"效仿河长制，推出湾长制的若干思考"》，《海洋开发与管理》

2017 年第 11 期。

　　兰圣伟：《海湾管理精细化的有益实践——首推"湾长制"的青岛样本》，《中国海洋报》2018 年 4 月 10 日。

　　雷宁、胡小颖、周兴华：《胶州湾围填海的演进过程及其生态环境影响分析》，《海洋环境科学》2013 年第 4 期。

　　李青：《青岛全力呵护"母亲湾"》，《青岛日报》2015 年 6 月 8 日。

　　任晓萌：《"一湾一策"列出清单统筹推进海陆污染治理》，《青岛日报》2018 年 4 月 16 日。

　　黄良民等：《三亚湾生态环境与生物资源》，科学出版社 2007 年版。

　　管华诗、王曙光：《海洋管理概论》，中国海洋大学出版社 2003 年版。

　　高志民：《自然资源部带着新使命来了》，《人民政协报》2018 年 3 月 22 日。

　　庞修河：《"十三五"将修复受损海湾等重点区域》，《中国海洋报》2016 年 12 月 20 日。

　　黄小平等：《我国海湾开发利用存在的问题与保护策略》，《中国科学院院刊》2016 年第 10 期。

　　侯西勇等：《20 世纪 40 年代初以来中国大陆沿海主要海湾形态变化》，《地理学报》2016 年第 1 期。

　　王琪、田莹莹：《蓝色海湾整治背景下的我国围填海政策评析及优化》，《中国海洋大学学报》（社会科学版）2016 年第 4 期。

　　陈涛、杨悦：《渤海环境变迁及其治理——兼论渤海开发与海洋生态文明建设》，《中国海洋大学学报》（社会科学版）2014 年第 6 期。

　　王书明等：《渤海污染及其治理研究回顾》，《中国海洋大学学报》（社会科学版）2009 年第 4 期。

　　白世林：《渤海环境恶化几成"死海"出现海底沙漠》，《经济参考报》2015 年 8 月 10 日。

　　朱贤姬等：《关于"渤海碧海行动计划"的几个思考》，《海洋开发与管理》2010 年第 11 期。

　　王中宇：《渤海：碧海？死海？——对社会公共事务决策的思考》，《科学时报》2008

年 4 月 23 日。

王琪等：《公共治理视域下海洋环境管理研究》，人民出版社 2015 年版。

唐国建：《"条""块"不对称：跨界海域环境治理政策失灵的制度归因——以〈渤海碧海行动计划〉为例》，《中国海洋大学学报》（社会科学版）2010 年第 4 期。

《"渤海碧海行动计划"实行 5 年终告吹》，《新世纪周刊》2011 年 9 月 6 日。

滕祖文：《渤海环境保护的问题与对策》，《海洋开发与管理》2005 年第 4 期。

王琪、高忠文：《关于渤海环境综合整治行动的反思》，《海洋环境科学》2007 年第 3 期。

[日] 吉原恒淑、[美] 詹姆斯·霍姆斯：《红星照耀太平洋：中国崛起与美国海上战略》，钟飞腾等译，社会科学文献出版社 2014 年版。

赵宗金、尹永超：《我国海洋意识的历史变迁和类型分析》，《临沂大学学报》2012 年第 4 期。

杨国祯：《明清中国沿海社会与海外移民》，高等教育出版社 1997 年版。

宋正海：《以海为田》，海天出版社 2015 年版。

黄顺力：《海洋迷思——中国海洋观的传统与变迁》（上），江西高校出版社 2007 年版。

李明春、徐志良：《海洋龙脉：中国海洋文化纵览》，海洋出版社 2007 年版。

王琪等：《中国海洋管理：运行与变革》，海洋出版社 2014 年版。

张晏瑲、赵月：《两岸海洋管理制度比较研究》，《中国海商法研究》2014 年第 2 期。

康敏捷：《环渤海氮污染的陆海统筹管理分区研究》，博士学位论文，大连海事大学，2013 年。

张海峰、杨金森、徐志斌：《到 2020 年把我国建设成海洋经济强国——论建设海洋经济强国的指导方针和目标》，《海洋开发与管理》1998 年第 1 期。

张海峰：《海陆统筹兴海强国——实施海陆统筹战略，树立科学的能源观》，《太平洋学报》2005 年第 3 期。

张海峰：《再论海陆统筹兴海强国》，《太平洋学报》2005 年第 7 期。

张海峰：《抓住机遇加快我国海陆产业结构大调整——三论海陆统筹兴海强国》，《太平洋学报》2005 年第 10 期。

王倩、李彬：《关于"海陆统筹"的理论初探》，《中国渔业经济》2011 年第 3 期。

肖鹏：《陆海统筹研究综述》，《理论视野》2012 年第 11 期。

孙吉亭、赵玉杰：《我国海洋经济发展中的海陆统筹机制》，《广东社会科学》2011 年第 5 期。

鲍捷等：《基于地理学视角的"十二五"期间我国海陆统筹方略》，《中国软科学》2011 年第 5 期。

曹忠祥：《对我国陆海统筹发展的战略思考》，《宏观经济管理》2014 年第 11 期。

李义虎：《从海陆二分到海陆统筹——对中国海陆关系的再审视》，《现代国际关系》2007 年第 8 期。

周余义等：《海陆统筹：渤海湾海洋环境污染治理》，《开放导报》2014 年第 4 期。

姚瑞华等：《建立陆海统筹保护机制促进江河湖海生态改善》，《宏观经济管理》2015 年第 4 期。

张登义：《管好用好海洋》，海洋出版社 2007 年版。

曹忠祥等：《我国陆海统筹发展研究》，经济科学出版社 2015 年版。

潘新春、张继承、薛迎春：《"六个衔接"：全面落实陆海统筹的创新思维和重要举措》，《太平洋学报》2012 年第 1 期。

高之国：《"海陆统筹"应列入"十一五"规划》，《中国海洋报》2016 年 3 月 10 日。

刘明：《陆海统筹与中国特色海洋强国之路》，博士学位论文，中共中央党校，2014 年。

王倩：《我国沿海地区的"海陆统筹"问题研究》，博士学位论文，中国海洋大学，2014 年。

姜旭朝：《中华人民共和国海洋经济史》，经济科学出版社 2008 年版。

王尔德：《渤海湾遭化工企业围港三大化工区汞超标》，《21 世纪经济报》2012 年 7 月 10 日。

柴新：《中央财政奖补支持实施蓝色海湾整治》，《中国财经报》2016 年 5 月 17 日。

付玉：《海洋综合管理成为各国共识》，《中国海洋报》2013 年 4 月 18 日。

钱春泰、裴沛：《美国海洋管理体制及对中国的启示》，《美国问题研究》2015 年第 2 期。

金昶、刘川：《海洋方面的改革还应进一步加强——访中国海军信息化专家咨询委员会主任尹卓委员》，《中国海洋报》2014 年 3 月 11 日。

周艳：《渤海环境治理的政策建构》，硕士学位论文，中国海洋大学，2010 年。

徐祥民：《中国海洋发展战略研究》，经济科学出版社 2005 年版。

陈振明：《政策科学——公共政策分析导论》（第二版），中国人民大学出版社 2003 年版。

王琪、纪朝彬：《渤海环境综合治理的制度安排》，《中国海洋大学学报》（社会科学版）2009 年第 2 期。

韩增林等：《海洋地缘政治研究进展与中国海洋地缘环境研究探索》，《地理科学》2015 年第 2 期。

李宜钊：《公共政策研究中的复杂性理论视角——文献回顾与价值评价》，《东南学术》2013 年第 1 期。

王琪等：《海洋管理：从理念到制度》，海洋出版社 2007 年版。

中国海洋可持续发展的生态环境问题与政策研究课题组：《中国海洋可持续发展的生态环境问题与政策研究》，中国环境出版社 2013 年版。

周雪光：《权威体制与有效治理：当代中国国家治理的制度逻辑》，《开放时代》2011 年第 10 期。

王春福、陈震聘：《西方公共政策学史稿》，中国社会科学出版社 2014 年版。

朱光喜：《政策协同：功能、类型与途径——基于文献的分析》，《广东行政学院学报》2015 年第 4 期。

吴光芸：《公共政策学》，天津人民出版社 2015 年版。

［美］巴纳德：《经理人员的职能》，孙耀君等译，中国社会科学出版社 1997 年版。

［美］加布里埃尔·A.阿尔蒙德、小 G.宾厄姆·鲍威尔：《比较政治学：体系、过程和政策》，曹沛霖等译，上海译文出版社 1987 年版。

［德］乌尔里希·贝克：《风险社会》，何博闻译，译林出版社 2004 年版。

［德］乌尔里希·贝克、约翰内斯·威尔姆斯：《自由与资本主义：与著名社会学家乌尔里希·贝克对话》，路国林译，浙江人民出版社 2001 年版。

［英］尼克·皮金、［美］罗杰·E.卡斯帕森、保罗·斯洛维奇：《风险的社会放大》，

谭宏凯译，中国劳动社会保障出版社 2010 年版。

王刚：《环境风险：思想嬗变、认知谱系与质性凝练》，《中国农业大学学报》（社会科学版）2017 年第 1 期。

毕军、杨洁、李其亮：《区域环境风险分析与管理》，中国环境科学出版社 2006 年版。

曾睿：《环境风险社会放大的网络生成与法律规制》，《重庆邮电大学学报》（社会科学版）2015 年第 2 期。

解雪峰：《乐清湾海湾生态系统健康评价》，硕士学位论文，浙江师范大学，2015 年。

王刚：《海洋环境风险的特性及形成机理：基于扎根理论分析》，《中国人口·资源与环境》2016 年第 4 期。

［英］斯科特·拉什、王武龙：《风险社会与风险文化》，《马克思主义与现实》2002 年第 4 期。

赵婧、袁广军：《2014 年中国海洋环境状况公报发布》，《中国海洋报》2015 年 3 月 11 日。

刘旭颖：《核辐射再扰日本经济》，《国际商报》2017 年 3 月 1 日。

田泓：《日本核事故善后处理进展缓慢》，《人民日报》2016 年 2 月 26 日。

于杰等：《近 10 年间广东省 3 个典型海湾海岸线变迁的遥感分析》，《海洋湖沼通报》2014 年第 3 期。

赵宗泽等：《近 30 年来湄洲湾海岸线变迁遥感监测与分析》，《海岸工程》2013 年第 1 期。

薛春汀：《7000 年来渤海西岸、南岸海岸线变迁》，《地理科学》2009 年第 2 期。

郑淑英：《朝鲜半岛和解与黄海资源环境问题》，《动态》2000 年第 7 期。

付玉、刘容子：《国外海岸线管理实践与我国现状的思考》，《动态》2006 年第 11 期。

王刚、张霞飞：《海洋环境风险：概念、特性与类型》，《中国海洋大学学报》（社会科学版）2016 年第 1 期。

叶涛、郭卫平、史培军：《1990 年以来中国海洋灾害系统风险特征分析及其综合风险管理》，《自然灾害学报》2005 年第 6 期。

王以斌等，《外来海洋物种入侵风险评估模式》，《自然杂志》2014 年第 2 期。

杜麒栋：《中国港口年鉴》，中国港口杂志社 2011 年版。

孙云潭：《中国海洋灾害应急管理研究》，博士学位论文，中国海洋大学，2010 年。

郑淑英：《渤海环境现状和治理前景》，《动态》2002 年第 2 期。

余晓葵：《墨西哥湾泄漏的岂止是原油》，《光明日报》2010 年 6 月 2 日。

林丹：《乌尔里希·贝克风险社会理论及其对中国的影响》，人民出版社 2013 年版。

刘霞、严晓：《突发事件应急决策生成机理：环节、序列及要素加工》，《上海行政学院学报》2011 年第 4 期。

谢晓非、郑蕊：《风险沟通与民众理性》，《心理科学进展》2003 年第 4 期。

李小敏、胡象明：《邻避现象原因新析：风险认知与公众信任的视角》，《中国行政管理》2015 年第 3 期。

王甫勤：《风险社会与当前中国民众的风险认知研究》，《上海行政学院学报》2010 年第 2 期。

刘金平：《理解·沟通·控制公众的风险认知》，科学出版社 2011 年版。

范红霞：《解释、建构、变迁、反思：危机中的风险传播与媒体使命"突发公共事件新闻报道与大众传媒社会责任"研讨会综述》，《当代传播》2010 年第 5 期。

尹瑛：《风险的呈现及其隐匿——从"太湖水污染"报道看环境风险的媒体建构》，《国际新闻界》2010 年第 11 期。

[美] 珍妮·X.卡斯帕森、罗杰·E.卡斯帕森：《风险的社会视野（上）：公众、风险沟通及风险的社会放大》，童蕴芝译，中国劳动社会保障出版社 2010 年版。

王鲁权：《环境风险评估制度构建的基本理论问题研究》，《大连海事大学学报》（社会科学版）2016 年第 6 期。

毕军：《区域环境风险分析和管理》，中国环境科学出版社 2006 年版。

王枫云：《美国城市政府的环境风险评估：原则、内容与流程》，《城市观察》2013 年第 3 期。

叶金玉、林广发、张明锋：《自然灾害风险评估研究进展》，《防灾科技学院学报》2010 年第 3 期。

谭钦文等：《基于可靠性理论的事件树分析方法研究》，《中国安全生产科学技术》2015 年第 6 期。

胡二邦：《环境风险评价：实用技术、方法和案例》，中国环境科学出版社 2009 年版。

罗云：《风险分析与安全评价》，化学工业出版社 2009 年版。

王琪、丛冬雨：《中国海洋环境区域管理的政府横向协调机制研究》，《中国人口·资源与环境》2011 年第 4 期。

张光辉：《政治沟通机制：一种构建和谐社会的必备设施》，《求实》2006 年第 6 期。

安建增：《府际治理视野下的区域治理创新》，《四川行政学院学报》2009 年第 2 期。

谢晓非、李洁、于清源：《怎么会让我们感觉更危险——风险沟通渠道分析》，《心理学报》2008 年第 4 期。

臧雷振、黄建军：《减灾救灾社会参与机制的国际比较及启示》，《中国应急管理》2011 年第 10 期。

王国华、武国江：《新闻媒体在政府危机管理中的作用》，《云南行政学院学报》2004 年第 3 期。

孔新峰：《英国减灾救灾社会参与机制分析》，《社会主义研究》2011 年第 4 期。

汤宇杰：《社会管理创新视域下建立合理社会参与机制的探索》，硕士学位论文，吉林大学，2012 年。

周雪光：《权威体制与有效治理：当代中国国家治理的制度逻辑》，载周雪光等《国家建设与政府行为》，中国社会科学出版社 2012 年版。

吴鹏：《违法用海的主体多是地方政府和国企》，《新京报》2009 年 6 月 22 日。

周黎安、王娟：《行政发包制与雇佣制：以清代海关治理为例》，载周雪光等《国家建设与政府行为》，中国社会科学出版社 2012 年版。

曹正汉、周杰：《社会风险与地方分权——中国食品安全监管实行地方分级管理的原因》，《社会学研究》2013 年第 1 期。

张闫龙：《财政分权与省以下政府间关系的演变——对 20 世纪 80 年代 A 省财政体制改革中政府间关系变迁的个案研究》，《社会学研究》2006 年第 3 期。

欧阳静：《压力型体制与乡镇的策略主义逻辑》，《经济社会体制比较》2011 年第 3 期。

周雪光：《基层政府间的"共谋现象"——一个政府行为的制度逻辑》，《社会学研究》2008 年第 6 期。

周雪光、练宏：《政府内部上下级部门间谈判的一个分析模型——以环境政策实施为例》，《中国社会科学》2011 年第 5 期。

艾云：《上下级政府间"考核检查"与"应对"过程的组织学分析——以 A 县"计划生育"年终考核为例》，《社会》2011 年第 3 期。

周黎安：《晋升博弈中政府官员的激励与合作——兼论中国地方保护主义和重复建设问题长期存在的原因》，《经济研究》2004 年第 6 期。

周黎安：《中国地方官员的晋升锦标赛模式研究》，《经济研究》2007 年第 7 期。

傅勇、张晏：《中国式分权与财政支出结构偏向：为增长而竞争的代价》，《管理世界》2007 年第 3 期。

周雪光：《"逆向软预算约束"：一个政府行为的组织分析》，《中国社会科学》2005 年第 2 期。

周飞舟：《分税制十年：制度及其影响》，《中国社会科学》2006 年第 6 期。

周飞舟：《生财有道：土地开发和转让中的政府和农民》，《社会学研究》2007 年第 1 期。

周飞舟：《大兴土木：土地财政与地方政府行为》，《经济社会体制比较》2010 年第 3 期。

徐勇：《内核—边层：可控的放权式改革——对中国改革的政治学解读》，《开放时代》2003 年第 1 期。

周黎安：《行政发包制》，《社会》2014 年第 6 期。

荣敬本、崔之元：《从压力型体制向民主合作型体制的转变——县乡两级政治体制改革》，中央编译出版社 1998 年版。

欧阳静：《运作于压力型科层制与乡土社会之间的乡镇政权——以桔镇为研究对象》，《社会》2009 年第 5 期。

王汉生、王一鸽：《目标管理责任制：农村基层政权的实践逻辑》，《社会学研究》2009 年第 2 期。

曹正汉：《中国上下分治的治理体制及其稳定机制》，《社会学研究》2011 年第 1 期。

渠敬东、周飞舟、应星：《从总体支配到技术治理——基于中国 30 年改革经验的社会学分析》，《中国社会科学》2009 年第 6 期。

王锐：《中国地区生产活动的环境效率评价》，硕士学位论文，重庆大学，2015 年。

王彩霞：《环境规制拐点与政府环境治理思维调整》，《宏观经济研究》2016 年第 2 期。

张纪：《经济发展方式转型与政绩观转变》，《中州学刊》2014 年第 7 期。

崔鹏：《中国海洋功能区划制度研究》，硕士学位论文，中国海洋大学，2009 年。

徐祥民、梅宏：《中国海域有偿使用制度研究》，中国环境科学出版社 2009 年版。

金太军：《从行政区行政到区域公共管理——政府治理形态嬗变的博弈分析》，《中国社会科学》2007 年第 6 期。

王印红、王琪：《海洋强国建设背景下海洋行政管理体制改革的思考与重构》，《上海行政学院学报》2014 年第 4 期。

陈瑞莲：《区域公共管理导论》，中国社会科学出版社 2006 年版。

马丽：《跨区域公共治理中的地方政府行为模式：一个理论框架》，《福建行政学院学报》2015 年第 4 期。

顾湘：《海洋环境污染治理府际协调研究：困境、逻辑、出路》，《上海行政学院学报》2014 年第 3 期。

徐祥民、张红杰：《关于设立渤海综合管理委员会必要性的认识》，《中国人口资源与环境》2012 年第 12 期。

卢洪友、祁毓：《日本环境与政府责任问题研究》，《现代日本经济》2013 年第 3 期。

王琪、胡丽：《海洋公共危机治理中的政府能力建设问题研究》，《中国渔业经济》2013 年第 2 期。

朱晖：《论美国海洋环境执法对中国的启示》，《法学杂志》2017 年第 1 期。

赵微、郭芝：《中国海洋环境污染犯罪的刑事司法障碍及其对策》，《学习与探索》2006 年第 6 期。

巩固：《政府激励视角下的环境保护法修改》，《法学》2013 年第 1 期。

韩宇召：《中国海洋行政执法合力形成的问题和对策研究》，硕士学位论文，中国海洋大学，2014 年。

约瑟夫·奈：《软力量——世界政坛成功之道》，吴晓辉、钱程译，东方出版社 2005 年版。

[美] 道格拉斯·诺斯：《经济史中的结构变迁》，上海三联书店 1991 年版。

韩勃、江庆勇：《软实力：中国视角》，人民出版社 2009 年版。

曲金良：《海洋文化概论》，青岛海洋大学出版社 1999 年版。

王宏海：《海洋文化的哲学批判——一种话语权的解读》，《新东方》2011 年第 2 期。

徐晓望：《论古代中国海洋文化在世界史上的地位》，《学术研究》1998 年第 3 期。

曲金良：《海洋文化遗产的抢救与保护》，《中国海洋大学学报》2003 年第 3 期。

中共中央宣传部：《习近平新时代中国特色社会主义思想学习纲要》，学习出版社、人民出版社 2019 年版。

徐祥民等：《渤海管理法的体制问题研究》，人民出版社 2010 年版。

蒂莫西·乔治：《水俣病：污染与战后日本的民主斗争》，清华公管学院水俣课题组译，中信出版社 2013 年版。

杜碧兰：《日本濑户内海环境立法与管理及其对中国渤海政治的借鉴作用》，《海洋发展战略研究动态》2003 年第 8 期。

杨居荣等：《日本公害病发源地的今天》，《农业环境保护》1999 年第 6 期。

张延：《日本水俣病和水俣湾的环境恢复与保护》，《水利技术监督》2006 年第 5 期。

周建国、熊烨：《"河长制"：持续创新何以可能——基于政策文本和改革实践的双维度分析》，《江苏社会科学》2017 年第 4 期。

朱玫：《论河长制的发展实践与推进》，《环境保护》2017 年第 Z1 期。

王书明、蔡萌萌：《基于新制度经济学视角的"河长制"评析》，《中国人口·资源与环境》2011 年第 9 期。

朱卫彬：《"河长制"在水环境治理中的效用探析》，《江苏水利》2013 年第 10 期。

王勇：《水环境治理"河长制"的悖论及其化解》，《西部法学评论》2015 年第 3 期。

任敏：《"河长制"：一个中国政府流域治理跨部门协同的样本研究》，《北京行政学院学报》2015 年第 3 期。

王灿发：《地方人民政府对辖区内水环境质量负责的具体形式——"河长制"的法律解读》，《环境保护》2009 年第 9 期。

黄爱宝：《"河长制"：制度形态与创新趋向》，《学海》2015 年第 4 期。

贾绍凤：《河长制要真正实现"首长负责制"》，《中国水利》2017 年第 2 期。

卞欢：《国家治理现代化视野下的"河长制"探析》，硕士学位论文，南京工业大学，2016 年。

常纪文、焦一多：《实施湾长制应注意的几个问题》，《中国环境报》2017 年 11 月 8 日。

徐艳晴、周志忍：《水环境治理中的跨部门协同机制探析——分析框架与未来研究方向》，《江苏行政学院学报》2014 年第 6 期。

英文

OECD，"Building Policy Coherence：Tools and Tensions"，*Public Management Occasional Papers*，No.12，1996.

Cabinet Office，*Wiring it up：Whitehall's Managenment of Cross-cutting Policies and Services*，London，2000.

D.Wilkinson and E.Appelbee，*Implementing Holistic Government：Joined-up Action on the Ground*，Bristol：Policy Press，1999.

Lyndsay McLean Hilker，*A Comparative Analysis of Institutional Mechanisms to Promote Policy Coherence for Development*，OECD Policy Workshop，Brighton，2004.

Evert Meijers and Dominic Stead. "Policy intergration：What Does It Mean and How Can It be Achieved？A Multi-disciplinary Review"，*paper presented at the 2004 Berlin Conference on the Human Dimensions of Global Environmental Change：Greening of Policies Interlinkages and Policy Intergration*，Berlin，2004.

Herman Bakvis and Douglas Browny，"Policy Coordination in Federal Systems：Comparing Intergovernmental Processes and Outcomes in Canada and the United States" *The Journal of Federalism*，NO.3，2010.

Ronald H.Coase，"The Problem of Social Cost"，*Journal of Law and Economics*，NO.3，1960.

Katherine Dafforn，"Bioaccumulation of persistent organic pollutants in the deepest oceanfauna"，*Nature Ecology & Evolution*，NO.2，2017.

Paul Slovic，"Perception of risk"，*Science*，Vol.236，1987.

Douglas，M.，Wildavsky，A. *Risk and Culture*. Berkeley：University of California Press，1982，pp.21-37.

Tversky.A., Kahneman, D, "Judgement under uncertainty: Heuristics and biases", *Science*, No.185, 1974.

Kasperson, R.E., Renn, O., Slovic, P., Brown, H.S, Emel, J., Goble, R., Kasperson, J.X., Ratick, S.J., "TheSocial Amplification of Risk: A Conceptual Framework", *Risk Analysis*, Vol.8, No.2, 1988.

L.Bryson (ed), *The Communication of Ideas: A Series of Addresses*, New York: Cooper Square Publishers, 2006, pp.32-35.

Kingdon, J.W.. Agendas, *Alternatives, and Public Policies*, Boston: Little Brown, 1984.

Brewer, N.T., Weinstein, N.D., Cuite, C.L., &Jr, J.E.H., "Risk perceptions and their relation to risk behavior", *Annals of Behavioral Medicine*, No.2, 2004.

Baucer, R.A., *Consumer Behavior as Risk Taking: Dynamic marketing for a changing world*: proceedings of the 43rd National Conference of the American Marketing Association., 1964, pp.389-398.

Wang, C.M., Xu, B.B., Zhang, S.J., &Chen, Y.Q., "Influence of personality and risk propensity on risk perception of Chinese construction project managers", *International Journal of Project Management*, No.7, 2016.

Sitkin, Sim B., and A.L.Pablo., "Reconceptualizing the determinants of risk behavior", *Academy of Management Review*, No.1, 1992.

Klos, A., Weber, E.U., &Weber, M., "Investment decisions and time horizon: risk perception and risk behavior in repeated gambles", *Management Science*, No.12, 2005.

Damien J.Williams, &Jan M.Noyes., "How does our perception of risk influence decision-making? Implications for the design of risk information", *Theoretical Issues in Ergonomics Science*, No.1, 2007.

Frewer, L., "The public and effective risk communication", *Toxicology Letters*, No.1, 2004.

Fischhoff B, Slovic P, Lichtenstein S, et al., "How safe is safe enough? A psychometric study of attitudes towards technological risks and benefits", *Policy Sciences*,

No.2，1978.

Chen K，Blong R，Jacobson C.，"MCE-RISK：integrating multicriteria evaluation and GIS for risk decision-making in natural hazards"，*Environmental Modelling & Software*，No，4，2001.

Karimi I，Hüllermeier E.，"Risk assessment system of natural hazards：A new approach based on fuzzy probability"，*Fuzzy Sets & Systems*，No.9，2007.

Sorensen.J.H.，*Evaluating the effectiveness of warning system for nuclear power plant emergencies*：Criteria and application.In M.J.Pasqualetti and D.Pijawka（eds），Nuclear Power：Assessing and Managing Hazardous Technology.Boulder，Co：Westview，1984，pp.259-277.

Montinola G，Qian Y，Weingast B R，"Federalism，Chinese Style：The Political Basis for Economic Success in China"，*World Politics*，Vol.48，No.1，1995.

Qian Y and Weingast B R，"China' s Transition to Markets：Market-Preserving Federalism，Chinese Style"，*Journal of Policy Reform*，No.1，1996.

Qian Y and Weingast B R，"Federalism as a Commitment to Preserving Market Incentive"，*Journal of Economic Perspectives*，Vol.11，No.4，1997.

Qian Y and Roland G，"Federalism and the Soft Budget Constraint"，*American Economic Review*，Vol.88，No.5，1998.

Qian Y，Roland G，Xu C，"Why is China Different from Eastern Europe? Perspectives from Organization Theory"，*European Economic Review*，Vol.43，1999.

Qian Y，"The Process of China' s Market Transition（1978-98）"，*Journal of Institutional and Theoretical Economics*，Vol.156，No.1，2000.

Olivier Blanchard and Andrei Shleifer，"Federalism With and Without Political Centralization：China Versus Russia"，*Palgrave Macmillan Journals*，vol.48，No.4，2001.

Walder A G，"Local Governments as Industrial Firms：An Organizational Analysis of China' s Transitional Economy"，*American Journal of Sociology*，Vol.101，No.2，1995.

Oi J C，"Fiscal Reform and the Economic Foundation of Local State Corporatism in China"，*World Politics*，Vol.45，No.1，1992.

Oi J C, "The Role of the Local State in China's Transitional Economy", *China Quarterly*, Vol.144, 1995.

Joel A.Mintz, *Clifford Rechtschaffen*, *Robert Kuehn*, *Environmental Enforcement Cases and Materials*, Carolina Academ-ic Press, 2007, p.255.

San Francisco Bay Conservation and Development Commission, *A Sea Level Rise Strategy for the San Francisco Bay Region*, 2008, pp.1-2.

Ian F.Pollack MD, L.Dade Lunsford MD, John C.Flickinger MD, "List of cities and towns in the San Francisco Bay Area", *Cancer*, Vol.3, No.1, 1989.

New South Wales Marine Parks Authority, *Zoning Plan users guide: Jervis Bay Marine Park*, 2011.

后　记

本书是在课题组所承担的国家海洋信息中心项目"基于陆海统筹的我国蓝色海湾整治管理创新研究"结项报告基础上修改而成。

2015 年 10 月 29 日中共十八届五中全会通过的《中共中央关于制定国民经济和社会发展第十三个五年规划的建议》中提出"开展蓝色海湾整治行动"的规划要求,"蓝色海湾整治"成为我国海洋生态环境治理中的一项重要任务。2016 年以来,国家支持沿海开展蓝色海湾整治行动,福建厦门、广东汕头等成为全国首批 18 个试点城市,主要实施了海岸整治修复、滨海湿地恢复和植被种植、近岸构筑物清理与清淤疏浚整治、生态廊道建设、修复受损岛体等工程。通过开展蓝色海湾整治行动,海洋生态环境质量显著改善,海域、海岸带和海岛生态服务功能得到有效提升。

党的十九大报告中,更是明确要求"坚持陆海统筹,加快建设海洋强国"。强调要"坚持全民共治、源头防治,持续实施大气污染防治行动,打赢蓝天保卫战。加快水污染防治,实施流域环境和近岸海域综合治理"。蓝色海湾整治正是近岸海域综合治理实践内容,是落实海洋生态文明建设的行动举措。

蓝色海湾整治的顺利实施,需要管理制度的保障和制度创新。本书的研究试图将"陆海统筹"引入到蓝色海湾整治管理创新的研究中,从整体性角度探究海洋环境治理困境的观念与体制性根源;通过总结各国海湾整治成功的经验以及实践中的教训,为我国蓝色海湾的整治与管理提供借鉴。在此基础上，分析我国海湾建设中的风险问题、府际关系问题、政策供给问题等方面，探讨解决上述问题的能力建设和机制保障建设，以此为蓝色海湾陆海统筹整治实践的推进提供指导。

本书是由中国海洋大学国际事务与公共管理学院的几位学者共同写作完成。全书由王琪教授负责总体设计、修改和定稿工作。各章节撰写分工如下：第一章：王琪、田莹莹；第二章：张海柱；第三章：许阳；第四章：王刚；第五章：于洋；第六章：王印红；第七章：王泉伟；第八章：王琪、辛安宁。

田莹莹博士负责全书在校稿和出版过程中的事务性工作，公共政策与法律专业博士生田莹莹、周香、孙雪敏、赵岩及行政管理专业硕士生莫倩、王倩、王恬静、宗慧参加了本书的校稿工作。

本书得以完成，首先要感谢国家海洋信息中心，没有国家海洋信息中心的课题立项支持，就不可能有今天这本书稿的完成。

本书的出版得到教育部人文社科重点研究基地中国海洋大学海洋发展研究院的经费资助，得到学术文科处出版基金的大力支持，得到中国海洋大学国际事务与公共管理学院的出版资助。感谢给我们所提供的学术平台，以及给予的支持和帮助。

最后要感谢的是人民出版社的编辑老师，正是他们认真负责、耐心细致的工作，本书才得以顺利出版。

受水平和能力所限，书中难免有诸多疏漏不妥之处，恳请读者不吝赐教，予以批评指正，以此推进海洋管理研究的水平和质量日益提高。

王　琪

2019 年 12 月